科学与工程计算技术丛书

MATLAB运筹学

卓金武　段蕴珊　姜晓慧 / 编著

清華大學出版社
北京

内 容 简 介

本书以经典运筹学理论为基础，借鉴国外优秀运筹学领域的部分经典理论，新增全局优化算法，并融合MATLAB实现案例，系统介绍运筹学的原理、模型、算法及使用MATLAB的实现。本书采用运筹学理论与MATLAB实现相辅相成的编写模式，理论和实践相结合，更有利于读者学习并将学习成果快速转换为实际应用。全书分三篇，共13章内容。第一篇（第1～7章），主要介绍经典的运筹学理论和方法；第二篇（第8～11章），介绍4种经典的全局优化算法；第三篇（第12章和第13章），介绍两个运筹学的综合应用案例。前两篇是本书的主体，主要包括运筹学模型的概念、原理、算法的实现步骤，参数的选取，算法、案例的MATLAB实现过程（通过实际案例将算法与命令融合在一起，包括详细的代码、结果）等内容。

本书可作为本科生、研究生的运筹学教材或参考用书，也可作为广大科研人员、学者、工程技术人员的参考用书。

图书在版编目（CIP）数据

MATLAB运筹学/卓金武，段缊珊，姜晓慧编著. —北京：清华大学出版社，2022.8
（科学与工程计算技术丛书）
ISBN 978-7-302-59936-4

Ⅰ. ①M… Ⅱ. ①卓… ②段… ③姜… Ⅲ. ①运筹学－Matlab软件 Ⅳ. ①O22-39

中国版本图书馆CIP数据核字（2022）第014854号

策划编辑：盛东亮
责任编辑：钟志芳
封面设计：李召霞
责任校对：时翠兰
责任印制：宋 林

出版发行：清华大学出版社
网 址：http://www.tup.com.cn，http://www.wqbook.com
地 址：北京清华大学学研大厦A座 **邮 编**：100084
社 总 机：010-83470000 **邮 购**：010-62786544
投稿与读者服务：010-62776969，c-service@tup.tsinghua.edu.cn
质量反馈：010-62772015，zhiliang@tup.tsinghua.edu.cn
课件下载：http://www.tup.com.cn，010-83470236
印 装 者：北京同文印刷有限责任公司
经 销：全国新华书店
开 本：186mm×240mm **印 张**：16.5 **字 数**：372千字
版 次：2022年9月第1版 **印 次**：2022年9月第1次印刷
印 数：1～2000
定 价：69.00元

产品编号：088538-01

前言

运筹学作为一门现代科学，是在第二次世界大战期间首先在英国和美国发展起来的，但运筹学的思想在中国早已应用于实际，“运筹帷幄之中，决胜千里之外”就体现了运筹学的思想与作用。运筹学以应用数学为基础，利用数学模型和算法寻找复杂问题中的最优或近似最优的解答，对学习、工作、生活都很有帮助。随着科学技术和生产的发展，运筹学已被广泛应用于多个领域，发挥着越来越重要的作用。

关于运筹学的教材已经有一些，国内的教材更容易理解，国外的教材理论体系更强。所以本书综合国内教材逻辑清晰、更容易理解的优点，同时吸纳国外教材中的部分理论，使运筹学的理论体系更加完善。运筹学涉及大量的算法推演和计算，部分读者可能会感觉枯燥，丧失学习的兴趣。其实，随着计算机软件的发展，很多计算工作可以交由软件代劳，这样读者只需轻松理解概念，理解运筹学算法的逻辑，然后直接通过软件得到计算结果即可。在常用的处理运筹学问题的软件中，MATLAB 包含的内容全，代码容易理解，且拓展性强，比较有利于学习和后期的应用，所以本书的案例采用 MATLAB 实现。读者可以通过代码快速实现运筹学的应用，同时可以通过分析代码理解运筹学实现的逻辑，也更有利于理论的学习和理解。

全书内容分三篇，第一篇为运筹学基础，包括第 1～7 章；第二篇为全局优化算法，包括第 8～11 章；第三篇为运筹学应用案例，包括第 12 章和第 13 章。

第 1 章介绍线性规划最基本的解法——单纯形法。在原理的叙述上，尽量避免冗长的算式，采用线性代数的方式揭示该算法工作的本质。在本章的最后给出了单纯形法的实现代码，可以帮助读者深入理解单纯形法，以及单纯形法的数学语言与计算机语言的转换方式。

第 2 章介绍对偶单纯形法。在对偶单纯形法的学习中，最容易遇到的问题是知其然而不知其所以然，为此本章从读者熟悉的拉格朗日乘数法开始讲解，解释为什么需要对偶单纯形法，并对原问题和对偶问题的有关性质用代数证明。值得一提的是，我们介绍如何利用对偶单纯形法证明凡卡引理，由此引出资产定价中重要的无套利原理。

第 3 章首先介绍何为灵敏度分析，接下来将其具体应用到线性规划问题中。灵敏度分析是衡量一个模型的重要准则，求解小体量的线性规划问题可能不足以看到它的优越性，但这种思路是应该掌握的。

第 4 章内点法的内容在当前国内运筹学教材中比较少见。作为计算数学常用的方法，掌握内点法对于有志于进行算法学习的读者是必要的。在可行域内寻找势函数、障碍函数的设置，内点法都是十分有代表性、值得深入理解的方法。本章涉及丰富的代数证明，需要读者有一定的线性代数基础。

前言

第 5 章介绍整数规划方法，包括割平面法、分支定界法和 0-1 整数规划，并针对每种算法，利用相关例子和具体代码演示。对于实际案例，很多优化问题的变量往往存在整数限制，所以整数规划的各种方法都具有实际意义。基于整数规划算法的应用意义，本章在模型建立阶段具体介绍模型的选择、限制条件的转换、整数规划模型的变式，将各种情况的一般问题归结为容易解决的数学形式。本章的最后介绍利用整数规划解决问题的 MATLAB 实例，帮助读者理解整数规划的应用场景和具体应用过程。

第 6 章介绍图与网络流问题，包括几种经典的网络流问题，即最短路径问题、最大流问题、最小费用流问题和最小生成树问题的解决方法。标记法等人工计算方法和较为复杂的借助程序的算法并重，针对不同问题都给出了较为简便的优化算法。另外，引入了一些网络流问题变式的形成过程和 Bellman-Ford 算法，丰富网络流问题的公式化和最短路径问题的解决方案。

第 7 章介绍线性规划的复杂度和椭球法。本章着眼于线性规划的新方向，这一方向强调几何方法，并引进非线性规划的技巧，介绍研究椭球法的目的，即增强算法有效性及几何基础知识。解释椭球法的思想旨在为读者解决线性规划问题提供新的思路，为算法有效性的改进提供可能性，同时提示读者在学习、研究规划算法时需注意对算法的计算复杂度有所考查。

第 8 章介绍遗传算法。遗传算法是启发式算法中最为经典的一种算法，是根据遗传进化过程而设计的算法，也是全局优化算法中适应非常广的著名的方法之一。本章详细介绍遗传算法的原理、步骤和 MATLAB 实现过程。

第 9 章介绍模拟退火算法，也是全局优化算法中比较经典的算法，其最有趣的过程是基于固体退火的原理而设计。本章介绍模拟退火算法的原理、参数设置的方法、旅行商问题的求解实例以及 MATLAB 求解器的使用方法。

第 10 章介绍粒子群优化算法。其算法原理是鸟群采用信息共享的机制进行觅食，也是比较有趣的全局优化算法。本章除了介绍算法的原理、实现过程外，还介绍相关的使用经验，以及与其他全局优化算法在收敛性方面的比较。

第 11 章介绍多目标优化算法。重点介绍多目标优化的机理、算法步骤和应用实例，丰富了运筹学的内容。

第 12 章介绍经典运筹学在金融行业的综合应用案例，使用的是线性规划方法，并分别介绍是否有整数约束的两种情况下的求解过程。

第 13 章介绍工程上的水电站大坝优化的综合应用案例，使用非线性规划和二次规划，给出详细的工程背景介绍及实现过程。

最后,感谢清华大学出版社盛东亮和钟志芳老师一直以来的支持和鼓励,帮助我们顺利完成书稿!

由于作者水平有限,书中疏漏之处在所难免,在此,诚恳地期待广大读者批评指正,我将在科学与技术的路上与大家互勉共进!

卓金武

2022年8月

目录

第一篇　运筹学基础

目录

目录

目录

目录

第一篇 运筹学基础

运筹学是近代应用数学的一个分支，主要研究如何将生产、管理等事件中出现的运筹问题加以提炼，然后利用数学方法解决。运筹学是应用数学和形式科学的跨领域研究学科，利用统计学、数学模型和算法等方法寻找复杂问题中的最优或近似最优的解答。运筹学不仅在科技、管理、农业、军事、国防、建筑方面有重要应用，还经常用于解决现实生活中的复杂问题，特别是改善或优化现有系统的效率。

运筹学的思想在我国古代就有过不少的记载。如田忌赛马、沈括运军粮的故事就充分说明了我国很早就有朴素的运筹学思想，而且在生产实践中运用了运筹学方法。但运筹学作为一门新兴的学科是在第二次世界大战期间发展起来的，当时它主要是用于解决复杂的战略和战术问题。第二次世界大战之后，从事这项工作的许多专家转到了经济部门、民用企业、大学或研究所，继续从事决策的数量方法的研究，运筹学作为一门学科逐步形成并得以迅速发展。

战后的运筹学主要在两方面得到了发展：①运筹学的方法论形成了许多分支，如数学规划(线性规划、非线性规划、整数规划、目标规划、动态规划、随机规划等)、图论与网络、排队论、存储论、维修更新理论、搜索论、可靠性和质量管理等，1947 年的求解线性规划问题的单纯形法是运筹学发展史上最重大的进展之一；②电子计算机尤其是微型计算机迅猛的发展和广泛的应用，使运筹学的方法论能成功地即时解决大量经济管理中的决策问题。许多国家成立了致力于该领域及相关活动的专门学会，美国于 1952 年成立了运筹学会，并创办期刊《运筹学》；其他国家也先后创办了运筹学会与期刊；我国于 1957 年成立了国际运筹学协会。

随着科学技术和生产的发展，运筹学已渗入很多领域并发挥越来越重要的作用。运筹学本身也在不断发展，现在已经是一个包括好几个分支的数学门类了，如非线性规划、整数规划、组合规划等，这些分支构成了一个完整的运筹学理论体系。

作为运筹学的基础篇，本篇主要介绍经典运筹学的基本理论和方法，包括单纯形法、对偶单纯形法、灵敏度分析、内点法、整数规划、图与网络流、线性规划复杂度和椭球法等。

第1章 单纯形法

单纯形法是解决线性规划问题的一个基本方法。线性规划问题是运筹学最早形成的分支，而单纯形法则是最早用于一般线性规划问题的算法，由丹齐克在1947年针对制订美国空军军事计划时提出。对于较为复杂的线性规划问题，单纯形法利用代数搜寻方法寻求最优解，在生产生活中也有应用价值。本章将介绍单纯形法及其MATLAB实现。

1.1 本章内容

本章主要介绍以下内容。

(1) 一般线性规划问题。

(2) 单纯形法求解线性规划问题。

(3) 使用MATLAB实现单纯形法。

(4) 利用linprog工具箱解决投资问题。

(5) 单纯形法的计算复杂度。

1.2 线性规划问题及其标准数学模型

在决策过程中时常会遇到这样一类问题：目标和约束条件都是想要规划的量的线性函数，如成本收益分析中生产如何获利，如何付出成本，生产条件和原料有什么限制等。本节将讨论线性规划问题及其标准形式。

1.2.1 什么是线性规划问题

线性规划问题是一类约束条件和目标函数均能用线性函数描述的最优化问题，在生产实践中应用广泛。例1-1就是典型的线性规划问题。

例1-1 某饲料厂共生产A、B、C 3种饲料，饲料机有甲、乙、丙3台。生产每单位质量饲料A需要甲机器1小时、丙机器3小时，生产每单位饲料B需要乙、丙机器各2小时，生产每单位饲料C需要3台机器各1小时。生产每单位质量的饲料，甲的利润为3(百元)，乙的利润为5(百元)，丙的利润为1(百元)，甲机器一天至多使用4小时，乙机器一天至多使用12小时，丙机器一天至多使用10小时，应如何安排生产计划才能获得最大的利润?

解：该问题可以做如下数学表述。

假设生产A、B、C饲料的质量分别为x_1、x_2、x_3，则问题转换为求解

$$z = \max\ (3x_1 + 5x_2 + x_3)$$

使得

$$\begin{aligned} & x_1 + x_3 \leqslant 4 \\ & 2x_2 + x_3 \leqslant 12 \\ & 3x_1 + 2x_2 + x_3 \leqslant 10 \\ & x_1, x_2, x_3 \geqslant 0 \end{aligned}$$

如何求解例1-1这种形式的问题，接下来将进一步研究。

1.2.2 线性规划问题的标准形式

由于在不同的问题中线性规划的约束条件和目标函数形式可能千差万别，给统一的算法带来了不便。但线性规划问题万变不离其宗，总能通过一定的方式，将其划归为以下的标准形式

$$z = \max \sum_{j=1}^{n} c_j x_j$$

使得

$$\begin{aligned} & \sum_{j=1}^{n} a_{ij} x_j = b_i, \quad i = 1, 2, \cdots, m \\ & x_j \geqslant 0, \quad j = 1, 2, \cdots, n \end{aligned}$$

下面给出将一般的线性规划问题划归为标准形式的方法。

(1) 目标函数为求极小值，即求解

$$z = \min \sum_{j=1}^{n} c_j x_j$$

此时若考虑其相反数，则所求的极值变为极大值，令$z' = -z$，即转换为

$$z = \max \sum_{j=1}^{n} c_j x_j$$

(2) 约束条件为不等式。当约束条件为"$\leqslant$"时，增加一个系数为1的变量，称松弛变量；当约束条件为"$\geqslant$"时，增加一个系数为-1的变量，称剩余变量。显然新增变量取值均为非负，且能使不等式转换为等式，它们在目标函数中的系数均为0。

(3) 约束条件的右端项$b_i < 0$时，将该等式或不等式两端同时乘以-1，则等式右端项

必大于0。

(4) 若某个 $x_j<0$,令 $x'=-x$,则 $x\geqslant 0$。

(5) 若某个变量取值无约束(可正可负)。可令 $x=x'-x''$,其中 $x'\geqslant 0,x''\geqslant 0$。

1.3 用单纯形法解决线性规划问题

读者可能在高中接触过使用图解法解决线性规划问题。图解法有直观上的优势,但只能解决两个变量的问题,面对更复杂的问题时就无能为力了。1947年,George Bernard Dantzig首次提出了单纯形法来解决一般的线性规划问题。从字面意义上说,单纯形法就是从约束条件的线性方程组出发找到一个单纯形,并判断该单纯形对应的解是否最优,如此不断迭代,直到找到最优解。

本节要求读者有最基本的线性代数知识,熟悉矩阵的秩、矩阵初等变换和增广矩阵。

1.3.1 线性规划问题中的概念和原理

在具体介绍单纯形法之前,需要做一些理论上的准备。

1. 线性规划问题中的概念

首先介绍线性规划问题中的几个概念。

对于标准形式的如下线性规划问题

$$z=\max\sum_{j=1}^{n}c_jx_j$$

使得

$$\sum_{j=1}^{n}a_{ij}x_j=b_i,\quad i=1,2,\cdots,m$$

$$x_j\geqslant 0,\quad j=1,2,\cdots,n$$

称所有满足约束条件的解为可行解,可行解构成的区域为可行域。可行解中使目标函数值达到最大值的解为最优解。

记 $\boldsymbol{A}$ 为约束方程组的 $m\times n$ 阶系数矩阵(设 $n>m$),其秩为 m,$\boldsymbol{B}$ 是矩阵 $\boldsymbol{A}$ 中的一个 $m\times m$ 阶的满秩子矩阵,则称 $\boldsymbol{B}$ 是该线性规划问题的一个基。不失一般性,以下设 $\boldsymbol{B}$ 由 $\boldsymbol{A}$ 的前 m 个列向量组成。其中 $\boldsymbol{B}$ 中的每一个列向量 $\boldsymbol{P}_j(j=1,2,\cdots,m)$ 称为基向量,与基向量 $\boldsymbol{P}_j$ 对应的变量 x_j 称基变量。除基变量以外的变量称非基变量。若令所有非基变量 $x_{m+1}=x_{m+2}=\cdots=x_n=0$,因为有 $|\boldsymbol{B}|\neq 0$,则可解出 m 个基变量的唯一解 $\boldsymbol{X}_B=(x_1,x_2,\cdots,x_m)^{\mathrm{T}}$。将该解加上非基变量取0的值,有 $\boldsymbol{X}=(x_1,x_2,\cdots,x_m,0,\cdots,0)^{\mathrm{T}}$,称 $\boldsymbol{X}$ 为线性规划问题的基解。显然在基解中变量取非零值的个数不大于方程数 m,故基解的总数不超过 C_n^m 个。其中满足变量非负约束条件的基解称基可行解。对应于基可行解的基称可行基。

上面提到的可行域是一个凸集。凸集的概念为：凸集 $\boldsymbol{C}$ 中任意两个点 $\boldsymbol{X}_1$、$\boldsymbol{X}_2$ 连线上的所有点也都是集合 $\boldsymbol{C}$ 中的点。用数学解析式可表示为：对任何 $\boldsymbol{X}_1\in\boldsymbol{C},\boldsymbol{X}_2\in\boldsymbol{C}$，有 $a\boldsymbol{X}_1+(1-a)\boldsymbol{X}_2\in\boldsymbol{C}(0<a<1)$，则称 $\boldsymbol{C}$ 为凸集。图 1-1 中 a、b 是凸集，c、d 不是凸集。

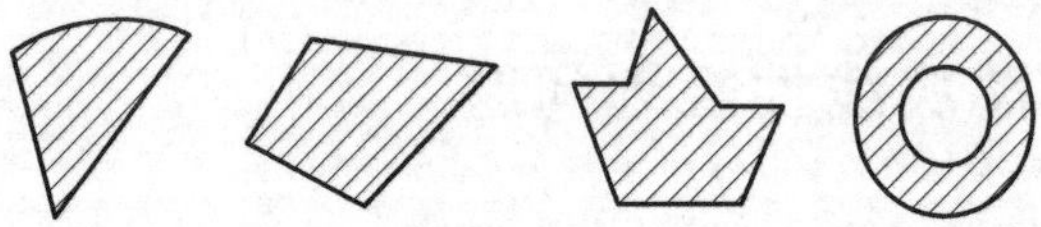

图 1-1　凸集的概念

凸集中一类特殊的点 $\boldsymbol{X}$ 称为顶点，若对任何 $\boldsymbol{X}_1\in\boldsymbol{C},\boldsymbol{X}_2\in\boldsymbol{C}$，不存在 $\boldsymbol{X}=a\boldsymbol{X}_1+(1-a)\boldsymbol{X}_2$，其中 $0<a<1$，则称 $\boldsymbol{X}$ 为凸集 $\boldsymbol{C}$ 的顶点。

2. 线性规划中的原理

明确了这些概念，就可以证明线性规划问题中的一些原理，这些原理对于单纯形法的提出至关重要。

定理 1-1　若线性规划问题存在可行解，则可行域是凸集。

证明：记可行域为 $\boldsymbol{C}$，证明 $\boldsymbol{C}$ 内任意两点 $\boldsymbol{X}_1$、$\boldsymbol{X}_2$ 连线上的点也必然在 $\boldsymbol{C}$ 内。

设 $\boldsymbol{X}_1=(x_{11},x_{12},\cdots,x_{1n})^{\mathrm{T}}\in\boldsymbol{C},\boldsymbol{X}_2=(x_{21},x_{22},\cdots,x_{2n})^{\mathrm{T}}\in\boldsymbol{C}$，将 $\boldsymbol{X}_1$、$\boldsymbol{X}_2$ 代入约束条件有

$$\begin{cases}\sum_{j=1}^{n}\boldsymbol{P}_j x_{1j}=\boldsymbol{b}\\ \sum_{j=1}^{n}\boldsymbol{P}_j x_{2j}=\boldsymbol{b}\end{cases}\tag{1-1}$$

而 $\boldsymbol{X}_1$、$\boldsymbol{X}_2$ 连线上任意一点可以表示为

$$\boldsymbol{X}=a\boldsymbol{X}_1+(1-a)\boldsymbol{X}_2,\quad 0<a<1\tag{1-2}$$

将式(1-1)代入式(1-2)得

$$\begin{aligned}\sum_{j=1}^{n}\boldsymbol{P}_j x_j&=\sum_{j=1}^{n}\boldsymbol{P}_j\left[a x_{1j}+(1-a)x_{2j}\right]\\&=\sum_{j=1}^{n}\boldsymbol{P}_j a x_{1j}+\sum_{j=1}^{n}\boldsymbol{P}_j x_{2j}-\sum_{j=1}^{n}\boldsymbol{P}_j a x_{2j}\\&=a\boldsymbol{b}+\boldsymbol{b}-a\boldsymbol{b}=\boldsymbol{b}\end{aligned}$$

所以 $\boldsymbol{X}=a\boldsymbol{X}_1+(1-a)\boldsymbol{X}_2\in\boldsymbol{C}$。由于集合 $\boldsymbol{C}$ 中任意两点连线上的点均在集合内，故 $\boldsymbol{C}$ 为凸集。

引理 1-1　线性规划问题的可行解 $\boldsymbol{X}=(x_1,x_2,\cdots,x_n)$ 为基可行解的充要条件为：$\boldsymbol{X}$ 的正分量所对应的系数列向量是线性独立的。

必要性：基可行解的定义。

充分性：若向量 $\boldsymbol{P}_1,\boldsymbol{P}_2,\cdots,\boldsymbol{P}_k$ 线性无关，则必有 $k\leqslant m$；若 $k=m$，它们恰好构成一个基，从而 $\boldsymbol{X}=(x_1,x_2,\cdots,x_m,0,\cdots,0)$ 为相应的基可行解。若 $k<m$，则一定可以从其余列

向量中找出$(m-k)$个线性无关的向量与$\boldsymbol{P}_1,\boldsymbol{P}_2,\cdots,\boldsymbol{P}_k$构成一个基，其对应的解恰为$\boldsymbol{X}$，根据定义，它是基可行解。

定理 1-2 线性规划问题的基可行解$\boldsymbol{X}$对应线性规划问题可行域(凸集)的顶点。

证明两个方向的逆否命题，即证明$\boldsymbol{X}$不是可行域的顶点$\Leftrightarrow\boldsymbol{X}$不是基可行解。

首先证明$\boldsymbol{X}$不是基可行解$\Rightarrow\boldsymbol{X}$不是可行域的顶点。

不失一般性，假设$\boldsymbol{X}$的前m个分量为正，故有

$$\sum_{j=1}^{m}\boldsymbol{P}_j x_j=\boldsymbol{b} \tag{1-3}$$

由引理 1-1 知$(\boldsymbol{P}_1,\boldsymbol{P}_2,\cdots,\boldsymbol{P}_m)$线性相关，即存在一组不全为零的数$\delta_i(i=1,2,\cdots,m)$，使

$$\delta_1\boldsymbol{P}_1+\delta_2\boldsymbol{P}_2+\cdots+\delta_m\boldsymbol{P}_m=\boldsymbol{0} \tag{1-4}$$

则

$$\mu\delta_1\boldsymbol{P}_1+\mu\delta_2\boldsymbol{P}_2+\cdots+\mu\delta_m\boldsymbol{P}_m=\boldsymbol{0},\quad \mu\neq 0 \tag{1-5}$$

式(1-3)与式(1-4)相加得

$$(x_1+\mu\delta_1)\boldsymbol{P}_1+(x_2+\mu\delta_2)\boldsymbol{P}_2+\cdots+(x_m+\mu\delta_m)\boldsymbol{P}_m=\boldsymbol{b} \tag{1-6}$$

式(1-3)减式(1-4)得

$$(x_1-\mu\delta_1)\boldsymbol{P}_1+(x_2-\mu\delta_2)\boldsymbol{P}_2+\cdots+(x_m-\mu\delta_m)\boldsymbol{P}_m=\boldsymbol{b} \tag{1-7}$$

令

$$\boldsymbol{X}^{(1)}=[(x_1+\mu\delta_1),(x_2+\mu\delta_2),\cdots,(x_m+\mu\delta_m),0,\cdots,0]$$
$$\boldsymbol{X}^{(2)}=[(x_1-\mu\delta_1),(x_2-\mu\delta_2),\cdots,(x_m-\mu\delta_m),0,\cdots,0]$$

由于分量个数是有限的，因此总能适当选取μ，使得对所有$i=1,2,\cdots,m$，有

$$x_i\pm\mu\delta_i\geqslant 0$$

由此$\boldsymbol{X}^{(1)}\in\boldsymbol{C}$，$\boldsymbol{X}^{(2)}\in\boldsymbol{C}$，又$\boldsymbol{X}=\frac{1}{2}\boldsymbol{X}^{(1)}+\frac{1}{2}\boldsymbol{X}^{(2)}$，所以$\boldsymbol{X}$不是可行域的顶点。

再证明$\boldsymbol{X}$不是可行域的顶点$\Rightarrow\boldsymbol{X}$不是基可行解。

不失一般性，设$\boldsymbol{X}=(x_1,x_2,\cdots,x_r,0,\cdots,0)$不是可行域的顶点，即可以找到可行域内另外两个不同点$\boldsymbol{Y}$和$\boldsymbol{Z}$，使得$\boldsymbol{X}=a\boldsymbol{Y}+(1-a)\boldsymbol{Z}$ $(0<a<1)$，其分量表示为

$$x_j=ay_j+(1-a)z_j\quad(0<a<1;\ j=1,2,\cdots,n)$$

因$a>0$，$1-a>0$，故当$x_j=0$时，必有$y_j=z_j=0$。

因有

$$\sum_{j=1}^{n}\boldsymbol{P}_j x_j=\sum_{j=1}^{r}\boldsymbol{P}_j x_j=\boldsymbol{b} \tag{1-8}$$

且$\boldsymbol{Y}\neq\boldsymbol{Z}$，故

$$\sum_{j=1}^{n}\boldsymbol{P}_j y_j=\sum_{j=1}^{r}\boldsymbol{P}_j y_j=\boldsymbol{b} \tag{1-9}$$

$$\sum_{j=1}^{n}\boldsymbol{P}_j z_j=\sum_{j=1}^{r}\boldsymbol{P}_j z_j=\boldsymbol{b} \tag{1-10}$$

式(1-9)减式(1-10)得

$$\sum_{j=1}^{r}(y_j - z_j)\boldsymbol{P}_j = \boldsymbol{0} \tag{1-11}$$

而 $y_j - z_j$ 不全为零,故 $\boldsymbol{P}_1,\boldsymbol{P}_2,\cdots,\boldsymbol{P}_r$ 线性相关,即 $\boldsymbol{X}$ 不是基可行解。

定理 1-3 若线性规划问题有最优解,一定存在一个基可行解是最优解。

这里介绍一种逐渐"逼近"顶点的方法。设 $\boldsymbol{X}^{(0)}=(x_1^0,x_2^0,\cdots,x_n^0)$是以下线性规划的一个最优解,则

$$\boldsymbol{Z}=\boldsymbol{C}\boldsymbol{X}^{(0)}=\sum_{j=1}^{n}c_j x_j^0$$

是目标函数的最大值。若 $\boldsymbol{X}^{(0)}$ 不是基可行解,由定理 1-2 知 $\boldsymbol{X}^{(0)}$ 不是顶点,一定能在可行域内找到通过 $\boldsymbol{X}^{(0)}$ 的直线上的另外两个点 $\boldsymbol{X}^{(0)}+\mu\delta\geqslant 0$ 和 $\boldsymbol{X}^{(0)}-\mu\delta\geqslant 0$,其中 δ 表示"方向",μ 表示"步长",可以取的足够小以保证可行域内有这样的点。将这两个点代入目标函数,有

$$\boldsymbol{C}(\boldsymbol{X}^{(0)}+\mu\delta)=\boldsymbol{C}\boldsymbol{X}^{(0)}+\boldsymbol{C}\mu\delta \tag{1-12}$$

$$\boldsymbol{C}(\boldsymbol{X}^{(0)}-\mu\delta)=\boldsymbol{C}\boldsymbol{X}^{(0)}-\boldsymbol{C}\mu\delta \tag{1-13}$$

又有$\boldsymbol{C}\boldsymbol{X}^{(0)}$为目标函数的最大值,故

$$\boldsymbol{C}\boldsymbol{X}^{(0)}\geqslant \boldsymbol{C}\boldsymbol{X}^{(0)}+\boldsymbol{C}\mu\delta \tag{1-14}$$

$$\boldsymbol{C}\boldsymbol{X}^{(0)}\geqslant \boldsymbol{C}\boldsymbol{X}^{(0)}-\boldsymbol{C}\mu\delta \tag{1-15}$$

联立解得 $\boldsymbol{C}\mu\delta=0$,即 $\boldsymbol{C}(\boldsymbol{X}^{(0)}+\mu\delta)=\boldsymbol{C}\boldsymbol{X}^{(0)}=\boldsymbol{C}(\boldsymbol{X}^{(0)}-\mu\delta)$,即沿该方向一定步长内依然取得最优解。如果 $\boldsymbol{X}^{(0)}+\mu\delta$ 或 $\boldsymbol{X}^{(0)}-\mu\delta$ 仍不是基可行解,则按上述方法继续计算,会不断逼近可行域的顶点(基可行解),最后一定可以找到一个基可行解,且目标函数值保持为最大值。

1.3.2 单纯形法的原理

1.3.1 节的定理 1-3 告诉我们,要求线性规划问题的最优解,只需考量基可行解即可。因此希望找到一种方法,可以在实现相邻基转换的同时增加目标函数值。同时由于凸集的性质,当某个基对应的目标函数值都不小于相邻基时,一定已经达到了最优解,这组基就是希望找到的。

首先考查一种特殊的情况:系数矩阵中可以找到 m 列构成 $m\times m$ 单位阵。此时一组基可行解直接由资源向量 $\boldsymbol{b}$ 列决定。

1. 单纯形法的实现原理

首先介绍单纯形法的实现原理,该实现原理是对前面提到的思路的具体阐述。

1) 确定初始基可行解

对标准型的线性规划问题,约束条件的系数矩阵中存在一个单位矩阵

$$(\boldsymbol{P}_1,\boldsymbol{P}_2,\cdots,\boldsymbol{P}_m)=\begin{bmatrix}1 & 0 & \cdots & 0\\ 0 & 1 & \cdots & 0\\ \vdots & \vdots & & \vdots\\ 0 & 0 & \cdots & 1\end{bmatrix}$$

式中$(\boldsymbol{P}_1,\boldsymbol{P}_2,\cdots,\boldsymbol{P}_m)$称为基向量,同其对应的变量 $x_1,x_2,\cdots,x_m$ 称为基变量,模型中的其他变量 $x_{m+1},x_{m+2},\cdots,x_n$ 称为非基变量。令所有非基变量等于 0,即可找到一个解

$$\boldsymbol{X}=(x_1,x_2,\cdots,x_m,x_{m+1},x_{m+2},\cdots,x_n)^{\mathrm{T}}=(b_1,b_2,\cdots,b_m,0,\cdots,0)^{\mathrm{T}}$$

因有 $\boldsymbol{b}\geqslant\boldsymbol{0}$,故 $\boldsymbol{X}$ 满足约束条件,是一个基可行解。

1.3.3 节将说明对于找不到这样单位矩阵的线性规划问题应该如何处理。

2) 从一个基可行解转换为相邻的基可行解

如果两个基可行解之间变换且仅变换一个基变量,则称两个基可行解为相邻的。

设初始基可行解中的前 m 个为基变量,即

$$\boldsymbol{X}^{(0)}=(x_0^1,x_2^0,\cdots,x_m^0,0,\cdots,0)^{\mathrm{T}}$$

代入约束条件,有

$$\sum_{i=1}^{m}\boldsymbol{P}_i x_i^0=\boldsymbol{b} \tag{1-16}$$

其系数矩阵的增广矩阵为

$$\begin{bmatrix}1 & 0 & \cdots & 0 & a_{1,m+1} & \cdots & a_{1j} & \cdots & a_{1n} & b_1\\ 0 & 1 & \cdots & 0 & a_{2,m+1} & \cdots & a_{2j} & \cdots & a_{2n} & b_2\\ \vdots & \vdots & & \vdots & \vdots & & \vdots & & \vdots & \vdots\\ 0 & 0 & \cdots & 1 & a_{m,m+1} & \cdots & a_{mj} & \cdots & a_{mn} & b_m\end{bmatrix}$$

因 $\boldsymbol{P}_1,\boldsymbol{P}_2,\cdots,\boldsymbol{P}_m$ 是一个基,其他向量 $\boldsymbol{P}_j$ 可用该基的线性组合来表示,有

$$\boldsymbol{P}_j=\sum_{i=1}^{m}a_{ij}\boldsymbol{P}_i \tag{1-17}$$

即

$$\boldsymbol{P}_j-\sum_{i=1}^{m}a_{ij}\boldsymbol{P}_i=0 \tag{1-18}$$

因此

$$\theta\left(\boldsymbol{P}_j-\sum_{i=1}^{m}a_{ij}\boldsymbol{P}_i\right)=0 \tag{1-19}$$

对基可行解满足的等式进行整理得

$$\sum_{i=1}^{m}(x_i^0-\theta a_{ij})\boldsymbol{P}_i+\theta\boldsymbol{P}_j=\boldsymbol{b} \tag{1-20}$$

这告诉我们,$\boldsymbol{X}^{(1)}=(x_1^0-\theta a_{1j},\cdots,x_m^0-\theta a_{mj},0,\cdots,\theta,\cdots,0)^{\mathrm{T}}$(其中 θ 是 $\boldsymbol{X}^{(1)}$ 的第 j 个坐标的值)是满足约束条件的另一组解。这还不够,我们希望这组解仍然是基解,并且能实现目标函数值的增大。

要使 $\boldsymbol{X}^{(1)}$ 是一个基可行解，因已经规定 $\theta>0$，故应对所有 $i=1,2,\cdots,m$ 存在

$$x_i^0-\theta a_{ij}\geqslant 0$$

且这 m 个不等式中至少有一个式子等号成立。而当 $a_{ij}\leqslant 0$ 时，上式已经成立，故可令

$$\theta=\min_i\left\{\frac{x_i^0}{a_{ij}}\middle| a_{ij}>0\right\}=\frac{x_l^0}{a_{lj}} \tag{1-21}$$

则

$$x_i^0-\theta a_{ij}\begin{cases}=0, & i=l\\ \geqslant 0, & i\neq l\end{cases} \tag{1-22}$$

故 $\boldsymbol{X}^{(1)}$ 是一个基可行解，是与变量 $x_1^1,\cdots,x_{l-1}^1,x_{l+1}^1,\cdots,x_m^1,x_j$ 对应的向量，经重新排列后加上 $\boldsymbol{b}$ 列，有如下形式矩阵（不含 $\boldsymbol{b}$ 列）

$$\begin{bmatrix}1 & 0 & \cdots & 0 & a_{1j} & 0 & \cdots & 0\\ 0 & 1 & \cdots & 0 & a_{2j} & 0 & \cdots & 0\\ \vdots & \vdots & & \vdots & \vdots & \vdots & & \vdots\\ 0 & 0 & \cdots & 1 & a_{l-1,j} & 0 & \cdots & 0\\ 0 & 0 & \cdots & 0 & a_{lj} & 0 & \cdots & 0\\ 0 & 0 & \cdots & 0 & a_{l+1,j} & 1 & \cdots & 0\\ \vdots & \vdots & & \vdots & \vdots & \vdots & & \vdots\\ 0 & 0 & \cdots & 0 & a_{mj} & 0 & \cdots & 1\end{bmatrix}$$

和增广矩阵（含 $\boldsymbol{b}$ 列）

$$\begin{bmatrix}1 & 0 & \cdots & 0 & a_{1j} & 0 & \cdots & 0 & b_1\\ 0 & 1 & \cdots & 0 & a_{2j} & 0 & \cdots & 0 & b_2\\ \vdots & \vdots & & \vdots & \vdots & \vdots & & \vdots & \vdots\\ 0 & 0 & \cdots & 1 & a_{l-1,j} & 0 & \cdots & 0 & b_{l-1}\\ 0 & 0 & \cdots & 0 & a_{lj} & 0 & \cdots & 0 & b_l\\ 0 & 0 & \cdots & 0 & a_{l+1,j} & 1 & \cdots & 0 & b_{l+1}\\ \vdots & \vdots & & \vdots & \vdots & \vdots & & \vdots & \vdots\\ 0 & 0 & \cdots & 0 & a_{mj} & 0 & \cdots & 1 & b_m\end{bmatrix}$$

因 $a_{lj}>0$，故由上述矩阵元素组成的行列式不为 0，$(\boldsymbol{P}_1,\boldsymbol{P}_2,\cdots,\boldsymbol{P}_{l-1},\boldsymbol{P}_j,\boldsymbol{P}_{l+1},\cdots,\boldsymbol{P}_m)$ 是一个基。

在上述增广矩阵中进行行的初等变换，将第 l 行乘以 $\left(\dfrac{1}{a_{lj}}\right)$，再分别乘以 $(-a_{ij})$ 和 $(i=1,2,\cdots,l-1,l+1,\cdots,m)$ 加到各行上，则增广矩阵左半部变成单位矩阵，又因 $\dfrac{b_l}{a_{lj}}=\theta$，故

$$\boldsymbol{b}=(b_1-\theta a_{1j},\cdots,b_{l-1}-\theta a_{l-1,j},\theta,b_{l+1}-\theta a_{l+1,j},\cdots,b_m-\theta a_{mj})^{\mathrm{T}}$$

由此 $\boldsymbol{X}^{(1)}$ 是同 $\boldsymbol{X}^{(0)}$ 相邻的基可行解，且由基向量组成的矩阵仍为单位矩阵。

3）最优性检验和解的判别

将基可行解 $\boldsymbol{X}^{(0)}$ 和 $\boldsymbol{X}^{(1)}$ 分别代入目标函数，得

$$z^{(0)}=\sum_{i=1}^{m} c_i x_i^0 \tag{1-23}$$

$$\begin{aligned} z^{(1)} &= \sum_{i=1}^{m} c_i (x_i^0-\theta a_{ij})+\theta c_j \\ &= \sum_{i=1}^{m} c_i x_i^0+\theta\left(c_j-\sum_{i=1}^{m} c_i a_{ij}\right) \\ &= z^{(0)}+\theta\left(c_j-\sum_{i=1}^{m} c_i a_{ij}\right) \end{aligned} \tag{1-24}$$

给定 $\theta>0$，所以只要有

$$c_j-\sum_{i=1}^{m} c_i a_{ij}>0$$

就有 $z^{(1)}>z^{(0)}$。$c_j-\sum_{i=1}^{m} c_i a_{ij}$ 通常简写为 c_j-z_j 或 σ_j，称为检验数。由此可以得出用单纯形法求解线性规划问题时，结局为唯一最优解、无穷多最优解及无界解的判别标志如下。

(1) 若所有的 $\sigma_j \leqslant 0$，表明现有顶点(基可行解)的目标函数值比相邻各顶点的目标函数值都大，现有顶点对应的基可行解即为最优解。

(2) 若所有的 $\sigma_j \leqslant 0$，又对某个非基变量 x_j 有 $c_j-z_j=0$，且可以找到 $\theta>0$，这表明可以找到另一顶点(基可行解)目标函数值也达到最大。易证该两点连线上的点也属可行域内的点，且目标函数值相等，即该线性规划问题有无穷多最优解。反之，当所有非基变量的 $\sigma_j<0$ 时，线性规划问题具有唯一最优解。

(3) 如果存在某个 $\sigma_j>0$，又有 $\boldsymbol{P}_j \leqslant 0$，即对任意的 $\theta>0$，均有 $x_i^0-\theta a_{ij} \geqslant 0$，因而 θ 的取值可无限增大不受限制，那么 $z^{(1)}$ 也可无限增大，表明线性规划有无界解。

2. 单纯形法的步骤

下面介绍单纯形法的实现步骤。

1）列出初始单纯形表

对约束方程的系数矩阵中包含一个单位矩阵($\boldsymbol{P}_1,\boldsymbol{P}_2,\cdots,\boldsymbol{P}_m$)的线性规划问题，以单位矩阵作为基求出问题的一个初始基可行解。

为了书写规范和便于计算，对单纯形法的计算设计了一种专门表格，称为单纯形表，如表 1-1 所示。迭代计算中每找出一个新的基可行解时，就重画一张单纯形表。特别地，含初始基可行解的单纯形表称为初始单纯形表，含最优解的单纯形表称为最终单纯形表。

表 1-1 单纯形表

$c_j \to$①			c_1	…	c_m	…	c_j	…	c_n
$\boldsymbol{C}_B$	基	$\boldsymbol{b}$	x_1	…	x_m	…	x_j	…	x_n
c_1	x_1	b_1	1	…	0	…	a_{1j}	…	a_{1n}
c_2	x_2	b_2	0	…	0	…	a_{2j}	…	a_{2n}
⋮	⋮	⋮	⋮		⋮		⋮		⋮
c_m	x_m	b_m	0	…	1	…	a_{mj}	…	a_{mn}
$c_j - z_j$			0	…	0	…	$c_j - \sum_{i=1}^{m} c_i a_{ij}$	…	$c_n - \sum_{i=1}^{m} c_i a_{in}$

① →代表指向，指向当 j 依次取值时具体的 c_j，并不是一个新的变量。

单纯形表的第 2～3 列列出基可行解中的基变量及其取值。接下来列出问题中所有变量，基变量下面列是单位矩阵，非基变量 x_j 下面数字是该变量系数向量 $\boldsymbol{P}_j$ 表为基向量线性组合时的系数。因($\boldsymbol{P}_1,\boldsymbol{P}_2,\cdots,\boldsymbol{P}_m$)是单位向量，故有

$$\boldsymbol{P}_j = a_{1j}\boldsymbol{P}_1 + a_{2j}\boldsymbol{P}_2 + \cdots + a_{mj}\boldsymbol{P}_m$$

单纯形表最上端的一行数是各变量在目标函数中的系数值，最左端一列数是与各基变量对应的目标函数中的系数值 $\boldsymbol{C}_B$。

对 x_j 求检验数时，只要将它下面这一列数字与 $\boldsymbol{C}_B$ 中同行的数字分别相乘，再用它上端的 c_j 值减去上述乘积之和，即

$$\sigma_j = c_j - (c_1a_{1j} + c_2a_{2j} + \cdots + c_ma_{mj}) = c_j - \sum_{i=1}^{m} c_ia_{ij} \tag{1-25}$$

对 $j=1,2,\cdots,n$，将分别按上式求得的检验数 σ_j，写入表的最后一行。

2) 最优性检验

表 1-1 中所有检验数 $c_j - z_j \leqslant 0$，且基变量中不含有人工变量(1.3.3 节将介绍人工变量)时，表中的基可行解即为最优解，计算结束。对基变量中含人工变量时的解的最优性检验将在 1.3.3 节中讨论。当表中存在 $c_j - z_j > 0$ 时，如有 $\boldsymbol{P}_j \leqslant 0$，则问题为无界解，计算结束；否则转到下一步。

3) 从一个基可行解转换到相邻的目标函数值更大的基可行解，列出新的单纯形表

(1) 确定换入基的变量。只要有检验数 $\sigma_j > 0$，对应的变量 x_j 即可作为换入基的变量，当有一个以上检验数大于 0 时，一般从中找出最大一个 σ_k

$$\sigma_k = \max_j \{\sigma_j \mid \sigma_j > 0\}$$

其对应的变量 x_k 作为换入基的变量(简称换入变量)。

(2) 确定换出基的变量。根据单纯形法的原理中确定 θ 的规则，对 $\boldsymbol{P}_k$ 列计算得到

$$\theta = \min_i \left\{ \frac{b_i}{a_{ik}} \middle| a_{ik} > 0 \right\} = \frac{b_l}{a_{lk}}$$

确定 x_l 是换出基的变量(简称换出变量)。元素 a_{lk} 决定了从一个基可行解到相邻基可行解的转移去向，取名主元素。

注：按最小比值 θ 确定换出基的变量时，有时存在两个以上相同的最小比值，从而使下一个表的基可行解中出现一个或多个基变量等于 0 的退化解。退化解的出现原因是模型

中存在多余的约束，使多个基可行解对应同一顶点。当存在退化解时，就有可能出现迭代计算的循环，为避免这种情况，1974 年勃兰特(Bland)提出了一个简便有效的规则：①当存在多个 $\sigma_j>0$ 时，始终选取下标值为最小的变量作为换入变量；②当计算 θ 值出现两个以上相同的最小比值时，始终选取下标值为最小的变量作为换出变量。

(3) 用换入变量 x_k 替换基变量中的换出变量 x_l，得到一个新的基($\boldsymbol{P}_1,\boldsymbol{P}_2,\cdots,\boldsymbol{P}_{l-1},\boldsymbol{P}_k,\boldsymbol{P}_{l+1},\cdots,\boldsymbol{P}_m$)。对应该基可以找出一个新的基可行解，并相应画出一个新的单纯形表。

我们希望这个新的表中的基仍是单位矩阵，即要将 $\boldsymbol{P}_k$ 变换成单位向量。为此在上一步得到的单纯形法表中进行行的初等变换，并将运算结果填入新表(见表 1-2)中。

表 1-2 新的单纯形表

$c_j\rightarrow$			c_1	$\cdots$	c_l	$\cdots$	c_m	$\cdots$	c_j	$\cdots$	c_k	$\cdots$
$\boldsymbol{C}_B$	基	$\boldsymbol{b}$	x_1	$\cdots$	x_l	$\cdots$	x_m	$\cdots$	x_j	$\cdots$	x_k	$\cdots$
c_l	x_1	$b_1-b_l\dfrac{a_{1k}}{a_{lk}}$	1	$\cdots$	$-\dfrac{a_{1k}}{a_{lk}}$	$\cdots$	0	$\cdots$	$a_{1j}-a_{1k}\dfrac{a_{lj}}{a_{lk}}$	$\cdots$	0	$\cdots$
$\vdots$	$\vdots$	$\vdots$	$\vdots$		$\vdots$		$\vdots$		$\vdots$		$\vdots$	
c_k	x_k	$\dfrac{b_l}{a_{lk}}$	0	$\cdots$	$\dfrac{1}{a_{lk}}$	$\cdots$	0	$\cdots$	$\dfrac{a_{lj}}{a_{lk}}$	$\cdots$	1	$\cdots$
$\vdots$	$\vdots$	$\vdots$	$\vdots$		$\vdots$		$\vdots$		$\vdots$		$\vdots$	
c_m	x_m	$b_m-b_l\dfrac{a_{mk}}{a_{lk}}$	0	$\cdots$	$-\dfrac{a_{mk}}{a_{lk}}$	$\cdots$	1	$\cdots$	$a_{mj}-a_{mk}\dfrac{a_{lj}}{a_{lk}}$	$\cdots$	0	$\cdots$
c_j-z_j			0	$\cdots$	$-\dfrac{c_k-z_k}{a_{lk}}$	$\cdots$	0	$\cdots$	$(c_j-z_j)-\dfrac{a_{lj}}{a_{lk}}(c_k-z_k)$	$\cdots$	0	$\cdots$

(4) 重复步骤(2)、(3)，直到计算结束。

例 1-2 用单纯形法求解线性规划问题

$$\max z=2x_1+x_2$$

使得

$$\begin{cases}5x_2\leqslant 15\\6x_1+2x_2\leqslant 24\\x_1+x_2\leqslant 5\\x_1,x_2\geqslant 0\end{cases}$$

解：先将上述问题化成标准形式

$$\max z=2x_1+x_2+0x_3+0x_4+0x_5$$

使得

$$\begin{cases}5x_2+x_3=15\\6x_1+2x_2+x_4=24\\x_1+x_2+x_5=5\\x_1,x_2,x_3,x_4,x_5\geqslant 0\end{cases}$$

其约束条件系数矩阵的增广矩阵为

$$\begin{matrix} \boldsymbol{P}_1 & \boldsymbol{P}_2 & \boldsymbol{P}_3 & \boldsymbol{P}_4 & \boldsymbol{P}_5 & \boldsymbol{b} \end{matrix}$$
$$\begin{bmatrix} 0 & 5 & 1 & 0 & 0 & 15 \\ 6 & 2 & 0 & 1 & 0 & 24 \\ 1 & 1 & 0 & 0 & 1 & 5 \end{bmatrix}$$

$(\boldsymbol{P}_3,\boldsymbol{P}_4,\boldsymbol{P}_5)$是单位矩阵，构成一个基，对应变量 x_3,x_4,x_5 是基变量。令非基变量 x_1,x_2 等于0，即找到一个初始基可行解

$$\boldsymbol{X}=(0,0,15,24,5)^{\mathrm{T}}$$

以此列出初始单纯形表，如表1-3所示。

表 1-3　初始单纯形表

$c_j \rightarrow$			2	1	0	0	0
$\boldsymbol{C}_B$	基	$\boldsymbol{b}$	x_1	x_2	x_3	x_4	x_5
0	x_3	15	0	5	1	0	0
0	x_4	24	[6]	2	0	1	0
0	x_5	5	1	1	0	0	1
c_j-z_j			2	1	0	0	0

因表1-3中有大于0的检验数，故表中基可行解不是最优解。因 $\sigma_1>\sigma_2$，故确定 x_1 为换入变量。将 $\boldsymbol{b}$ 列除以 $\boldsymbol{P}_1$ 的同行数字，得

$$\theta=\min\left(\infty,\frac{24}{6},\frac{5}{1}\right)=\frac{24}{6}=4$$

6为主元素，为方便计算，作为标志对主元素6加上方括号[ ]，主元素所在行基变量 x_4 为换出变量。用 x_1 替换基变量 x_4，得到一个新的基 $\boldsymbol{P}_3$、$\boldsymbol{P}_1$、$\boldsymbol{P}_5$，找到新的基可行解，并列出新的单纯形表，如表1-4所示。由于表1-4中还存在大于零的检验数 σ_2，继续重复上述步骤得表1-5。

表 1-4　新的单纯形表 1

$c_j \rightarrow$			2	1	0	0	0
$\boldsymbol{C}_B$	基	$\boldsymbol{b}$	x_1	x_2	x_3	x_4	x_5
0	x_3	15	0	5	1	0	0
2	x_1	4	1	2/6	0	1/6	0
0	x_5	1	0	[4/6]	0	−1/6	1
c_j-z_j			0	1/3	0	−1/3	0

表 1-5　新的单纯形表 2

$c_j \rightarrow$			2	1	0	0	0
$\boldsymbol{C}_B$	基	$\boldsymbol{b}$	x_1	x_2	x_3	x_4	x_5
0	x_3	15/2	0	0	1	5/4	−15/2
2	x_1	7/2	1	0	0	1/4	−1/2
1	x_2	3/2	0	1	0	−1/4	3/2
c_j-z_j			0	0	0	−1/4	−1/2

注意：表 1-5 中所有 $\sigma_j \leqslant 0$，故表中的基可行解 $\boldsymbol{X}=\left(\frac{7}{2},\frac{3}{2},\frac{15}{2},0,0\right)$ 为最优解，代入目标函数得 $z=8\frac{1}{2}$。

1.3.3 两阶段法求解一般的线性规划问题

1.3.2 节研究的线性规划问题中，约束矩阵中能够找到 m 列拼成一个单位矩阵，从该单位矩阵出发找到一组初始基可行解，从而开始单纯形法的计算。但显然不是所有线性规划问题转换为标准形式后都能满足上述的条件，此时应该怎么做呢？

笔者的想法是，引入几个新的变量，使得其在系数矩阵中对应的列向量是一组标准单位列向量，且可与系数矩阵中已经存在的那些标准单位列向量构成单位矩阵。这样的变量被称为人工变量。但这种变量是有要求的，在目标函数取得最大值时，它们的取值必须为 0；如果不是，则说明目标函数无最优解。为了实现这个目的，将问题的求解分为两个阶段：第一阶段判断人工变量会不会出现在最优解中；如果不会，再从第一阶段的结果中找到原问题的一组基可行解，进行 1.3.2 节介绍的单纯形法算法。

1. 两阶段法的步骤

实现以上思路的方法称为两阶段法，其实现步骤如下。

第一阶段先求解一个目标函数中只包含人工变量的线性规划问题，即令目标函数中其他变量的系数取零，人工变量的系数取某个正的常数(一般取 1)，在保持原问题约束条件不变的情况下求该目标函数极小化时的解。如果最终解中人工变量仍在基解内，则原问题无解；否则原问题有解，且在第一阶段得到了一组初始基可行解，此时第二阶段是在原问题中去除人工变量，并由该可行解(第一阶段的最优解)出发，继续寻找问题的最优解。

2. 两阶段法的实现

例 1-3 用单纯形法求解线性规划问题

$$z=\max -3x_1+x_3$$

使得

$$\begin{cases}x_1+x_2+x_3\leqslant 4\\ -2x_1+x_2-x_3\geqslant 1\\ 3x_2+x_3=9\\ x_1,x_2,x_3\geqslant 0\end{cases}$$

解：先将其化成标准形式，有

$$z=\max -3x_1+x_3+0x_4+0x_5$$

使得

$$\begin{cases}x_1+x_2+x_3+x_4=4\\-2x_1+x_2-x_3-x_5=1\\3x_2+x_3=9\\x_1,x_2,x_3,x_4,x_5\geqslant 0\end{cases}$$

第一阶段的线性规划问题可写为

$$\omega=\min x_6+x_7$$

使得

$$\begin{cases}x_1+x_2+x_3+x_4=4\\-2x_1+x_2-x_3-x_5+x_6=1\\3x_2+x_3+x_7=9\\x_j\geqslant 0,\quad j=1,2,\cdots,7\end{cases}$$

用单纯形法迭代如表 1-6 所示。

表 1-6　两阶段法 1

$c_j\to$			-3	0	1	0	0	$-M$	$-M$
$\boldsymbol{C}_B$	基	$\boldsymbol{b}$	x_1	x_2	x_3	x_4	x_5	x_6	x_7
0	x_4	4	1	1	1	1	0	0	0
$-M$	x_6	1	-2	[1]	-1	0	-1	1	0
$-M$	x_7	9	0	3	1	0	0	0	1
c_j-z_j			$-2M-3$	$4M$	1	0	$-M$	0	0
0	x_4	3	3	0	2	1	1	-1	0
0	x_2	1	-2	1	-1	0	-1	1	0
$-M$	x_7	6	[6]	0	4	0	3	-3	1
c_j-z_j			$6M-3$	0	$4M+1$	0	$3M$	$-4M$	0
0	x_4	0	0	0	0	1	$-1/2$	$-1/2$	$-1/2$
0	x_2	3	0	1	1/3	0	0	0	1/3
-3	x_1	1	1	0	[2/3]	0	1/2	$-1/2$	1/6
c_j-z_j			0	0	3	0	3/2	$-M-3/2$	$-M+1/2$
0	x_4	0	0	0	0	1	$-1/2$	1/2	$-1/2$
0	x_2	5/2	$-1/2$	1	0	0	$-1/4$	1/4	1/4
1	x_3	3/2	3/2	0	1	0	3/4	$-3/4$	1/4
c_j-z_j			$-9/2$	0	0	0	$-3/4$	$-M+3/4$	$-M-1/4$

最终人工变量不在基解中，故原问题有可行解，且一组可行解就是上面的最终基解。去除人工变量，进入第二阶段，如表 1-7 所示。

表 1-7 两阶段法 2

$c_j \rightarrow$			−3	0	1	0	0
$\boldsymbol{C}_B$	基	$\boldsymbol{b}$	x_1	x_2	x_3	x_4	x_5
0	x_4	0	0	0	0	1	−1/2
0	x_2	3	0	1	1/3	0	0
−3	x_1	1	1	0	[2/3]	0	1/2
$c_j - z_j$			0	0	3	0	3/2
0	x_4	0	0	0	0	1	−1/2
0	x_2	5/2	−1/2	1	0	0	−1/4
1	x_3	3/2	3/2	0	1	0	3/4
$c_j - z_j$			−9/2	0	0	0	−3/4

这样便得到了原问题的解。

1.4 单纯形法的 MATLAB 实现

本节结合 1.2 节和 1.3 节的内容，介绍在 MATLAB 中实现单纯形法计算的通用代码。

读者或许已经注意到，一般的线性规划问题往往需要两阶段法求解。在两阶段法中，单纯形法事实上被执行了两次。为了避免代码的冗余重复，将从一组基可行解出发的单纯形法算法编为一个函数(以下简称为 S 函数)，执行两阶段法时只需两次调用该函数即可。为此需要一个主程序实现输入、输出和判定等。

主程序的总体思路是，首先找出系数矩阵中线性无关的单位列向量。如果这些列向量可以构成 $m \times m$ 满秩阵，则直接调用 S 函数；否则程序自动进行两阶段法的运算，即先增添人工变量，第一次调用 S 函数并判断有无可行解，如果有，则从第一次执行函数的结果出发第二次调用 S 函数得到最优解。

需要注意的是，使用这段代码之前，读者需要先将线性规划问题转换为标准形式，输入 c 时，自己补充的变量的价值系数 0 也需要按照位置输入。

1.4.1 MATLAB 知识储备

1. 输入与输出

输入指令：value=input('message')。

输出指令：disp()。

2. 矩阵操作

sortrows(A,[column])：如未输入 column 值，则按照矩阵 A 第一列升序排序，如已输入，则按照 column 列对 A 升序排序。

dot(A,B)：求点积。

size(A,[key])：如未输入 key 值，则输出一个向量，第一个数为矩阵的行数，第二个数为矩阵的列数；如已输入 key 值，则当 key=1 时，输出矩阵的行数，当 key=2 时，输出矩阵的列数。

A(i,j)：获取 A 的第 i 行第 j 列元素，若要获取第 i 行的全部，则 j 写为"："。

3. 控制流

if-else-end 结构：

```
if expression1
command1 % 如果条件 1 为真,则执行操作 1
elseif  expression2
command2 % 如果条件 1 为假,条件 2 为真,则执行操作 2
…
else
commandn % 如果上述条件全为假,则执行操作 n
end
```

for 结构：

```
for x = array
commands
end % x 依次被赋值为 array 数组的各列
```

while 结构：

```
while expression
commands
end % 当 expression 被判定为 true 时进行循环
```

break 指令：

直接跳出当前循环。

continue 指令：

直接进入循环中的下一次迭代。

error('message')：

显示错误信息 message，终止程序。

1.4.2 S函数

S函数是用于直接实现单纯形法算法的函数，具体代码如下：

```
function anscell = simplex_method(A,b,c)
while true
    [RANGE1,RANGE2] = size(A);
    findj = [];
    % findj 用来存储所有线性无关的单位列向量的 1 出现的位置和列向量出现的位置
    for i = 1:1:RANGE2
        if length(find(A(:,i) == 1)) == 1&&length(find(A(:,i))) == 1
            if isempty(findj)
                ind = find(A(:,i) == 1);
                addfindj = [ind;i];
                findj = [findj addfindj];
            elseif~ismember(find(A(:,i) == 1),findj(1,:))
                ind = find(A(:,i) == 1);
                addfindj = [ind;i];
                findj = [findj addfindj];
            end
        end
    end
    findj1 = sortrows(findj');
    % 通过这个排序,可以按顺序确定初始基可行解(之后存储在 base 中),从而确定相应的 cb
    base = findj1(:,2);

    c_z = [];
    cb = [];
    for t = 1:1:length(base)
        cb = [cb,c(base(t))];
    end

    for j = 1:1:RANGE2
        z(j) = dot(cb',A(:,j));
        c_z = [c_z c(j) - z(j)];
    end
    % 依次计算 cj - zj,得到行向量
    % 后续出现的两个 flag 是为了进行判断,得到结果后,跳出函数主体的死循环
    for i = 1:1:RANGE2
        if c_z(i)> 0&&max(A(:,i))< = 0
            flag1 = 1;
            printword = '无界解';
            anscell = {A,b,[],[],printword,base};
            break % 只要某个 i 满足无界解的条件,循环即无须继续进行,可以直接跳出循环
        else
            flag1 = 0;
        end
```

```
    end
    if max(c_z)<=0
        flag2 = 1;
        ansx = zeros(1,RANGE2);
        for j = 1:1:RANGE1
            ansx(base(j)) = b(j);
        end
        %这样做是因为最终解除了基可行解之外,x均为0
        printword = '唯一最优解为'; %初始将printword进行这样的设定,如果满足无穷解的判定再改正
        for j = 1:1:RANGE2
            if ismember(j,base)
                continue %只判断那些非基可行解,故遇到基可行解时,直接进入下一次循环
            elseif c_z(j) == 0&&max(A(:,j))>0
                printword = '有无穷解,其中一组是';
                break
            end
        end
        optans = dot(c,ansx);
        anscell = {A,b,ansx,optans,printword,base};
    else
        flag2 = 0;
    end

    if flag1 == 1||flag2 == 1
        break
    end
    %当以上两个判断结果都为"否"时,说明还需要进一步操作

    maxc_z = max(c_z);
    liindc_z = find(c_z == maxc_z);
    indc_z = liindc_z(1);
    %根据勃兰特原则,只取第一个出现的

    litheta = []; %获得正theta,用于寻找最小值
    cotheta = []; %获得全部theta,用于下标获取
    for i = 1:1:RANGE1
        if A(i,indc_z)>0
            litheta = [litheta b(i)./A(i,indc_z)];
            cotheta = [cotheta b(i)./A(i,indc_z)];
        else
            cotheta = [cotheta inf];
        end
    end
    mintheta = min(litheta);
    liindtheta = find(cotheta == mintheta);
```

```
    indtheta = liindtheta(1);
    % 根据勃兰特原则,只取第一个出现的

    bA = [b A]; % 拼接矩阵以便同时操作
    bA(indtheta,:) = bA(indtheta,:)./bA(indtheta,indc_z + 1);
    for i = 1:1:RANGE1
        if i == indtheta
            continue
        end
        d = bA(i,indc_z + 1);
        bA(i,:) = bA(i,:) - d * (bA(indtheta,:));
    end
    % 将主元素单位化并通过矩阵初等变化使主元素所在列成为标准单位列向量
    b = bA(:,1);
    A = bA(:,2:end);
    % 取得新的 A、b,进入下一次循环
end
```

1.4.3 主程序

主程序可以通过调用 S 函数,实现一般的线性规划问题的求解。主程序代码如下:

```
clear all;
A = input('请输入约束条件的系数矩阵');
b = input('请输入该矩阵对应的资源列向量');
c = input('请按照顺序输入价值系数行向量');
format rat
[RANGE10,RANGE20] = size(A);
[b1,b2] = size(b);
if b1～ = RANGE10||b2～ = 1
    error('b 的格式不正确')
end
[c1,c2] = size(c);
if c1～ = 1||c2～ = RANGE20
    error('c 的格式不正确')
end
% 获取 A、b、c 并判断格式,这里采用 b 列向量、c 行向量是为了与单纯形法表相对应

findj0 = [];
for i = 1:1:RANGE20
    if length(find(A(:,i) == 1)) == 1&&length(find(A(:,i))) == 1
        if isempty(findj0)
```

```
            ind0 = find(A(:,i) == 1);
            addfindj0 = [ind0;i];
            findj0 = [findj0 addfindj0];
        elseif~ismember(find(A(:,i) == 1),findj0(1,:))
            ind0 = find(A(:,i) == 1);
            addfindj0 = [ind0;i];
            findj0 = [findj0 addfindj0];
        end
    end
end
%这一段获取 findj0 的方法与 S 函数中的相同,读者可以参考之前的解释
if isempty(findj0)
    base0 = [];
    add = (1:RANGE10);
    findj10 = [];
    %初始系数矩阵没有标准单位列向量时,全部由程序生成
else
    findj10 = sortrows(findj0');
    base0 = findj10(:,2);
    %初始系数矩阵有标准单位列向量时进行记录,便于之后比较
end

if length(base0) == RANGE10
    anscell = simplex_method(A,b,c);
    disp(anscell{5})
    disp(anscell{3})
    disp(anscell{4})
    %有基可行解,直接调用 S 函数
else
    %两阶段法
    if~isempty(base0)
        add = setdiff((1:RANGE10),findj10(:,1));
    end
    %补全标准单位列向量
    for i = 1:1:length(add)
        l = zeros(RANGE10,1);
        l(add(i)) = 1;
        A = [A l];
    end
    %补全 A
    c0 = zeros(1,length(add) + RANGE20); %生成新的 c0,更换变量名以保留 c
    for i = 1:1:length(add)
        c0(RANGE20 + i) = - 1;
    end

    anscell = simplex_method(A,b,c0);
```

```
    optans = anscell{4};
    A = anscell{1};
    b = anscell{2};
    %得到新的A、b以进行第二阶段
    if optans~ = 0
       fprintf('无可行解')
    else
       A = A(:,1:RANGE20); %去除人工变量
       anscell = simplex_method(A,b,c);
       disp(anscell{5})
       disp(anscell{3})
       disp(anscell{4})
    end
end
```

1.4.4 直接用优化工具箱解线性规划问题

在1.4.2节和1.4.3节，我们在MATLAB中完全用单纯形法的思路解决了线性规划问题，通过理解这些程序语句，可以更好地理解和运用单纯形法的原理。事实上，MATLAB的优化工具箱直接提供了linprog命令实现线性规划问题的求解。

对于一个模型为

$$z = \min c\boldsymbol{X}$$

使得

$$\begin{aligned} &\boldsymbol{AX} \leqslant \boldsymbol{b} \\ &\mathbf{Aeq}\boldsymbol{X} = \mathbf{beq} \\ &\mathbf{vlb} \leqslant \boldsymbol{X} \leqslant \mathbf{vub} \end{aligned}$$

的线性规划问题，通过命令

```
[X,fval] = linprog(c,A,b,Aeq,beq,vlb,vub)
```

得到最优的X和最小值fval。

需要注意以下几点。

(1) 若求最大值或限制条件为大于或等于，则在式子两边取相反数。

(2) 如果没有不等式(等式)约束，则A(Aeq)、b(beq)取为[]。

(3) b和beq为向量。

(4) vlb和vub是向量，可以限制每个X的取值范围。

(5) 如果有无界解，MATLAB将输出空值并输出Problem is unbounded；如果无可行解，MATLAB将输出空值并输出No feasible solution found。

1.5 利用 linprog 命令解决投资问题

例 1-4 展示了如何利用 linprog 命令规划在固定年限 t 内具有确定收益的债券的投资问题,即如何将钱分配到可用的投资中,以最大限度地增加最终获利。

假设有一笔初始金额为 Capital_0 的资金,在 t 年的时间内投资于 n 个零息债券。每种债券有已知且固定的年利率和投资年限,并在到期日结束时支付本金加复利。优化目标是最大化 t 年后的总收入;约束条件是每年的投资不会超过当下拥有的货币,包括已经投资的收益和未投资的结余。

例 1-4 一共有 4 支债券,分别如表 1-8 所示。

表 1-8 债券列表

债券	购买年	投资年限	年利率/%
B1	1	4	2
B2	5	1	4
B3	2	4	6
B4	2	3	6

初始投资金额为 1000,投资年限为 5 年。

解:为了描述未投资资金,假设有一种债券 B0,投资年限为 1 年,每年都可以购买,且为 0 利率。这样做的好处是把未投资结余和已投资收益统一起来。B0 由于购买年的不同,其实有 5 种,记为 x(1)~x(5),剩下的 4 支债券依次标为 x(6)~x(9)。

定义如表 1-9 所示的向量。

表 1-9 定义向量

名　称	含　义	值
PurchaseYears	购买年	[1;2;3;4;5;1;5;2;2]
Maturity	投资年限	[1;1;1;1;1;4;1;4;3]
MaturityYears	售出年	[1;2;3;4;5;4;5;5;4]
InterestRates	利率	[0;0;0;0;0;2;4;6;6]

每年收益比 $r=1+\text{InterestRates}/100$。

首先可视化债券的情况:

```
%总时间
T = 5;
%债券数量
N = 4;
%初始金额
Capital_0 = 1000;
```

```
%(含假想)债券总数
nPtotal = N + T;
%可购入的时间
PurchaseYears = [1;2;3;4;5;1;5;2;2];
%债券时长
Maturity = [1;1;1;1;1;4;1;4;3];
%收益时间
MaturityYears = PurchaseYears + Maturity - 1;
%收益率
InterestRates = [0;0;0;0;0;2;4;6;6];
finalReturns = (1 + InterestRates/100).^Maturity;
%每年收益比
rt = 1 + InterestRates/100;
%调用 MATLAB 示例中 plotInvestments 函数
plotInvestments(N,PurchaseYears,Maturity,InterestRates)
```

结果如图 1-2 所示。

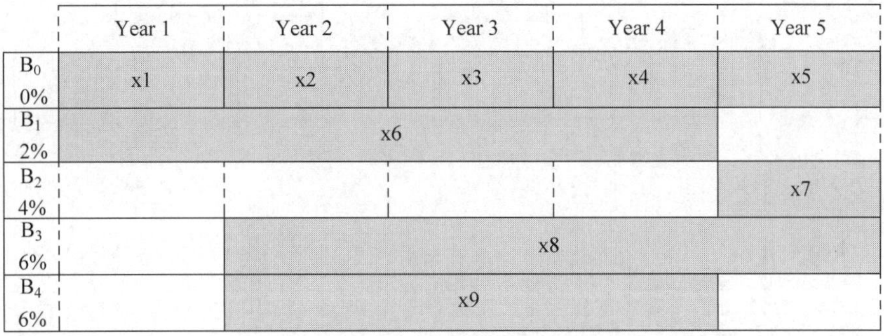

图 1-2 债券的情况

接下来讨论优化问题。

首先，单位数量的债券的总收益为

$$r_k = (1 + \rho_k/100)^{m_k} = \beta_k{}^{m_k}$$

其中：

$$\beta_k = 1 + \rho_k/100$$

m_k 为年限，那么，优化问题的目标函数转换为

$$\max_x x_5 r_5 + x_7 r_7 + x_8 r_8$$

这是因为只考虑五年后的收益，即 5、7、8 债券提供的收益。

用 linprog 命令需要的形式描述为

$$\min_x \boldsymbol{f}^{\mathrm{T}} x$$

其中：

$$f=[0;0;0;0;-r_5;0;-r_7;-r_8;0]$$

用 MATLAB 语言描述如下：

```
f = zeros(nPtotal,1);
f([5,7,8]) = [-finalReturns(5), -finalReturns(7), -finalReturns(8)];
```

约束条件为：第一年由初始资金决定，

$$x_1+x_6=\text{Capital}_0$$

之后由收益决定，所谓"收益"包括假想的 B0 的收益，即结余，故有

$$\begin{aligned} x_2+x_8+x_9 &= r_1x_1 \\ x_3 &= r_2x_2 \\ x_4 &= r_3x_3 \\ x_5+x_7 &= r_4x_4+r_6x_6+r_9x_9 \end{aligned}$$

即

$$\mathbf{Aeq}=\begin{bmatrix} 1 & 0 & 0 & 0 & 0 & 1 & 0 & 0 & 0 \\ -r_1 & 1 & 0 & 0 & 0 & 0 & 0 & 1 & 1 \\ 0 & -r_2 & 1 & 0 & 0 & 0 & 0 & 0 & 0 \\ 0 & 0 & -r_3 & 1 & 0 & 0 & 0 & 0 & 0 \\ 0 & 0 & 0 & -r_4 & 1 & -r_6 & 1 & 0 & -r_9 \end{bmatrix}$$

$$\mathbf{beq}=\begin{bmatrix} \text{Capital}_0 \\ 0 \\ 0 \\ 0 \end{bmatrix}$$

用 MATLAB 语言描述如下：

```
Aeq = spalloc(N+1,nPtotal,15);
Aeq(1,[1,6]) = 1;
Aeq(2,[1,2,8,9]) = [-1,1,1,1];
Aeq(3,[2,3]) = [-1,1];
Aeq(4,[3,4]) = [-1,1];
Aeq(5,[4:7,9]) = [-finalReturns(4),1,-finalReturns(6),1,-finalReturns(9)];
beq = zeros(T,1);
beq(1) = Capital_0;
```

最后，要求 x 非负，即不能"借钱买"。

```
lb = zeros(size(f));
ub = [];
```

利用 linprog 命令进行求解，并将结果可视化，如图 1-3 所示。

```
options = optimoptions('linprog','Algorithm','interior-point');
[xsol,fval,exitflag] = linprog(f,[],[],Aeq,beq,lb,ub,options);
plotInvestments(N,PurchaseYears,Maturity,InterestRates,xsol)
```

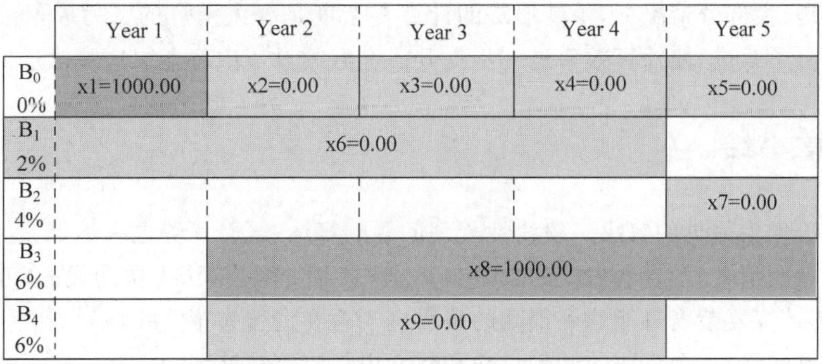

图 1-3　优化结果

1.6　单纯形法的计算复杂度浅析

单纯形法的计算复杂度分为两部分。

(1) 每个迭代计算的计算量。

(2) 固定初始基后迭代的次数。

其中，(1)的计算复杂度即为初始基的选择的可能性种数，对于 $m \times n$ 矩阵而言，显然该值极端情况下为 C_n^m。

下面讨论(2)。为便于直观理解，将 m 作为"维数"，作出 m 维"立方体"，则容易知道基的可能选取数目与"立方体"顶点数目相同(都是在每个维度取且仅取一个)。说明基和顶点之间可以建立双射，那么相邻基变换问题就变成了相邻顶点的转换问题，称从初始顶点到达最优顶点为一条路径。

图 1-4 是二元和三元的"立方体"及最长路径。

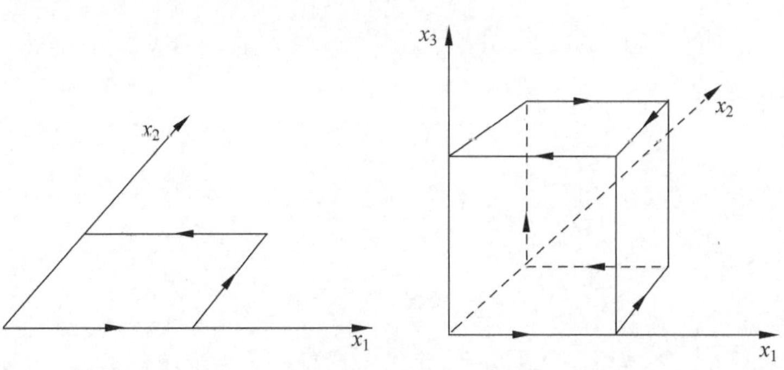

图 1-4　二元和三元的"立方体"及最长路径

可以看到，在最坏的情况下，需要遍历所有的顶点才能从一个顶点转换到另一个顶点，这样的路径可以通过归纳在任意有限维找到，即对于一个 m 维立方体，两顶点转换需要走过的路径最多有 2^m-1 条。

可以证明，真实的单纯形法中，迭代次数也确实可以达到这个数目，这样的例子是可以被构造的。单纯形法的计算复杂度可以达到指数量级，这实在是个坏消息。

幸运的是，大部分情况下，单纯形法的计算复杂度是令人满意的。另外，许多数学家对单纯形法做出了改进，使计算效率进一步提升。在后续章节中将介绍这些改进的算法。

1.7 本章小结

单纯形法作为最早的解决一般线性规划问题的算法，既有优势也有不足。一方面，单纯形法的理论简明清晰，蕴含着古典的数学美；另一方面，单纯形法每次迭代的“改进”量无从得知，造成其计算复杂度可能达到很高的量级。当今在进行大矩阵线性规划时，可能不会选用单纯形法算法，但这个算法的开创意义和数学思想应该被铭记。

第2章 对偶单纯形法

每个求极大值的优化问题，都可以找到一个和它对应的求极小值的优化问题，这个问题称为原问题的对偶问题。在这一章中会看到，这两个问题具有一些内在的联系。对偶单纯形法事实上是在保证对偶问题可行的情况下求解线性规划问题。

2.1 本章内容

本章主要介绍以下内容。

(1) 对偶问题。

(2) 对偶单纯形法。

(3) 使用 MATLAB 实现对偶单纯形法。

(4) 凡卡引理与资产定价。

2.2 对偶问题的提出

在正式提出对偶问题之前，先了解一下在理论上与对偶问题有相似性的过程的拉格朗日乘数法。

2.2.1 拉格朗日乘数法

拉格朗日乘数法是一种解决多元函数在一定约束条件下的极值问题的方法。这种方法将一个有 n 个变量与 k 个约束条件的最优化问题转换为一个有 $n+k$ 个变量的方程组的极值问题，其变量不受任何约束。

这里不加证明地给出拉格朗日乘数法的使用方法。

在约束条件 $\varphi(x_1,x_2,\cdots,x_n)=0$ 下，若要求 $f(x_1,x_2,\cdots,x_n)$ 的极值，可以通过以下步骤实现。

(1) 引入一个拉格朗日乘数 λ，作拉格朗日函数 $L(x_1,x_2,\cdots,x_n)=f(x_1,x_2,\cdots,x_n)+\lambda\varphi(x_1,x_2,\cdots,x_n)$。

(2) 此时将 λ 视为新增变量，分别对 x_i 及 λ 求偏导，得到驻点 x_i 和 λ。

拉格朗日乘数法的主要思想是：通过构造拉格朗日函数，将约束条件作为拉格朗日乘数的偏导数，转而求新的无约束多元函数的极值。

例 2-1 求 $z=x^2+2y^2$ 在约束条件 $x+y=1$ 下的极值。

解：

$$L(x,y)=x^2+2y^2+\lambda(1-x-y)$$

$$\frac{\partial L}{\partial x}=2x-\lambda=0 \rightarrow x=\frac{\lambda}{2}$$

$$\frac{\partial L}{\partial y}=4y-\lambda=0 \rightarrow y=\frac{\lambda}{4}$$

$$\frac{\partial L}{\partial \lambda}=x+y=1 \rightarrow \lambda=\frac{4}{3}$$

所以

$$z=x^2+2y^2=\frac{2}{3}$$

线性规划问题中，采用类似的想法，将每个约束条件构造出的拉格朗日乘数作为一个新的向量，并将问题转换为这个新向量取何值时使得原问题的约束条件可以自然满足。在 2.2.2 节中将看到，这事实上把原问题转换成了一个新的线性规划问题，这个新问题叫作原问题的对偶问题。

2.2.2 对偶问题的生成

考虑标准形式的线性规划问题(以下采用矩阵的形式书写)

$$z=\max \boldsymbol{c}'\boldsymbol{x}$$

使得

$$\boldsymbol{A}\boldsymbol{x}=\boldsymbol{b}$$

$$\boldsymbol{x}\geqslant 0$$

像 2.2.1 节最后所说那样，引入一个新的列向量 $\boldsymbol{y}$，将问题转换为

$$g=\max[\boldsymbol{c}'\boldsymbol{x}+\boldsymbol{y}'(\boldsymbol{b}-\boldsymbol{A}\boldsymbol{x})]$$

使得

$$\boldsymbol{x}\geqslant 0$$

注意到 $\boldsymbol{x}$ 的非负约束，有

$$g(\boldsymbol{y})=\max[\boldsymbol{c}'\boldsymbol{x}+\boldsymbol{y}'(\boldsymbol{b}-\boldsymbol{A}\boldsymbol{x})]=\boldsymbol{y}'\boldsymbol{b}+\max[(\boldsymbol{c}'-\boldsymbol{y}'\boldsymbol{A})\boldsymbol{x}],\quad \boldsymbol{x}\geqslant 0$$

而 $\max[(\boldsymbol{c}'-\boldsymbol{y}'\boldsymbol{A})\boldsymbol{x}]$ 只有在 $\boldsymbol{c}'-\boldsymbol{y}'\boldsymbol{A}$ 非正时取为 0，其他时候均取为正无穷，因此原问题等价于以下新线性规划问题

$$z=\min \boldsymbol{y}'\boldsymbol{b}$$

使得

$$\boldsymbol{y}'\boldsymbol{A} \geqslant \boldsymbol{c}'$$
$$(\boldsymbol{y}\ \text{无限制})$$

其转置形式为

$$z = \min \boldsymbol{b}'\boldsymbol{y}$$

使得

$$\boldsymbol{A}'\boldsymbol{y} \geqslant \boldsymbol{c}$$
$$(\boldsymbol{y}\ \text{无限制})$$

对于非标准形式的线性规划问题,例如,约束条件变为 $\boldsymbol{Ax} \leqslant \boldsymbol{b}$,给出如下的分析。

增加向量 $\boldsymbol{s}(\boldsymbol{s} \geqslant 0)$,使得 $\boldsymbol{Ax}+\boldsymbol{s}=\boldsymbol{b}$,即

$$[\boldsymbol{AI}]\begin{bmatrix}\boldsymbol{x}\\ \boldsymbol{s}\end{bmatrix}=\boldsymbol{b}$$

根据标准形式推导得

$$[\boldsymbol{A}'\boldsymbol{I}']\boldsymbol{y} \geqslant [\boldsymbol{c}\ \ \boldsymbol{0}]$$

即

$$\boldsymbol{A}'\boldsymbol{y} \geqslant \boldsymbol{c}$$
$$\boldsymbol{y} \geqslant 0$$

对于其他非标准形式的条件,请读者仿照例 2-1 自行给出转换。转换的结果如表 2-1 所示。如何理解这样的转换呢?例 2-2 可以帮助读者理解对偶问题与原问题的实际关系。

表 2-1 原问题和对偶问题的互相转换

项目	原问题(对偶问题)	对偶问题(原问题)
$\boldsymbol{A}$	约束系数矩阵	约束系数矩阵的转置
$\boldsymbol{b}$	约束条件右端项向量	目标函数中的价格系数向量
$\boldsymbol{c}$	目标函数中的价格系数向量	约束条件右端项向量
目标函数	$\max z = \sum_{j=1}^{n} c_j x_j$	$\min \omega = \sum_{i=1}^{m} b_i y_i$
变量	$x_j (j = 1,2,\cdots,n)$ $x_j \geqslant 0$ $x_j \leqslant 0$ x_j 无约束	约束条件: 有 n 个$(j = 1,2,\cdots,n)$ $\sum_{i=1}^{m} a_{ij} y_i \geqslant c_j$ $\sum_{i=1}^{m} a_{ij} y_i \leqslant c_j$ $\sum_{i=1}^{m} a_{ij} y_i = c_j$
约束条件	有 m 个$(i = 1,2,\cdots,m)$ $\sum_{j=1}^{n} a_{ij} x_j \leqslant b_i$ $\sum_{j=1}^{n} a_{ij} x_j \geqslant b_i$ $\sum_{j=1}^{n} a_{ij} x_j = b_i$	变量: $y_i (i = 1,2,\cdots,m)$ $y_i \geqslant 0$ $y_i \leqslant 0$ y_i 无约束

例 2-2 依然考虑例 1-1 中的问题：某饲料厂共生产 A、B、C 3 种饲料，饲料机有甲、乙、丙 3 台。每单位质量饲料 A 需要甲机器 1 小时、丙机器 3 小时；每单位质量饲料 B 需要乙、丙机器各两小时；每单位质量饲料 C 需要 3 台机器各 1 小时。生产单位质量的饲料，甲的利润为 3(百元)，乙为 5(百元)，丙为 1(百元)，甲机器一天至多使用 4 小时，乙机器一天至多使用 12 小时，丙机器一天至多使用 10 小时，应如何安排生产计划才能使得利润最大？

解：换一种思考角度——如果另外一个饲料厂也想使用这些机器，它至少要付多少价格，原来的饲料厂才愿意放弃自己的生产呢？显然这个价格应该不低于原工厂获利的最大值。

设 y_1、y_2、y_3 为单位时间机器甲、乙、丙的出让价格，由于出让价格不少于机器为原饲料厂创造的价格，故有

$$y_1 + 3y_3 \geqslant 3$$
$$2y_2 + 2y_3 \geqslant 5$$
$$y_1 + y_2 + y_3 \geqslant 1$$

同时希望购买付出的代价尽可能小，即求解

$$\min 4y_1 + 12y_2 + 10y_3$$

可以看到，这个问题就是原问题的对偶问题。

简单地说，对于求最大值的最优化问题，要将其转换为对应的对偶问题，需要做的是以下几点。

(1) 最大值变最小值。

(2) $\boldsymbol{c}$、$\boldsymbol{b}$ 向量互换。

(3) 变量到约束条件不等号同向，无约束则对应等号约束；约束条件到变量不等号反向，等号约束对应变量无约束。

2.3 对偶问题的性质

对于以下形式的线性规划问题

$$z = \max \sum_{j=1}^{n} c_i x_j$$

$$\begin{cases} \sum_{j=1}^{n} a_{ij} x_j \leqslant b_i, & i = 1,2,\cdots,m \\ x_j \geqslant 0, & j = 1,2,\cdots,n \end{cases}$$

及其对偶问题

$$\min \omega = \sum_{i=1}^{m} b_i y_i$$

$$\begin{cases} \sum_{i=1}^{m} a_{ij} y_i \geqslant c_j, & j = 1,2,\cdots,n \\ y_i \geqslant 0, & i = 1,2,\cdots,m \end{cases}$$

称为“对称形式的对偶问题”，有以下性质。

1. 弱对偶性

若 $\boldsymbol{x}=(x_1,x_2,\cdots,x_n)'$是原问题的可行解，$\boldsymbol{y}=(y_1,y_2,\cdots,y_m)'$是其对偶问题的可行解，$\boldsymbol{c}$、$\boldsymbol{b}$ 为价值向量和资源向量，则恒有

$$\boldsymbol{cx} \leqslant \boldsymbol{b}'\boldsymbol{y}$$

证明：

因为

$$\boldsymbol{cx}=\sum_{j=1}^{n} c_j \bar{x}_j \leqslant \sum_{j=1}^{n}\left(\sum_{i=1}^{m} a_{ij}\bar{y}_i\right)\bar{x}_j=\sum_{i=1}^{m}\sum_{j=1}^{n} a_{ij}\bar{x}_j\bar{y}_i$$

$$\boldsymbol{b}'\boldsymbol{y}=\sum_{i=1}^{m} b_i \bar{y}_i \geqslant \sum_{i=1}^{m}\left(\sum_{j=1}^{n} a_{ij}\bar{x}_j\right)\bar{y}_i=\sum_{i=1}^{m}\sum_{j=1}^{n} a_{ij}\bar{x}_j\bar{y}_i$$

所以

$$\sum_{j=1}^{n} c_j \bar{x}_j \leqslant \sum_{i=1}^{m} b_i \bar{y}_i$$

即

$$\boldsymbol{cx} \leqslant \boldsymbol{b}'\boldsymbol{y}$$

由弱对偶性，可得出以下推论。

(1) 原问题任一可行解的目标函数值是其对偶问题目标函数值的下界；反之对偶问题任一可行解的目标函数值是其原问题目标函数值的上界。

(2) 如原问题有无界解，则其对偶问题无可行解；反之对偶问题有无界解，则其原问题无可行解。

(3) 若原问题有可行解而其对偶问题无可行解，则原问题目标函数值无界；反之对偶问题有可行解而其原问题无可行解，则对偶问题的目标函数值无界。

2. 最优性

如果 $\boldsymbol{x}=(x_1,x_2,\cdots,x_n)'$是原问题的可行解，$\boldsymbol{y}=(y_1,y_2,\cdots,y_m)'$是其对偶问题的可行解，$\boldsymbol{c}$、$\boldsymbol{b}$ 为价值向量和资源向量，且有

$$\boldsymbol{cx}=\boldsymbol{b}'\boldsymbol{y}$$

则 $\boldsymbol{x}=(x_1,x_2,\cdots,x_n)'$是原问题的最优解，$\boldsymbol{y}=(y_1,y_2,\cdots,y_m)'$是其对偶问题的最优解。

证明：设 $\boldsymbol{x}^* -(x_1^*,x_2^*,\cdots,x_n^*)'$是原问题的最优解，$\boldsymbol{y}^*=(y_1^*,y_2^*,\cdots,y_m^*)'$是其对偶问题的最优解

因为

$$\boldsymbol{cx} \leqslant \boldsymbol{cx}^*,\quad \boldsymbol{b}'\boldsymbol{y}^* \leqslant \boldsymbol{b}'\boldsymbol{y}$$

又有

$$\boldsymbol{cx}=\boldsymbol{b}'\boldsymbol{y},\quad \boldsymbol{cx}^* \leqslant \boldsymbol{b}'\boldsymbol{y}^*$$

故

$$cx = cx^* = b'y^* = b'y$$

3. 强对偶性

若原问题及其对偶问题均具有可行解，则二者均具有最优解，且它们最优解的目标函数值相等。

证明：由于二者均有可行解，又因为弱对偶性的推论(1)，原问题的目标函数值具有上界，对偶问题的目标函数值具有下界，因此两者均具有最优解。2.4 节中可以看到，当原问题为最优解时，其对偶问题的解为可行解，且 $z=\omega$，则此时两者的解均为最优解。

4. 互补松弛性

在最优解中，如果对应某一约束条件的对偶变量值为非 0，则该约束条件取严格等式；反之，如果约束条件取严格不等式，则其对应的对偶变量一定为 0，即：

若 $\hat{y}_i > 0$，则有

$$\sum_{j=1}^{n} a_{ij}\hat{x}_j = b_i$$

若

$$\sum_{j=1}^{n} a_{ij}\hat{x}_j < b_i$$

则有

$$\hat{y}_i = 0$$

证明：由弱对偶性知

$$\sum_{j=1}^{n} c_j\hat{x}_j \leqslant \sum_{i=1}^{m}\sum_{j=1}^{n} a_{ij}\hat{x}_j\hat{y}_i \leqslant \sum_{i=1}^{m} b_i\hat{y}_i$$

又由最优性，有

$$\sum_{j=1}^{n} c_j\hat{x}_j = \sum_{i=1}^{m} b_i\hat{y}_i$$

故上式全部取相等。考虑右端

$$\sum_{i=1}^{m}\left(\sum_{j=1}^{n} a_{ij}\hat{x}_j - b_i\right)\hat{y}_i = 0$$

而

$$\hat{y}_i \geqslant 0$$

$$\sum_{j=1}^{n} a_{ij}\hat{x}_j - b_i \leqslant 0$$

故上式若要成立，必须对所有 $i=1,2,\cdots,m$，有

$$\left(\sum_{j=1}^{n} a_{ij}\hat{x}_j - b_i\right)\hat{y}_i = 0$$

由此，当 $\hat{y}_i > 0$ 时，必须

$$\sum_{j=1}^{n} a_{ij}\hat{x}_j - b_i = 0$$

当

$$\sum_{j=1}^{n} a_{ij}\hat{x}_j - b_i < 0$$

时，必须 $\hat{y}_i = 0$。

互补松弛在对偶问题中的叙述为：

如果有 $\hat{x}_j > 0$，则

$$\sum_{i=1}^{m} a_{ij}\hat{y}_i = c_i$$

如果有

$$\sum_{i=1}^{m} a_{ij}\hat{y}_j > c_j$$

则 $\hat{x}_j = 0$。

其证明完全同理。

注：我们仅证明了对称形式，事实上，上述性质对于各种形式的对偶问题都是成立的。

2.4 对偶单纯形法

2.4.1 单纯形法的矩阵表达

为了解释对偶单纯形法的原理，将第 1 章学到的单纯形法的内容用矩阵形式表示。

对称形式线性规划问题的矩阵表达式加上松弛变量 $\boldsymbol{X}_S$ 后为

$$z = \max \boldsymbol{CX} + 0\boldsymbol{X}_S$$

$$\begin{cases} \boldsymbol{AX} + \boldsymbol{IX}_S = \boldsymbol{b} \\ \boldsymbol{X} \geqslant \boldsymbol{0}, \quad \boldsymbol{X}_S \geqslant 0 \end{cases}$$

式中，$\boldsymbol{X}_S = (x_{n+1}, x_{n+2}, \cdots, x_{n+m})^{\mathrm{T}}$，$\boldsymbol{I}$ 为 $m \times m$ 单位矩阵。

回顾第 1 章，进行单纯形法计算时，首先选取 $\boldsymbol{I}$ 为初始基，对应基变量为 $\boldsymbol{X}_S$。迭代若干步后，基变量为 $\boldsymbol{X}_B$，$\boldsymbol{X}_B$ 在初始单纯形法表中的系数矩阵为 $\boldsymbol{B}$，而 $\boldsymbol{A}$ 中去掉 $\boldsymbol{B}$ 的若干列后剩下的列组成矩阵 $\boldsymbol{N}$，这样初始单纯形法表可列成表 2-2 的形式。

表 2-2 初始单纯形法表的形式

模型参数			非基变量		基变量
$\boldsymbol{C}_B$	基	$\boldsymbol{b}$	$\boldsymbol{X}_B$	$\boldsymbol{X}_N$	$\boldsymbol{X}_S$
0	$\boldsymbol{X}_S$	$\boldsymbol{b}$	$\boldsymbol{B}$	$\boldsymbol{N}$	$\boldsymbol{I}$
$c_j - z_j$			$\boldsymbol{C}_B$	$\boldsymbol{C}_N$	0

迭代若干步,基变量为 $\boldsymbol{X}_B$ 时,该步的单纯形法表中由 $\boldsymbol{X}_B$ 系数组成的矩阵为 $\boldsymbol{I}$。又因单纯形法的迭代是对约束增广矩阵进行初等变换,因此系数矩阵在新表中应左乘 $\boldsymbol{B}^{-1}$。故当基变量为 $\boldsymbol{X}_B$ 时,新的单纯形法表的形式如表 2-3 所示。

表 2-3 新的单纯形法表的形式

模型参数			非基变量		基变量
$\boldsymbol{C}_B$	基	$\boldsymbol{b}$	$\boldsymbol{X}_B$	$\boldsymbol{X}_N$	$\boldsymbol{X}_S$
$\boldsymbol{C}_B$	$\boldsymbol{X}_B$	$\boldsymbol{B}^{-1}\boldsymbol{b}$	$\boldsymbol{I}$	$\boldsymbol{B}^{-1}\boldsymbol{N}$	$\boldsymbol{B}^{-1}$
$c_j - z_j$			$\boldsymbol{0}$	$\boldsymbol{C}_N - \boldsymbol{C}_B\boldsymbol{B}^{-1}\boldsymbol{N}$	$-\boldsymbol{C}_B\boldsymbol{B}^{-1}$

特别地,当 $\boldsymbol{B}$ 为最优基时,应有

$$\boldsymbol{C}_N - \boldsymbol{C}_B\boldsymbol{B}^{-1}\boldsymbol{N} \leqslant 0$$
$$-\boldsymbol{C}_B\boldsymbol{B}^{-1} \leqslant 0$$

而 $\boldsymbol{C}_B$ 的检验数可写为

$$\boldsymbol{C}_B - \boldsymbol{C}_B \cdot \boldsymbol{I} = 0$$

故

$$\boldsymbol{C} - \boldsymbol{C}_B\boldsymbol{B}^{-1}\boldsymbol{A} \leqslant 0$$
$$-\boldsymbol{C}_B\boldsymbol{B}^{-1} \leqslant 0$$

其中: $\boldsymbol{C}_B\boldsymbol{B}^{-1}$ 称为单纯形乘子。

若令 $\boldsymbol{Y}^{\mathrm{T}} = \boldsymbol{C}_B\boldsymbol{B}^{-1}$,则上式等价于

$$\begin{cases} \boldsymbol{A}^{\mathrm{T}}\boldsymbol{Y} \geqslant \boldsymbol{C}' \\ \boldsymbol{Y} \geqslant 0 \end{cases}$$

这时检验数行的相反数恰好是其对偶问题的一个可行解。将这个解代入对偶问题的目标函数值,有

$$\omega = \boldsymbol{Y}^{\mathrm{T}}\boldsymbol{b} = \boldsymbol{C}_B\boldsymbol{B}^{-1}\boldsymbol{b} = z$$

根据 2.3 节中讲到的最优性,这也是对偶问题的最优解。

2.4.2 对偶单纯形法的基本原理

如果标准形式的线性规划问题可以转换为满足以下条件: ①有一组基解 $\boldsymbol{B}^{-1}\boldsymbol{b}$,但并不要求这组基解是可行解,即不需要满足非负条件; ②所有 $c_j - z_j \leqslant 0$,那么从 2.4.1 节可以看到,令 $\boldsymbol{y} = \boldsymbol{C}_B\boldsymbol{B}^{-1}$,则有

$$\boldsymbol{A}'\boldsymbol{y} \geqslant \boldsymbol{c}'$$
$$\boldsymbol{y} \geqslant 0$$

即这组解是对偶问题的可行解。此时如果已经有 $\boldsymbol{B}^{-1}\boldsymbol{b} \geqslant 0$,则原问题和对偶问题都已经找到了最优解; 否则,保持对偶问题始终是可行解(即检验数非正),通过矩阵初等变换,使得

$\boldsymbol{B}^{-1}\boldsymbol{b} \geqslant 0$，根据强对偶性知，此时原问题和对偶问题均达到最优解。

2.4.3 对偶单纯形法的计算步骤

对以下标准形式的线性规划问题

$$z = \max \boldsymbol{cx}$$

使得

$$\boldsymbol{Ax} - \boldsymbol{b}$$

$$\boldsymbol{x} \geqslant \boldsymbol{0}$$

存在一个对偶问题的可行基 $\boldsymbol{B}$，不妨设 $\boldsymbol{B} = (\boldsymbol{P}_1, \boldsymbol{P}_2, \cdots, \boldsymbol{P}_m)$，列出单纯形法表。

从 2.4.2 节的原理知道，必须有 $c_j - z_j \leqslant 0 (j = 1, 2, \cdots, n)$，而 $\bar{b}_i (i = 1, 2, \cdots, m)$ 的值不要求为正。当 $i = 1, 2, \cdots, m$，有 $\bar{b}_i \geqslant 0$ 时，即表中原问题和对偶问题均为最优解。否则，通过变换一个基变量，找出原问题的一个目标函数值较小的相邻基解，如表 2-4 所示。

表 2-4　对偶单纯形法表

$\boldsymbol{C}_B$	基	$\boldsymbol{b}$	x_1	…	x_r	…	x_m	x_{m+1}	…	x_s	…	x_n
c_1	x_1	$\bar{b}_1$	1	…	0	…	0	$a_{1,m+1}$	…	a_{1s}	…	a_{1n}
⋮	⋮	⋮	⋮		⋮		⋮	⋮		⋮		⋮
c_r	x_r	$\bar{b}_r$	0	…	1	…	0	$a_{r,m+1}$	…	a_{rs}	…	a_{rn}
⋮	⋮	⋮	⋮		⋮		⋮			⋮		⋮
c_m	x_m	$\bar{b}_m$	0	…	0	…	1	$a_{m,m+1}$	…	a_{ms}	…	a_{mn}
$c_j - z_j$			0	…	0	…	0	$c_{m+1} - z_{m+1}$	…	$c_s - z_s$	…	$c_n - z_n$

对偶单纯形法的具体步骤如下。

(1) 确定换出基的变量。

需要进行换基时，总存在小于 0 的 $\bar{b}_i$，令 $\bar{b}_r = \min\limits_i \{\bar{b}_i\}$，其对应变量 x_r 为换出基的变量。

(2) 确定换入基的变量。

一方面，希望使对偶单纯形法表(表 2-5)中第 r 行基变量为正值，因此只有对应 $a_{rj} < 0 (j = m+1, m+2, \cdots, n)$ 的非基变量才可能作为换入基的变量。

另一方面，为了使对偶单纯形法表(表 2-5)中对偶问题的解仍为可行解，令

$$\theta = \min_j \left\{ \frac{c_j - z_j}{a_{rj}} \middle| a_{rj} < 0 \right\} = \frac{c_s - z_s}{a_{rs}}$$

称 a_{rs} 为主元素，x_s 为换入基的变量。

下面证明这样确定的换入基是满足需要的。

设下一个表中的检验数为 $(c_j - z_j)'$，则有

$$(c_j - z_j)' = (c_j - z_j) - \frac{a_{rj}}{a_{rs}}(c_s - z_s) = a_{rj}\left(\frac{c_j - z_j}{a_{rj}} - \frac{c_s - z_s}{a_{rs}}\right)$$

若 $a_{rj} \geqslant 0$，因 $c_j - z_j \leqslant 0$，故 $\frac{c_j - z_j}{a_{rj}} \leqslant 0$，又因主元素 $a_{rs} < 0$，故 $\frac{c_s - z_s}{a_{rs}} \geqslant 0$，故 $(c_j - z_j)' \leqslant 0$。

若 $a_{rj} < 0$，因 $\frac{c_j - z_j}{a_{rj}} - \frac{c_s - z_s}{a_{rs}} > 0$，故有 $(c_j - z_j)' \leqslant 0$。

(3) 用换入变量替换换出变量，得到一个新的基。

对新的基再检查是否所有 $\bar{b}_i \geqslant 0 (i = 1, 2, \cdots, m)$。如是，则找到了两者的最优解，否则回到步骤(1)循环。

已知当对偶问题有可行解时，原问题也可能无可行解。应用对偶单纯形法时，证明原问题无可行解的判断准则是：对任意 $\bar{b}_r < 0$，所有 $j = 1, 2, \cdots, n$，有 $a_{rj} \geqslant 0$。这是因为这时表中第 r 行的约束方程为

$$x_r + a_{r,m+1}x_{m+1} + \cdots + a_{rn}x_n = \bar{b}_r$$

而 $a_{rj} \geqslant 0 (j = m+1, m+2, \cdots, n)$，$\bar{b}_r < 0$，显然不可能存在 $x_j \geqslant 0 (j = 1, 2, \cdots, n)$ 的解。(这时对偶问题的目标函数值无界)。

例 2-3 用对偶单纯形法求解线性规划问题

$$z = \min 2x_1 + 3x_2 + 4x_3$$

使得

$$x_1 + 2x_2 + x_3 \geqslant 3$$
$$2x_1 - x_2 + 3x_3 \geqslant 4$$
$$x_1、x_2、x_3 \geqslant 0$$

解：将问题改写为

$$z = \max - 2y_1 3y_2 - 4y_3 + 0y_4 + 0y_5$$

使得

$$-y_1 - 2y_2 - y_3 + y_4 = -3$$
$$-2y_1 + y_2 - 3y_3 + y_5 = -4$$
$$y_1、y_2、y_3 \geqslant 0$$

列出单纯形法表，并用上述对偶单纯形法求解步骤进行计算，过程见表 2-5。

表 2-5 对偶单纯形法求解步骤

$c_j \rightarrow$			−2	−3	−4	0	0
$\boldsymbol{C}_B$	基	$\boldsymbol{b}$	y_1	y_2	y_3	y_4	y_5
0	y_4	−3	−1	−2	−1	1	0
0	y_5	−4	[−2]	1	−3	0	1
$c_j - z_j$			−2	−3	−4	0	0

续表

$c_j \rightarrow$			-2	-3	-4	0	0
$\boldsymbol{C}_B$	基	$\boldsymbol{b}$	y_1	y_2	y_3	y_4	y_5
0	y_4	-1	0	$\left[-\frac{5}{2}\right]$	$\frac{1}{2}$	1	$-\frac{1}{2}$
-2	y_1	2	1	$-\frac{1}{2}$	$\frac{3}{2}$	0	$-\frac{1}{2}$
c_j-z_j			0	-2	-1	0	-1
-3	y_2	$\frac{2}{5}$	0	1	$-\frac{1}{5}$	$-\frac{2}{5}$	$\frac{1}{5}$
-2	y_1	$\frac{11}{5}$	1	0	$\frac{7}{5}$	$-\frac{1}{5}$	$-\frac{2}{5}$
c_j-z_j			0	0	$-\frac{9}{5}$	$-\frac{8}{5}$	$-\frac{1}{5}$

通过例 2-3 可以看到，当线性规划问题的约束条件为“≥”，未知数满足非负约束时，只需一步简单的变形，就能满足对偶单纯形法的初始条件，此时不再需要像 1.3.3 节中那样使用两阶段法，问题的求解得以简化。遗憾的是，大部分时候，对偶问题是基可行解这一点是做不到的。

2.5 对偶单纯形法的 MATLAB 实现

本节将使用 2.4.3 节介绍的方法在 MATLAB 中写出对偶单纯形法的函数。这段代码首先判断所给矩阵是否满足对偶单纯形法的使用条件，然后进行对偶单纯形法的循环计算。

代码如下：

```
function anscell = duality(A,b,c)
[RANGE10,RANGE20] = size(A);
findj0 = [];
for i = 1:1:RANGE20
    if length(find(A(:,i) == 1)) == 1&&length(find(A(:,i))) == 1
        if isempty(findj0)
            ind0 = find(A(:,i) == 1);
            addfindj0 = [ind0;i];
            findj0 = [findj0 addfindj0];
        elseif～ismember(find(A(:,i) == 1),findj0(1,:))
            ind0 = find(A(:,i) == 1);
            addfindj0 = [ind0;i];
            findj0 = [findj0 addfindj0];
```

```
            end
        end
    end
    wid = size(findj0,2);
    if wid~ = RANGE10
        error('A的格式不正确')
    end
    findj10 = sortrows(findj0');
    base0 = findj10(:,2);
    c_z = [];
    cb = [];
    for t = 1:1:length(base0)
       cb = [cb,c(base0(t))];
    end

    for j = 1:1:RANGE20
       z(j) = dot(cb',A(:,j));
       c_z = [c_z c(j) - z(j)];
    end
    %以上代码在simplex_method中已经使用过,这里用于检验
    if max(c_z)> 0
       error('不满足对偶单纯形法的检验数非正条件')
    end
    while true
       if min(b)> = 0
          printword = '最优解为';
          optans = dot(cb,b);
          ansx = zeros(1,RANGE20);
          for j = 1:1:RANGE10
             ansx(base0(j)) = b(j);
          end
          anscell = {A,b,ansx,optans,printword,base0};
          break
       end
       liindout = find(b == min(b));
       indout = liindout(1);
       if min(A(indout,:))> = 0
          printword = '原问题无可行解';
          anscell = {A,b,[],[],printword,base0};
          break
       end
       theta = inf;
       for i = 1:1:RANGE20
          if ismember(i,find(A(indout,:)< 0))
             theta = min(theta,c_z(i)/A(indout,i));
```

```
        if c_z(i)/A(indout,i) == theta
            indin = i;
        end
    end
end
%获得 theta
bA = [b A];
bA(indout,:) = bA(indout,:)./bA(indout,indin + 1);
for i = 1:1:RANGE10
    if i == indout
        continue
    end
    d = bA(i,indin + 1);
    bA(i,:) = bA(i,:) - d * (bA(indout,:));
end

b = bA(:,1);
A = bA(:,2:end);
%换入基做新基得到新的矩阵
findj0 = [];
for i = 1:1:RANGE20
    if length(find(A(:,i) == 1)) == 1&&length(find(A(:,i))) == 1
        if isempty(findj0)
            ind0 = find(A(:,i) == 1);
            addfindj0 = [ind0;i];
            findj0 = [findj0 addfindj0];
        elseif~ismember(find(A(:,i) == 1),findj0(1,:))
            ind0 = find(A(:,i) == 1);
            addfindj0 = [ind0;i];
            findj0 = [findj0 addfindj0];
        end
    end
end
findj10 = sortrows(findj0');
base0 = findj10(:,2);
c_z = [];
cb = [];
for t = 1:1:length(base0)
    cb = [cb,c(base0(t))];
end

for j = 1:1:RANGE20
    z(j) = dot(cb',A(:,j));
    c_z = [c_z c(j) - z(j)];
end
%得到新矩阵的各个量以进入下一次循环
end
```

2.6 凡卡引理与资产定价

本节将用对偶单纯形法证明凡卡引理,并根据凡卡引理探索资产定价的有关问题。

2.6.1 凡卡引理

考虑这样一个问题:何时可以断言一个线性规划问题无可行解呢?

本书在单纯形法和对偶单纯形法中已经介绍了一些判断的方法。这里采取一个不同的思路。假定我们期待解决一个约束条件为标准形式的线性规划问题,如果存在向量 $\boldsymbol{p}$,使得 $\boldsymbol{p}'\boldsymbol{A}\geqslant 0$ 且 $\boldsymbol{p}'\boldsymbol{b}<0$,我们断言此时原问题无可行解。这是因为对于任意 $\boldsymbol{x}\geqslant 0$,$\boldsymbol{p}'\boldsymbol{A}\boldsymbol{x}\geqslant 0$,而 $\boldsymbol{p}'\boldsymbol{b}<0$,因此 $\boldsymbol{p}'\boldsymbol{A}\boldsymbol{x}\neq\boldsymbol{p}'\boldsymbol{b}$,则 $\boldsymbol{A}\boldsymbol{x}\neq\boldsymbol{b}$。

更进一步地,由凡卡引理可知,只要原问题无可行解,那么这样的 $\boldsymbol{p}$ 一定存在。

凡卡引理 $\boldsymbol{A}$ 为 $m\times n$ 矩阵,$\boldsymbol{b}$ 是 m 维列向量。以下两种情况必有且只有一种出现。

(1) 存在 $\boldsymbol{x}\geqslant 0$ 使得 $\boldsymbol{A}\boldsymbol{x}=\boldsymbol{b}$。

(2) 存在 $\boldsymbol{p}$ 使得 $\boldsymbol{p}'\boldsymbol{A}\geqslant 0$ 且 $\boldsymbol{p}'\boldsymbol{b}<0$。

证明:显然情况(1)发生时,情况(2)不可能发生,前面的叙述中我们证明了情况(2)发生时,情况(1)不可能发生。因此只需证明情况(1)不发生,情况(2)一定会发生。

此时考虑以下两个对偶问题。

问题一:

$$z=\max\ \boldsymbol{0}'\boldsymbol{x}$$

使得

$$\boldsymbol{A}\boldsymbol{x}=\boldsymbol{b}$$
$$\boldsymbol{x}\geqslant 0$$

问题二:

$$z=\min\ \boldsymbol{p}'\boldsymbol{b}$$

使得

$$\boldsymbol{p}'\boldsymbol{A}\geqslant\boldsymbol{0}'$$

由于第一个问题无可行解,由弱对偶性可知,第二个问题要么无可行解,要么有无界解。由于 $\boldsymbol{p}=0$ 是问题二的可行解,因此问题二的最小值下界为负无穷,亦即一定存在 $\boldsymbol{p}$ 使得 $\boldsymbol{p}'\boldsymbol{A}\geqslant 0$ 且 $\boldsymbol{p}'\boldsymbol{b}<0$。

这种利用对偶单纯形法的证明方法十分简洁清晰。

2.6.2 资产定价

研究一个资产定价问题。在一个市场中，共有 n 种资源。一段时间之后，这些资源有 m 种可能的不同的自然状态。记单位数量资源 i 的投入在状态 s 发生时，收入为 r_{si}，得到 $m\times n$ 收入矩阵为

$$\boldsymbol{R}=\begin{bmatrix} r_{11} & \cdots & r_{1n} \\ \vdots & \ddots & \vdots \\ r_{m1} & \cdots & r_{mn} \end{bmatrix}$$

记每种资源的拥有数量为 x_i，资产投资组合 $\boldsymbol{x}=(x_1,x_2,\cdots,x_n)'$。这里 x_i 既可以取正值，也可以取负值(取负值代表一种资源的短缺状态，即最后要买回 $|x_i|$ 单位的 i 资源)。

s 状态下的收益结果为

$$w_s=\sum_{i=1}^{n} r_{si}x_i,\quad \boldsymbol{w}=(w_1,w_2,\cdots,w_m)'=\boldsymbol{Rx}$$

记最初购入资源所需的价值向量为 $\boldsymbol{p}$，则购入的总价格为 $\boldsymbol{p}'\boldsymbol{x}$。资产定价问题就是要找出符合市场规则的 $\boldsymbol{p}$ 向量。下面介绍经济学原理的无套利原则。资产的定价应该满足这样的条件：投资者不能在负投入条件下保证得到非负收入，即必须保证购入价格为非负。以上原则的数学表示为：如果 $\boldsymbol{Rx}\geqslant 0$，必须有 $\boldsymbol{p}'\boldsymbol{x}\geqslant 0$。故有以下结论：无套利原则成立，当且仅当存在一个非负向量 $\boldsymbol{q}=(q_1,q_2,\cdots,q_m)$，使得

$$p_i=\sum_{s=1}^{m} q_s r_{si}$$

这是因为在凡卡引理中，情况(2)不成立，则 $\boldsymbol{R}'\boldsymbol{x}=\boldsymbol{p}$ 一定有非负解 $\boldsymbol{q}$。

无套利原则简单但有效。金融经济学中许多重要的结论都依赖于这个原则。

第3章 灵敏度分析

线性规划模型都假定参数是已知的或确定的,然而有时候很难确切地知道这些参数。这些参数也会随着市场、技术的变化相应变化,并最终导致模型的最优解发生变化。因此,分析参数变化对模型最优解的影响非常重要,这种分析称为灵敏度分析。

3.1 本章内容

本章主要介绍以下内容。

(1) 灵敏度分析的概念和思路。

(2) 资源变量的分析及其全局依赖。

(3) 价值变量的分析及其全局依赖。

(4) 增加变量。

(5) 改变约束系数矩阵。

(6) 增加约束条件。

3.2 灵敏度分析的概念和思路

在了解灵敏度分析方法之前,必须先了解一下相关的概念和思路。

3.2.1 灵敏度分析的概念

灵敏度分析指一个系统(或模型)的状态或输出变化对系统参数或周围条件变化的敏感程度的分析。

在第1章和第2章中,我们将向量 $\boldsymbol{b}$、$\boldsymbol{c}$,系数矩阵 $\boldsymbol{A}$ 作为已知量来使用,但是在实际的生产运作中,这些量往往是估计或预测的结果,随着生产条件和市场状态的变化,未必符合原来的预期。这些量中的一个或几个发生变化时,线性规划问题的最优解是否会发生变化,如果变化,变化的结果又是什么,这就是灵敏度分析要解决的问题。

我们当然可以选择在有参量发生变化时从头用单纯形法进行计算，但这样做增加了不必要的计算量。更好的做法是，将个别参数的变化反映在原来得到最优解的最终单纯形法表中，看是否依然满足最优解的条件。如果不满足，再从这个表开始一步步计算。

3.2.2 灵敏度分析的实现思路

灵敏度分析的实现思路包括以下几步。

(1) 将参数的改变反映到改变前的最终单纯形表上来。

在第 2 章中介绍过线性规划问题中的各个量在最初单纯形法表和最终单纯形法表中的关系，这里需要使用的是

$$\boldsymbol{b}' = \boldsymbol{B}^{-1}\boldsymbol{b}$$

$$\boldsymbol{P}_j' = \boldsymbol{B}^{-1}\boldsymbol{P}_j$$

$$(c_j - z_j)' = c_j - \sum_{i=1}^{m} a_{ij} y_i^*$$

(2) 检查原问题是否仍为可行解。

(3) 检查对偶问题是否仍为可行解。

(4) 按表 3-1 所列情况得出结论或继续计算方法。

表 3-1 结论或继续计算方法

原问题	对偶问题	结论或继续计算方法
可行解	可行解	问题的最优基不变
可行解	非可行解	用单纯形法继续迭代求最优解
非可行解	可行解	用对偶单纯形法继续迭代求最优解
非可行解	非可行解	通过人工变量，在新的单纯形表中重新计算

3.3 资源向量 b 的变化分析与全局依赖

本节探讨资源向量 $\boldsymbol{b}$ 对最优解和目标函数值的影响。

3.3.1 资源向量 b 的变化分析原理

在原问题已经达到最优解的情况下，改变 $\boldsymbol{b}$ 列数字，可以发现检验数并不会因此而发生变化。因此在 $\boldsymbol{b}$ 变化时，要么最终单纯形法表中 $\boldsymbol{B}^{-1}\boldsymbol{b}$ 的非负性保持不变，即原最优解对应的仍然是最优基，变化后的 $\boldsymbol{b}$ 列为最优解；要么 $\boldsymbol{B}^{-1}\boldsymbol{b}$ 中出现负数，此时原最优解是原问题的非可行解，但是其对偶问题的可行解，可以通过对偶单纯形法继续求解。

3.3.2 资源向量 b 的全局依赖

这一部分我们讨论资源向量 $\boldsymbol{b}$ 与目标函数值之间的关系。

首先，定义 $P(\boldsymbol{b})=\{\boldsymbol{x}\mid \boldsymbol{Ax}=\boldsymbol{b},\boldsymbol{x}\geqslant 0\}$，$S=\{\boldsymbol{b}\mid P(\boldsymbol{b})$非空$\}$，$F(\boldsymbol{b})=\max\limits_{x\in P(\boldsymbol{b})}\boldsymbol{c}'\boldsymbol{x}$。

由于在原问题有最优解的情况下，变化 $\boldsymbol{b}$，对偶问题总有可行解，即集合$\{\boldsymbol{y}\mid \boldsymbol{y}'\boldsymbol{A}\geqslant \boldsymbol{c}'\}$非空，那么根据对偶原理，当 $\boldsymbol{x}$ 属于 S，$F(\boldsymbol{b})$总是有限数。

对于 S 中给定的一个 $\boldsymbol{b}^*$，如果存在非退化最优解，即基解全为正(请思考为什么需要非退化)，采用 2.3.1 节的记号，有 $\boldsymbol{x}_B=\boldsymbol{B}^{-1}\boldsymbol{b}^*$，且检验数均非正。对于 $\boldsymbol{b}^*$ 足够小的邻域中的 $\boldsymbol{b}$，我们总能让 $\boldsymbol{x}_B$ 保持非负，而由于检验数不变，因此最优解不变，矩阵 $\boldsymbol{B}$ 不变。此时 $F(\boldsymbol{b})=\boldsymbol{c}'_B\boldsymbol{B}^{-1}\boldsymbol{b}=\boldsymbol{y}'\boldsymbol{b}$，其中 $\boldsymbol{y}$ 是对偶问题的最优解。这就说明在 $\boldsymbol{b}^*$ 足够小的邻域内，$F(\boldsymbol{b})$ 是 $\boldsymbol{b}$ 的线性函数，且梯度由 $\boldsymbol{y}$ 决定。

下面我们证明，$F(\boldsymbol{b})$是关于 $\boldsymbol{b}(\boldsymbol{b}\in S)$的凹函数。

任取 S 中两元素 $\boldsymbol{b}_1$、$\boldsymbol{b}_2$，$\boldsymbol{x}_1$、$\boldsymbol{x}_2$ 为其对应的最优解，则有 $F(\boldsymbol{b}_1)=\boldsymbol{c}'\boldsymbol{x}_1$，$F(\boldsymbol{b}_2)=\boldsymbol{c}'\boldsymbol{x}_2$。注意到对任意 $\lambda\in[0,1]$，若令 $\boldsymbol{y}=\lambda\boldsymbol{x}_1+(1-\lambda)\boldsymbol{x}_2$，$\boldsymbol{b}=\lambda\boldsymbol{b}_1+(1-\lambda)\boldsymbol{b}_2$，则有 $\boldsymbol{Ay}=\boldsymbol{b}$，那么

$$
\begin{aligned}
F(\lambda\boldsymbol{b}_1+(1-\lambda)\boldsymbol{b}_2)=F(\boldsymbol{b})\geqslant \boldsymbol{c}'\boldsymbol{y}&=\boldsymbol{c}'(\lambda\boldsymbol{x}_1+(1-\lambda)\boldsymbol{x}_2)\\
&=\lambda\boldsymbol{c}'\boldsymbol{x}_1+(1-\lambda)\boldsymbol{c}'\boldsymbol{x}_2=\lambda F(\boldsymbol{b}_1)+(1-\lambda)F(\boldsymbol{b}_2)
\end{aligned}
$$

3.3.3 资源向量 b 灵敏度分析的 MATLAB 实现

在 MATLAB 代码实现的部分，都会首先用单纯形法生成原来的最优解以及对应的参量。需要注意的是，在实际灵敏度分析操作中，这一步是已经做好了的。所以资源向量 $\boldsymbol{b}$ 灵敏度分析的 MATLAB 实现的部分是紧接着单纯形法生成原来最优解的部分，这里仅介绍灵敏度分析部分的代码。具体实现代码如下：

```
A0 = input('请输入约束条件的系数矩阵');
b0 = input('请输入该矩阵原来对应的资源列向量');
c = input('请按照顺序输入价值系数行向量');
b1 = input('请输入该矩阵改变后对应的资源列向量');
format rat
anscell = simplex_method(A0,b0,c);
A = anscell{1};
b = anscell{2};
base = anscell{6};
B = [];
for i = 1:1:length(base)
    B = [B A0(:,base(i))];
```

```
end

b2 = B\b1;
if min(b2)> = 0
    ansx = zeros(1,length(c));
    for i = 1:1:length(b2)
        ansx(base(i)) = b2(i);
    end
    disp('最优解变为')
    disp(ansx)
    disp(dot(ansx,c))
else
    anscell = duality(A,b2,c);
    disp('最优解变为')
    disp(anscell{3})
    disp(anscell{4})
end
%b列仍为非负时,采用原来的最优解,出现负值时,使用对偶单纯形法得到新的最优解
```

3.3.4 *b* 对目标函数值和最优解的影响

在饲料厂的例子中,我们保持其他量不变,单一地改变 **b**,看一看对目标函数值和最优解造成的影响。

将 $\boldsymbol{b}_2$ 从 7 递增到 12,目标函数值和最优解的变化如图 3-1 所示。

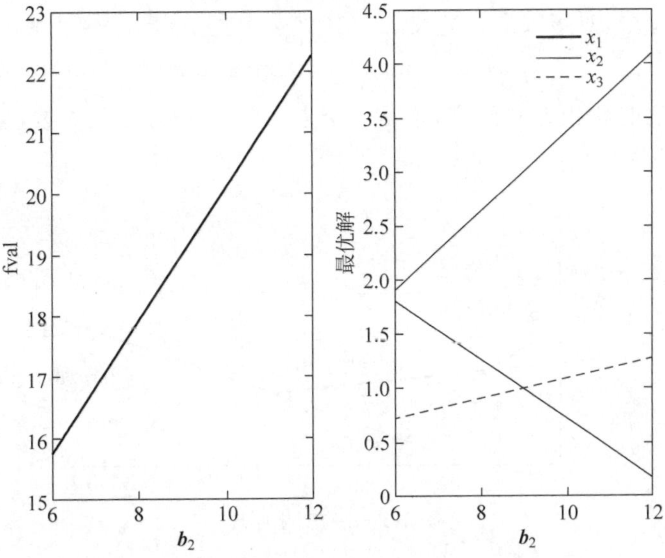

图 3-1 **b** 的变化分析

3.4 价值向量 c 的变化分析与全局依赖

本节将讨论价值向量 c 的变化原理和对最优解、目标函数值的影响。

3.4.1 价值向量 c 的变化分析原理

价值向量 c 的变化只会影响检验数。对于一行新的价值向量，要么检验数依然全部非正，则最优解不变，但目标函数值会因为 c 的变化而变化，要么检验数中出现正数，则此时原最优解是问题的可行解，继续使用单纯形法迭代可以得到新的最优解。

3.4.2 价值向量 c 的全局依赖

在分析资源向量 b 的全局依赖时，从原问题的对偶问题仍为可行解出发，研究变化后的目标函数值。本节将从原问题仍为可行解出发，研究原问题的对偶问题的有关性质。

定义 $Q(\boldsymbol{c})=\{\boldsymbol{y}\mid \boldsymbol{A}'\boldsymbol{y}\geqslant \boldsymbol{c}\}$，$T=\{\boldsymbol{c}\mid Q(\boldsymbol{c})\text{非空}\}$，下面证明 T 是凸集。

如果 $\boldsymbol{c}_1\in T$ 且 $\boldsymbol{c}_2\in T$，即存在 $\boldsymbol{y}_1$、$\boldsymbol{y}_2$ 使得 $\boldsymbol{A}'\boldsymbol{y}_1\geqslant \boldsymbol{c}_1$、$\boldsymbol{A}'\boldsymbol{y}_2\geqslant \boldsymbol{c}_2$，则对任意 $\lambda\in[0,1]$，有

$$\boldsymbol{A}'(\lambda\boldsymbol{y}_1+(1-\lambda)\boldsymbol{y}_2)\geqslant \lambda\boldsymbol{c}_1+(1-\lambda)\boldsymbol{c}_2$$

即存在 $\boldsymbol{y}=\lambda\boldsymbol{y}_1+(1-\lambda)\boldsymbol{y}_2$，使得 $\boldsymbol{A}'\boldsymbol{y}\geqslant\lambda\boldsymbol{c}_1+(1-\lambda)\boldsymbol{c}_2$，即 $\lambda\boldsymbol{c}_1+(1-\lambda)\boldsymbol{c}_2\in T$，所以 T 为凸集。

下面我们研究 c 与目标函数值的关系。在第 1 章中我们曾经证明，若线性规划问题有最优解，则一定存在一个基可行解是最优解。显然 c 的变化并不影响基可行解，记全部基可行解为 $\boldsymbol{x}^1,\boldsymbol{x}^2,\cdots,\boldsymbol{x}^N$，对于每个 $\boldsymbol{c}$，定义

$$G(\boldsymbol{c})=\max_{x\in Q(c)}\boldsymbol{c}'\boldsymbol{x}=\max_{i=1,2,\cdots,N}\boldsymbol{c}'\boldsymbol{x}^i$$

对于每个给定的变化方向而言，这是一个总取最大值的分段函数，显然是凸函数(如图 3-2 所示)。

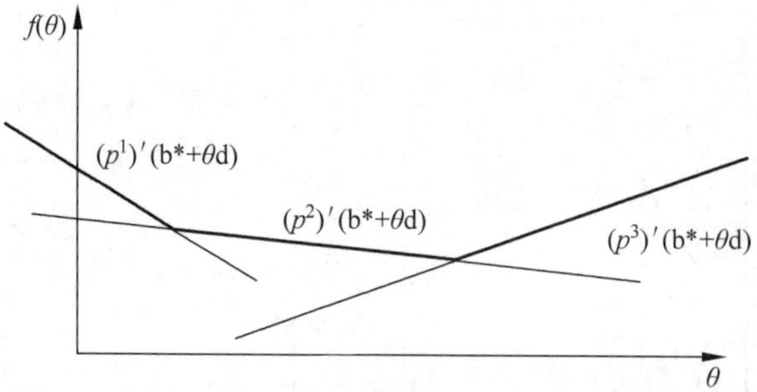

图 3-2 c 的变化原理

对于某个给定的 c^*，如果存在唯一（请思考唯一性为什么是必要的）最优解 x^i，即对任意 $j \neq i$，有 $c^{*\prime}x^i > c^{*\prime}x^j$，那么对于 c^* 足够小邻域内的 c，依然可以保证有 $c'x^i > c'x^j$，即 x^i 仍为唯一最优解，即在 c^* 的某个邻域内，$G(c)$ 是 c 的线性函数且梯度为 x^i，而 $G(c)$ 的转折点则对应了多个最优解。

3.4.3 价值向量 c 变化的 MATLAB 实现

求解 c 变化时线性规划问题，代码如下：

```
A0 = input('请输入约束条件的系数矩阵');
b = input('请输入该矩阵对应的资源列向量');
c0 = input('请按照顺序输入原来价值系数行向量');
c1 = input('请按照顺序输入改变后价值系数行向量');
format rat
anscell = simplex_method(A0,b,c0);
A = anscell{1};
b = anscell{2};
base = anscell{6};

c_z = [];
cb = [];
for t = 1:1:length(base)
    cb = [cb,c1(base(t))];
end

for j = 1:1:length(c1)
    z(j) = dot(cb',A(:,j));
    c_z = [c_z c1(j) - z(j)];
end
% 对新的检验数加以判断
if max(c_z)< = 0
    disp('最优解仍为')
    disp(anscell{3})
    disp(dot(anscell{3},c1))
else
    anscell = simplex_method(A,b,c1);
    disp('最优解变为')
    disp(anscell{3})
    disp(anscell{4})
end
```

3.4.4 c 对目标函数值和最优解的影响

在饲料厂的例子中，令 c_3 从 0 变化到 5，得到最优解和对应目标函数的变化如图 3-3 所示。

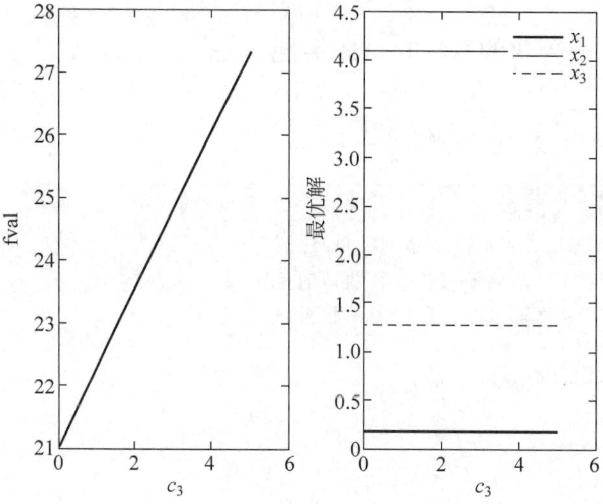

图 3-3　c 的变化分析

3.5 增加变量的分析

增加一个变量，相当于约束矩阵增加一列，分析这个变化带来的影响。

3.5.1 增加变量的分析原理

记增加的变量在 $\boldsymbol{A}$ 中对应的列向量为 $\boldsymbol{A}_j$，价值为 c_j。首先计算在原问题的最终单纯形法表中新增的 $\boldsymbol{x}$ 对应的检验数 $\sigma=c_j-\boldsymbol{C}_B\boldsymbol{B}^{-1}\boldsymbol{A}_j$，如果该检验数非正，那么原问题的最优解保持不变，新增的 $\boldsymbol{x}$ 取为 0；否则，计算出 $\boldsymbol{A}_j'=\boldsymbol{B}^{-1}\boldsymbol{A}_j$ 并写入原问题的最终单纯形法表中（注意此时满足使用单纯形法的条件，继续用单纯形法迭代即可）。

3.5.2 增加变量分析的 MATLAB 实现

实现代码如下：

```
clear all;
A0 = input('请输入原来约束条件的系数矩阵');
```

```
b = input('请输入该矩阵对应的资源列向量');
c0 = input('请按照顺序输入原来价值系数行向量');
p = input('请输入新变量 x 对应的系数列向量');
addc = input('请输入新变量 x 对应的价值系数');
format rat
anscell = simplex_method(A0,b,c0);
A = anscell{1};
b = anscell{2};
base = anscell{6};
B = [];
for i = 1:1:length(base)
   B = [B A0(:,base(i))];
end
cb = [];
for t = 1:1:length(base)
   cb = [cb,c0(base(t))];
end
sigma = addc - dot(cb/B,p);
%计算原问题最终单纯形法表中的 sigma
if sigma <= 0
   disp('最优解不变,新增的 x 取为 0')
else
   c = [c0,addc];
   A = [A B\p];
   anscell = simplex_method(A,b,c);
   disp('最优解变为')
   disp(anscell{3})
   disp(anscell{4})
end
```

3.6 改变约束系数矩阵的分析

本节将介绍改变约束系数矩阵的分析原理及 MATLAB 实现过程。

3.6.1 改变约束系数矩阵的分析原理

本节依然采用 2.4 节中的记号。讨论当某个 x_i 对应的系数列向量及其价值发生变化时,对最优解的影响。

如果 $\boldsymbol{N}$ 中的某列发生了变化,那么除了这一列之外,其他列的检验数都不变。只需要采取与 2.4 节中相同的方法计算检验数和新的最终单纯形法表中该 $\boldsymbol{x}$ 对应的列向量,如果检验数保持非正,则最优解不变;否则用单纯形法继续计算。

如果 **B** 中某列发生了变化，则最终单纯形法表中的 b 列和检验数行都会发生变化，因此可能出现原问题和其对偶问题均为非可行解的情况。此时应设法将原问题转换为可行解，此时为使单纯形法表中有基可行解，需要添加人工变量，并同第 1 章，使用两阶段法求解。

3.6.2 改变约束系数矩阵分析的 MATLAB 实现

针对以上情况，改变约束矩阵后继续求解的代码如下：

```
A0 = input('请输入原来约束条件的系数矩阵');
b = input('请输入该矩阵对应的资源列向量');
c0 = input('请按照顺序输入原来价值系数行向量');
count = input('请输入 A 的第几列被改变了');
p = input('请输入改变后的列向量');
changec = input('请输入改变后的价值系数');
format rat
anscell = simplex_method(A0,b,c0);
A = anscell{1};
b = anscell{2};
base = anscell{6};
c = c0;
c(count) = changec;
B = [];
for i = 1:1:length(base)
   B = [B A0(:,base(i))];
end
cb = [];
for t = 1:1:length(base)
   cb = [cb,c0(base(t))];
end
sigma = changec - dot(cb/B,p);
p1 = B\p;
if ismember(count,base) % 改变 B
   A = [A(:,1:count) p1 A(:,count + 1:end)];
   bA = [b A];

   out = find(A(:,count));
   bA(out,:) = bA(out,:)/bA(out,count + 2);

   for i = 1:1:size(A,1)
      if i == out
         continue
      end
```

```
        d = bA(i,count + 2);
        bA(i,:) = bA(i,:) - d * (bA(out,:));
    end

    b = bA(:,1);
    A = bA(:,2:end);
A = [A(:,1:count - 1) A(:,count + 1:end)];
% 让新的 x 对应单纯形法表中的列向量仍为原来形式的标准单位列向量
    if min(b)>= 0
        anscell = simplex_method(A,b,c);
        disp(anscell{3})
        disp(anscell{4})
% 原问题有可行解,直接用单纯形法
    else
        for i = 1:1:length(b)
            if b(i)< 0
                bA(i,:) = - bA(i,:);
            end
        end
        b = bA(:,1);
        A = bA(:,2:end);
        A = [A(:,1:count - 1) A(:,count + 1:end)];
        [RANGE10,RANGE20] = size(A);
        findj0 = [];
        for i = 1:1:RANGE20
            if length(find(A(:,i) == 1)) == 1&&length(find(A(:,i))) == 1
                if isempty(findj0)
                    ind0 = find(A(:,i) == 1);
                    addfindj0 = [ind0;i];
                    findj0 = [findj0 addfindj0];
                elseif~ismember(find(A(:,i) == 1),findj0(1,:))
                    ind0 = find(A(:,i) == 1);
                    addfindj0 = [ind0;i];
                    findj0 = [findj0 addfindj0];
                end
            end
        end

        if isempty(findj0)
            base0 = [];
            add = (1:RANGE10);
            findj10 = [];
        else
            findj10 = sortrows(findj0');
            base0 = findj10(:,2);
```

```
        end

        if~isempty(base0)
            add = setdiff((1:RANGE10),findj10(:,1));
        end

        for i = 1:1:length(add)
            l = zeros(RANGE10,1);
            l(add(i)) = 1;
            A = [A l];
        end

        c00 = zeros(1,length(add) + RANGE20);
        for i = 1:1:length(add)
            c00(RANGE20 + i) = - 1;
        end

        anscell = simplex_method(A,b,c00);
        optans = anscell{4};
        A = anscell{1};
        b = anscell{2};

        if optans~ = 0
            fprintf('无可行解')
        else
            A = A(:,1:RANGE20);
            anscell = simplex_method(A,b,c);
            disp(anscell{5})
            disp(anscell{3})
            disp(anscell{4})
        end
end
%原问题不是可行解时,用两阶段法
else
    if sigma < = 0
        disp('最优解仍为')
        disp(anscell{4})
        disp(dot(anscell{4},c))
    else
        A(:,count) = p1;
        anscell = simplex_method(A,b,c);
        disp(anscell{5})
        disp(anscell{3})
        disp(anscell{4})
    end
end
%改变 N
```

3.6.3 改变 A 的影响

在饲料厂的例子中，将 $A(1,3)$ 从 1 递增到 3，对结果的影响如图 3-4 所示。

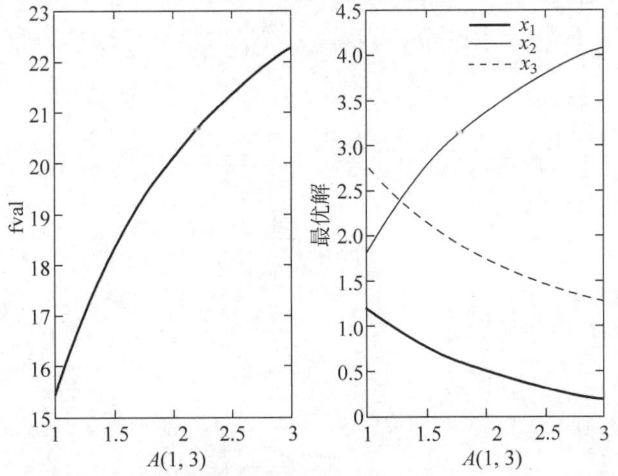

图 3-4 A 的影响

3.7 增加约束条件的分析

3.7.1 增加约束条件的分析原理

当一个新的约束条件被添加时，首先考查原最优解是否符合这个新的约束条件。如果符合，最优解保持不变；如果不符合，则将新的约束条件反映到单纯形法表中继续分析。如果新增的约束条件为小于或等于关系，那么通过增加松弛变量，只需进行简单的矩阵初等行变换，就可以得到一个单纯形法的基可行解，继续用单纯形法迭代即可。如果新增了大于或等于关系的约束条件，那么需要先添加人工变量，再把添加条件后的矩阵通过初等变化变为标准形式，从而用两阶段法求解。

3.7.2 增加约束条件分析的 MATLAB 实现

在使用这段代码前，仍然需要读者先将约束条件化为标准形式。如果新增的约束条件是不等式，那么新增条件的行向量要在原来维数的基础上增加 1(松弛变量)或减少 1(剩余变量)，例如原来的约束矩阵是 $\begin{bmatrix}1 & 3\\2 & 5\end{bmatrix}$，如果新增条件为 $x_1+x_2\geqslant 1$，那么应输入的行向量是[1,1,−1]。

具体增加约束条件分析的实现代码如下：

```
A = input('请输入原来约束条件的系数矩阵');
b = input('请输入原来该矩阵对应的资源列向量');
c = input('请按照顺序输入价值系数行向量');
a = input('请输入新增约束条件行向量');
addb = input('请输入新增资源限制的值');
format rat
anscell = simplex_method(A,b,c);
b = [anscell{2};addb];
if length(a) == size(A,2)
    A = [anscell{1};a];
    flag = 0;
else
    c = [c,0];
    A = [anscell{1},zeros(size(A,1),1)];
    A = [A;a];
    if a(end) == 1
        flag = 1; % 此即小于或等于的情况
    else
        flag = 0;
    end
end
base = anscell{6};
bA = [b A];
for i = 1:1:length(base)
    bA(size(A,1),:) = bA(size(A,1),:) - A(size(A,1),base(i)) * bA(i,:);
end
b = bA(:,1);
A = bA(:,2:end);
if flag == 1
    anscell = duality(A,b,c);
    disp(anscell{5})
    disp(anscell{3})
    disp(anscell{4})
else % 可参见两阶段法,这里更简单一些,由于一定是添加一列且其末数为 1
    add = zeros(size(A,1),1);
    add(end) = 1;
    A1 = [A add];
    c0 = zeros(1,length(c) + 1);
    c0(end) = - 1;
    anscell = duality(A1,b,c0);
    if anscell{4}~ = 0
        disp('无可行解')
    else
```

```
        A2 = anscell{1};
        A = A2(:,1:end - 1); % 去除人工变量
        b = anscell{2};
        anscell = simplex_method(A,b,c);
        disp(anscell{5})
        disp(anscell{3})
        disp(anscell{4})
    end
end
```

第4章 内点法

内点法是一种处理带约束的优化问题的方法，其在线性规划、二次规划、非线性规划等问题上都有很好的表现。在线性规划问题上，内点法是多项式算法，而单纯形法并非多项式算法。从实际应用的效果来说，内点法也足以和单纯形法媲美，尤其针对大规模的线性规划问题，内点法有着更大的发展潜力。

单纯形法是通过一系列迭代达到最优解，迭代点沿着可行多面体的边界从一个顶点到另一个顶点，直到得到最优解。一般而言，单纯形法每次迭代的开销较内点法小，但所需迭代次数较多。内点法同样是通过一系列迭代达到最优解，但它是从多面体内部逐渐收敛到最优解，每次迭代的开销较单纯形法大，但所需迭代次数较少。另外，内点法并不仅用于线性规划问题的求解，它的很多思想有着更广泛的应用，如障碍函数法的思想。本章将介绍内点法的相关理论、算法和应用案例。

4.1 本章内容

本章主要介绍以下内容。

(1) 仿射尺度算法。

(2) 势函数下降算法。

(3) 原始路径跟踪算法。

(4) 原始-对偶路径跟踪算法。

4.2 总述

几何上看，单纯形法原理实际上是遍历了可行域凸集的顶点，从极值点中找到最值。在第 1 章的最后曾经提到，在最坏的情况下，单纯形法的计算复杂度可以达到指数级别，效率较低。20 世纪 80 年代，一些解决线性规划问题的新方法被提出，这些方法本质上是通过将可行域的某个内点移向边缘寻找最优解。这一类方法称为内点法。内点法的计算复杂度在多项式级别，尤其对于大规模的优化问题，表现会比单纯形法更好。

本章将介绍内点法的三种方法。

1. 仿射尺度算法

仿射尺度算法的几何思想是，对于可行域的一个内点 x，首先寻找一个合适尺度的椭球，使得原可行解是这个椭球的中心，且这个椭球的所有内点和边缘点依然为正。考虑生成的椭球与可行域的交集，在交集中寻找最大值。如此迭代可以不断增加目标函数值，直到其与最优解达到允许的误差范围。

2. 势函数下降算法

在仿射尺度算法中，为了达到最优解我们取得了一系列椭球，但是当接近可行域的边缘时，椭球会越来越小，使得每一步的改进变慢。势函数下降算法的思想是在改善目标函数值的同时，又让内点保持远离可行域的边缘。为了达到这两个看似矛盾的目标，我们引入了一个势函数。

3. 路径跟踪算法

在这一个算法中，为了保证满足 x 的非负条件，我们引入一个含参数的障碍函数，使得当 x 趋近 0 时这个函数的增长极其迅速。通过应用牛顿法，求出障碍函数的极值。随着障碍函数中参数的减小，其最优解会沿着某条路径逼近原问题的最优解。

注：本章内容的证明中会涉及一定的线性代数知识。

4.3 仿射尺度算法

4.3.1 仿射尺度算法的原理

按照总述中介绍的思路逐步实现仿射尺度算法。二维情形的椭球如图 4-1 所示。

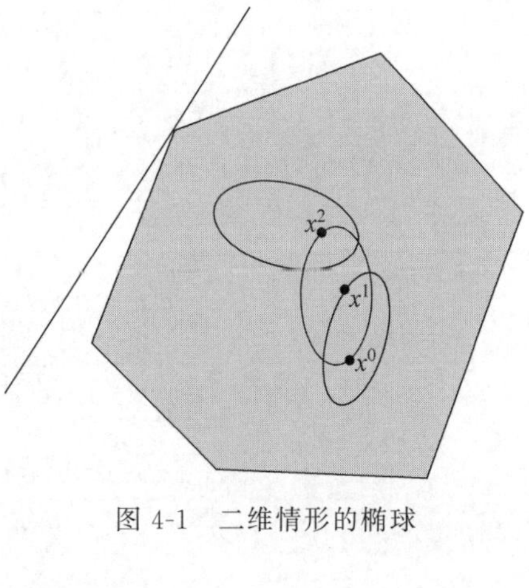

图 4-1 二维情形的椭球

引理 4-1 将给出椭球的构造方法，使得椭球内的点保持为正。

引理 4-1 $\beta \in (0,1)$，$\boldsymbol{y}$ 为 n 维列向量且 $\boldsymbol{y}>0$，集合 $S=\left\{\boldsymbol{x}\in\mathbf{R}^n \,\middle|\, \sum_{i=1}^{n}\frac{(x_i-y_i)^2}{y_i^2}\leqslant\beta^2\right\}$，则 $\boldsymbol{x}>0$ 对任意 $\boldsymbol{x}\in S$ 恒成立。

证明：$\forall i=1,2,\cdots,n$，有

$$\frac{(x_i-y_i)^2}{y_i^2}\leqslant\sum_{i=1}^{n}(x_i-y_i)^2 y_i^2\leqslant\beta^2$$

则

$$(x_i-y_i)^2 \leqslant y_i^2\beta^2 y_i^2$$

则

$$y_i > -(x_i-y_i)$$

因此 $x_i>0$。

特别地，对可行域内给定的点 $\boldsymbol{y}=(y_1,y_2,\cdots,y_n)'$，令 $\boldsymbol{Y}=\mathrm{diag}(y_1,y_2,\cdots,y_n)$，则 S 可写为

$$\|\boldsymbol{Y}^{-1}(\boldsymbol{x}-\boldsymbol{y})\| \leqslant \beta$$

其中，$\|\cdot\|$ 表示欧几里得范数。下面我们的目标是找出 S 与可行域的交集中的最大值，即解决以下的问题：

$$\begin{aligned} z &= \max \boldsymbol{c}'\boldsymbol{x} \\ \text{s.t.}\ &\boldsymbol{A}\boldsymbol{x}=\boldsymbol{b} \\ &\|\boldsymbol{Y}^{-1}(\boldsymbol{x}-\boldsymbol{y})\| \leqslant \beta \end{aligned}$$

令 $\boldsymbol{d}=\boldsymbol{x}-\boldsymbol{y}$，由于 $\boldsymbol{y}$ 是可行解，问题可以转换为

$$\begin{aligned} z &= \max \boldsymbol{c}'\boldsymbol{d} \\ \text{s.t.}\ &\boldsymbol{A}\boldsymbol{d}=0 \\ &\|\boldsymbol{Y}^{-1}\boldsymbol{d}\| \leqslant \beta \end{aligned}$$

引理 4-2 若 $\boldsymbol{A}$ 行满秩，则以上问题的最优解为 $\boldsymbol{d}^*=\beta\dfrac{\boldsymbol{Y}^2(\boldsymbol{c}-\boldsymbol{A}'\boldsymbol{p})}{\|\boldsymbol{Y}(\boldsymbol{c}-\boldsymbol{A}'\boldsymbol{p})\|}$，其中 $\boldsymbol{p}=(\boldsymbol{A}\boldsymbol{Y}^2\boldsymbol{A}')^{-1}\boldsymbol{A}\boldsymbol{Y}^2\boldsymbol{c}$。

需要首先证明 $\boldsymbol{p}$ 是良定(well-defined)的，即 $\boldsymbol{A}\boldsymbol{Y}^2\boldsymbol{A}'$ 是可逆的。

若 $\boldsymbol{A}\boldsymbol{Y}^2\boldsymbol{A}'$ 可逆，则 $\boldsymbol{A}\boldsymbol{Y}^2\boldsymbol{A}'\boldsymbol{z}=0$ 有非零解 $\boldsymbol{z}$，而 $\boldsymbol{Y}$ 为对角阵，则 $\boldsymbol{z}'\boldsymbol{A}\boldsymbol{Y}^2\boldsymbol{A}'\boldsymbol{z}=\boldsymbol{0}$，即 $\boldsymbol{z}'\boldsymbol{A}\boldsymbol{Y}(\boldsymbol{z}'\boldsymbol{A}\boldsymbol{Y})'=\boldsymbol{0}$，因此 $\boldsymbol{z}'\boldsymbol{A}\boldsymbol{Y}=\boldsymbol{0}$。由于 $\boldsymbol{Y}$ 非异，则有 $\boldsymbol{z}'\boldsymbol{A}=\boldsymbol{0}$，这与 $\boldsymbol{z}$ 非零且 $\boldsymbol{A}$ 行满秩矛盾。

显然 $\boldsymbol{d}^*$ 确是可行解，下面证明 $\boldsymbol{d}^*$ 是最优解。

对任意可行解 $\boldsymbol{d}$，有

$$\begin{aligned} \boldsymbol{c}'\boldsymbol{d} &= (\boldsymbol{c}'-\boldsymbol{p}'\boldsymbol{A})\boldsymbol{d} \\ &= (\boldsymbol{c}'-\boldsymbol{p}'\boldsymbol{A})\boldsymbol{Y}\boldsymbol{Y}^{-1}\boldsymbol{d} \\ &\leqslant \|\boldsymbol{Y}(\boldsymbol{c}-\boldsymbol{A}'\boldsymbol{p})\| \cdot \|\boldsymbol{Y}^{-1}\boldsymbol{d}\| \\ &\leqslant \beta\|\boldsymbol{Y}(\boldsymbol{c}-\boldsymbol{A}'\boldsymbol{p})\| \end{aligned}$$

而

$$\begin{aligned} \boldsymbol{c}'\boldsymbol{d}^* &= (\boldsymbol{c}'-\boldsymbol{p}'\boldsymbol{A})\beta\frac{\boldsymbol{Y}^2(\boldsymbol{c}-\boldsymbol{A}'\boldsymbol{p})}{\|\boldsymbol{Y}(\boldsymbol{c}-\boldsymbol{A}'\boldsymbol{p})\|} \\ &= \frac{(\boldsymbol{Y}(\boldsymbol{c}-\boldsymbol{A}'\boldsymbol{p}))'(\boldsymbol{Y}(\boldsymbol{c}-\boldsymbol{A}'\boldsymbol{p}))}{\|\boldsymbol{Y}(\boldsymbol{c}-\boldsymbol{A}'\boldsymbol{p})\|} \\ &= \beta\|\boldsymbol{Y}(\boldsymbol{c}-\boldsymbol{A}'\boldsymbol{p})\| \\ &\geqslant \boldsymbol{c}'\boldsymbol{d} \end{aligned}$$

以上证明也保证了 $x=y+d^*$ 是 S 与可行域交集的最优解。

注意到：如果 $d^*\geqslant 0$，那么对任意 $\alpha>0$ 和可行解 x，有 $x+\alpha d^*>0$ 且 $A(x+\alpha d^*)=b$。又有 $c'd^*>0$，则 $c'(x+\alpha d^*)$ 可以取到正无穷大。

下面考查 p 的性质。

在仿射尺度算法中，使用的是各个分量为正的 y。如果 y 是原问题非退化的基可行解，会得到怎样的结论呢？沿用 2.4 节的记号，不失一般性，不妨假定 $B^{-1}A$ 的前 m 列为单位阵，则 $Y=\text{diag}(y_1,y_2,\cdots,y_m,0,\cdots,0)$，记前 m 列为 Y_0，则 $AY=[BY_0 0]$。

此时

$$
\begin{aligned}
p &= (AY^2A')^{-1}AY^{2c} \\
&= (B')^{-1}{Y_0}^{-2}B^{-1}B{Y_0}^2c_B \\
&= (B')^{-1}c_B
\end{aligned}
$$

这是对偶问题的一个基解(未必可行)。进一步地，向量 $r=c'-p'A=c'-A'(B')^{-1}c_B$，是解 y 对应的检验数。

如果 r 非正，那么 p 是对偶问题的基可行解，此时有

$$
\begin{aligned}
r'y &= (c-A'p)'y \\
&= c'y-p'Ay \\
&= c'y-p'b
\end{aligned}
$$

前者是原问题对应于基解 y 的目标函数值，后者是其对偶问题的目标函数值。由弱对偶性原理，这个值总是非正，当为 0 时，由最优性，两者均为最优解，称为对偶差。容易看出对偶差的出现并不依赖 y 的结构。

最后证明，当对偶差足够小时，原问题和其对偶问题十分接近最优解。

引理 4-3 若 y 和 p 分别是原问题和对偶问题的可行解，$\varepsilon>0$，对偶差 $-\varepsilon<c'y-p'b$，若 y^* 和 p^* 为原问题和对偶问题的最优解，则有

$$
c'y^*-\varepsilon<c'y\leqslant c'y^*
$$

$$
b'p^*\leqslant b'p<b'p^*+\varepsilon
$$

由于 y^* 是最优解，则 $c'y\leqslant c'y^*$。

由弱对偶性原理，$c'y^*\leqslant b'p$。又有 $-\varepsilon<c'y-p'b$，则 $c'y>p'b-\varepsilon\geqslant c'y^*-\varepsilon$。

对偶解的证明完全同理。

引理 4-3 给出了仿射尺度算法结束的标志，即对偶差足够小的时候，原问题可以足够接近最优解。

4.3.2 仿射尺度算法的实现步骤

基于以上原理，通过以下的步骤来实现仿射尺度算法。

需要的已知量有：①系数矩阵 A，价值向量 c；②一组全为正的可行解 x；③步长常数 β；④误差常数 ε。

实现步骤如下。

(1) 令

$$\boldsymbol{X}=\mathrm{diag}(x_1,x_2,\cdots,x_n)$$
$$\boldsymbol{P}=(\boldsymbol{AXA}')^{-1}\boldsymbol{AX}^2\boldsymbol{c}$$
$$\boldsymbol{r}=\boldsymbol{c}-\boldsymbol{A}'\boldsymbol{p}$$

(2) 令 $\boldsymbol{e}=(1,1,\cdots,1)$,若 $\boldsymbol{r}\leqslant 0$ 且 $-\varepsilon<\boldsymbol{e}'\boldsymbol{X}\boldsymbol{r}$,则 $\boldsymbol{x}$ 为误差允许范围内的最优解。

(3) 如果 $\boldsymbol{X}^2\boldsymbol{r}\geqslant 0$,则有无界解。

(4) 否则,用 $\boldsymbol{x}+\beta\dfrac{\boldsymbol{X}^2(\boldsymbol{c}-\boldsymbol{A}'\boldsymbol{p})}{\|\boldsymbol{X}(\boldsymbol{c}-\boldsymbol{A}'\boldsymbol{p})\|}$ 替代 $\boldsymbol{x}$,重新进入以上循环。

4.3.3 仿射尺度算法的 MATLAB 实现

直接沿用以上步骤,在 MATLAB 中实现仿射尺度算法的代码如下:

```
A = input('请输入系数矩阵');
x = input('请以列向量形式输入全为正的初始可行解');
c = input('请输入价值行向量');
beta = input('请输入步长常量');
epsilon = input('请输入误差常数');
format long

while true
   X = diag(x);
   p = (A * (X^2) * A')\(A * (X^2) * c');
   r = c' - A' * p;

   e = ones(1,size(A,2));
   if e * X * r > - epsilon&&max(r)< = 0
      disp(x)
      break
   elseif min(X^2 * r)> = 0
      disp('有无界解')
      break
   else
      x = x + beta * (X^2 * r/norm(X * r));
   end
end
```

4.3.4 初始值

由于仿射尺度算法要求的初始解必须全为正,确定起来并不那么简单。可以采用以下方法构造这组初始解。

引入一个新的变量 x_{n+1}，$\boldsymbol{e}=(1,1,\cdots,1)'$，考虑如下的问题

$$z=\max \boldsymbol{c}'\boldsymbol{x}-\boldsymbol{M}x_{n+1}$$

使得

$$\boldsymbol{A}\boldsymbol{x}+(\boldsymbol{b}-\boldsymbol{A}\boldsymbol{e})x_{n+1}=\boldsymbol{b}$$

$$\boldsymbol{x},x_{n+1}\geqslant 0$$

其中，$\boldsymbol{M}$ 是一个很大的正常数。注意到$(\boldsymbol{x},x_{n+1})=(1,1,\cdots,1)$是这个新问题的一个初始解，而当 $\boldsymbol{M}$ 足够大时，最优解在 $x_{n+1}=0$ 时取得，即 x_{n+1} 会非常接近 0。这就给原问题提供了最优解。

结合初始值和仿射尺度算法的一般步骤，用仿射尺度算法解决问题，算法如下：

```
A = input('请输入价值系数 A');
b = input('请输入资源列向量 b');
c = input('请输入价值行向量 c');
beta = input('请输入步长常量');
epsilon = input('请输入误差常数');
format long
c = [c -1e5];
e = ones(size(A,2),1);
A = [A b - A * e];
x = [e;1];
while true
    X = diag(x);
    p = (A * (X^2) * A')\(A * (X^2) * c');
    r = c' - A' * p;

    e = ones(1,size(A,2));
    if e * X * r > - epsilon&&max(r)< = 0
x = x(1:end - 1);
        disp(x)
        break
    elseif min(X^2 * r)> = 0
        disp('有无界解')
        break
    else
        x = x + beta * (X^2 * r/norm(X * r));
    end
end
```

4.3.5 仿射尺度算法的计算复杂度浅析

可以看到，仿射尺度算法中涉及的都是矩阵的运算，这种运算的复杂度是多项式级别的。另一方面，直观上，如果选择的初始点在可行域内部的“深处”，则每个椭球会很大，每次

迭代会带来很大的改善；随着结果更加接近最优解，椭球会不断减小，每次运算带来的改善也会随之减小。

通过下面的示例演示仿射尺度算法的工作。解决以下问题：

$$\max\ y=-3x_1+5x_2$$

使得

$$\begin{cases}3x_1+2x_2\geqslant 5\\ x_1+x_2\leqslant 3\\ x_1\leqslant x_2\end{cases}$$

记录下每次迭代，仿射尺度算法的实现路径如图 4-2 所示。

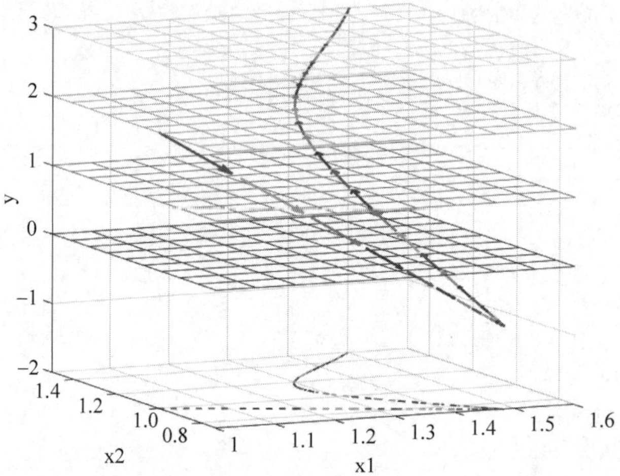

图 4-2　仿射尺度算法的实现路径

可以看到，仿射尺度算法并不是一开始就走向最优点；随着解越来越接近最优，改善也越来越慢。

作图过程的代码如下：

```
c0 = [ - 3,5,0,0,0];
A = [3,2, - 1,0,0;1,1,0,1,0,;1, - 1,0,0, - 1];
b = [5;3;0];
beta = 0.3;
epsilon = 1e - 3;
format long
c = [c0  - 1e5];
e = ones(size(A,2),1);
A = [A b - A * e];
x = [e;1];

while true
```

```
    X = diag(x);
    p = (A * (X^2) * A')\(A * (X^2) * c');
    r = c' - A' * p;
    e = ones(1,size(A,2));
    x0 = x(1:end - 1);
    fadd = dot(x0,c0);
    x1 = x(1);
    x2 = x(2);
    if e * X * r > - epsilon&&max(r)< = 0
        break
    elseif min(X^2 * r)> = 0
        disp('有无界解')
        break
    else
        xx = x + beta * (X^2 * r/norm(X * r));
        xx0 = xx(1:end - 1);
        faddxx = dot(xx0,c0);
        xx1 = xx(1);
        xx2 = xx(2);
        quiver3(x1, x2, fadd,xx1 - x1, xx2 - x2, faddxx - fadd,'LineWidth',1.5,'MaxHeadSize',0.5)
        hold on
        quiver3(x1, x2,  - 2 ,xx1 - x1, xx2 - x2, 0,'LineWidth',1,'MaxHeadSize',0.5,'LineStyle','--')
        hold on
        x = xx;
    end
end
for i = 0:1:3
    syms f(x,y)
    f(x,y)  =  i;
    fmesh(f,[1 1.6 0.5 1.5],'MeshDensity',10)
    xlabel('x1')
    ylabel('x2')
    zlabel('y')
    alpha(0)
    hold on
end
view( - 25,10)
```

4.4 势函数下降算法

4.4.1 势函数下降算法的原理

考虑以下形式的线性规划问题

$$z = \min \boldsymbol{c}'\boldsymbol{x}$$

使得

$$\boldsymbol{Ax}=\boldsymbol{b}$$
$$\boldsymbol{x}\geqslant 0$$

其对偶问题都可以改写成如下的形式

$$z=\max\ \boldsymbol{p}'\boldsymbol{b}$$

使得

$$\boldsymbol{p}'\boldsymbol{A}+\boldsymbol{s}'=\boldsymbol{c}'$$
$$\boldsymbol{s}\geqslant 0$$

首先做以下两个假定。

(1) $\boldsymbol{A}$ 行满秩。

(2) 存在 $\boldsymbol{x}>0$ 和$(\boldsymbol{p},\boldsymbol{s})(\boldsymbol{s}>0)$为原问题和对偶问题的可行解。

按照总述中的思路,有这样满足条件的势函数 $G(\boldsymbol{x},\boldsymbol{s})$

$$G(\boldsymbol{x},\boldsymbol{s})=q\ln\boldsymbol{s}'\boldsymbol{x}-\sum_{j=1}^{n}\ln x_j-\sum_{j=1}^{n}\ln s_j$$

式中,q 是一个大于 n 的常数。

4.3.5 节中曾经提到对偶差,在上述形式下其是一个非负的数,且

$$\boldsymbol{c}'\boldsymbol{x}-\boldsymbol{b}'\boldsymbol{p}=(\boldsymbol{p}'\boldsymbol{A}+\boldsymbol{s}')\boldsymbol{x}-\boldsymbol{b}'\boldsymbol{p}=\boldsymbol{s}'\boldsymbol{x}$$

在假定(2)的前提下,这是一个正数。

下面的引理将证明,如果能每次以 δ 步长改善 $G(\boldsymbol{x},\boldsymbol{s})$,那么在有限次操作之后,$\boldsymbol{s}'\boldsymbol{x}$ 就可以小于给定的误差范围 ε。

引理 4-4 在假定(1)(2)的前提下,取初始值 $\boldsymbol{x}^0$,$(\boldsymbol{p}^0,\boldsymbol{s}^0)$。如果能每次减小目标函数值至少 δ,对于给定任意小的常数 ε,在至多 $K=\left\lceil\dfrac{G(x^0,s^0)+(q-n)\ln\dfrac{1}{\varepsilon}-n\ln n}{\delta}\right\rceil$ 次操作后,对偶差就可足够接近 0,即$(\boldsymbol{s}^K)'\boldsymbol{x}^K\leqslant\varepsilon$。

证明:注意到

$$\frac{(\boldsymbol{s}'\boldsymbol{x})^n}{\prod_{j=1}^{n}x_j\prod_{j=1}^{n}s_j}=\frac{\left(\sum_{j=1}^{n}s_ix_j\right)^n}{\prod_{j=1}^{n}s_ix_j}\geqslant n^n$$

则

$$\begin{aligned}G(\boldsymbol{x},\boldsymbol{s})&=q\ln\boldsymbol{s}'\boldsymbol{x}-\sum_{j=1}^{n}\ln x_j-\sum_{j=1}^{n}\ln s_j\\&=n\ln\boldsymbol{s}'\boldsymbol{x}-\sum_{j=1}^{n}\ln x_j-\sum_{j=1}^{n}\ln s_j+(q-n)\ln\boldsymbol{s}'\boldsymbol{x}\\&\geqslant n\ln n+(q-n)\ln\boldsymbol{s}'\boldsymbol{x}\end{aligned}$$

另一方面,根据引理 4-4 的条件

$$G(\boldsymbol{x}^{K+1},\boldsymbol{s}^{K+1})-G(\boldsymbol{x}^K,\boldsymbol{s}^K)\leqslant-\delta$$

则有

$$G(\boldsymbol{x}^K,\boldsymbol{s}^K)-G(\boldsymbol{x}^0,\boldsymbol{s}^0)\leqslant -K\delta$$

代入 K 得

$$G(\boldsymbol{x}^K,\boldsymbol{s}^K)\leqslant -(q-n)\ln\frac{1}{\varepsilon}+n\ln n$$

又有

$$G(\boldsymbol{x}^K,\boldsymbol{s}^K)\geqslant n\ln n+(q-n)\ln \boldsymbol{s}^K,\boldsymbol{x}^K$$

因此

$$(\boldsymbol{s}^K)'\boldsymbol{x}^K\leqslant\varepsilon$$

接下来,用与4.3.5节相近的思路,对于给定的 $\boldsymbol{x},\boldsymbol{s}$,寻找一个使 $G(\boldsymbol{x},\boldsymbol{s})$ 减少的方向 $\boldsymbol{d}$。由4.3.5节的分析可以知道,若 $\boldsymbol{d}$ 满足

$$\boldsymbol{Ad}=0,\quad \|\boldsymbol{X}^{-1}\boldsymbol{d}\|\leqslant\beta<1$$

那么 $x+d$ 仍在可行域内。然而,由于 G 不是线性函数,求上述区域内的 $G(x+d,s)$ 的最小值是很困难的。不妨考虑其一阶泰勒级数,此时问题转换为

$$\begin{aligned}&z=\min \nabla_x G(\boldsymbol{x},\boldsymbol{s})'\boldsymbol{d}\\&\text{s. t. } \boldsymbol{Ad}=0\\&\|\boldsymbol{X}^{-1}\boldsymbol{d}\|\leqslant\beta\end{aligned}$$

其中,$\nabla_x G(\boldsymbol{x},\boldsymbol{s})$ 的第 i 个分量为

$$\frac{\partial G(\boldsymbol{x},\boldsymbol{s})}{\partial x_i}=\frac{qs_i}{s'x}-\frac{1}{x_i}$$

与4.3.5节的引理4-2同理,有

$$\boldsymbol{d}^*=-\beta\boldsymbol{X}\frac{\boldsymbol{u}}{\|\boldsymbol{u}\|}$$

其中

$$\boldsymbol{u}=\boldsymbol{X}(\nabla_x G(\boldsymbol{x},\boldsymbol{s})-\boldsymbol{A}'(\boldsymbol{AX}^2\boldsymbol{A}')^{-1}\boldsymbol{AX}^2\,\nabla_x G(\boldsymbol{x},\boldsymbol{s}))$$

容易计算

$$\boldsymbol{X}\,\nabla_x G(\boldsymbol{x},\boldsymbol{s})=\frac{q}{\boldsymbol{s}'\boldsymbol{x}}\boldsymbol{Xs}-\boldsymbol{e}$$

则

$$\boldsymbol{u}=(\boldsymbol{I}-\boldsymbol{XA}'(\boldsymbol{AX}^2\boldsymbol{A}')^{-1}\boldsymbol{AX})\left(\frac{q}{\boldsymbol{s}'\boldsymbol{x}}\boldsymbol{Xs}-\boldsymbol{e}\right)$$

在 $\boldsymbol{d}^*$ 方向,$G(\boldsymbol{x},\boldsymbol{s})$ 的减少速率为 $\beta\|\boldsymbol{u}\|+O(\beta^2)$,其中第一项与引理4-2同理,第二项则是因为在考虑这个问题时,只取了泰勒级数的第一项。

在高次项被合理限制之后,只要 $\|\boldsymbol{u}\|$ 不小于某个常数 γ,那么 G 值至少减少某个常数,这就符合引理4-1的条件。当然这并不一定能做到,由于迭代中对偶函数的 $\boldsymbol{s}$ 和 $\boldsymbol{p}$ 不变,当 $\|\boldsymbol{u}\|$ 不够大时,更新对偶量达到 G 减小的要求。

4.4.2 势函数下降算法的实现步骤

根据4.4.1节的叙述，实现势函数下降算法所需的量有以下几个。

(1) 系数矩阵 $\boldsymbol{A}$、资源向量 $\boldsymbol{b}$、价值向量 $\boldsymbol{c}$，其中 $\boldsymbol{A}$ 行满秩。

(2) 原问题和对偶问题变形形式的解 $\boldsymbol{x}^0$，$(\boldsymbol{s}^0,\boldsymbol{p}^0)$。

(3) 误差常数 ε。

(4) 常数 β、γ、q。

计算步骤如下。

(1) 给定 $\boldsymbol{x}$、$\boldsymbol{s}$、$\boldsymbol{q}$ 的初始值。

(2) 如果 $\boldsymbol{s}'\boldsymbol{x}<\varepsilon$，则这个 $\boldsymbol{x}$ 已经满足要求，结束运算。

(3) 否则，令

$$\boldsymbol{X}=\mathrm{diag}(x_1,x_2,\cdots,x_n)$$

$$\boldsymbol{A}=\boldsymbol{X}\boldsymbol{A}'(\boldsymbol{A}\boldsymbol{X}^2\boldsymbol{A}')$$

$$\boldsymbol{u}=(\boldsymbol{I}-\bar{\boldsymbol{A}})\left(\frac{q}{\boldsymbol{s}'\boldsymbol{x}}\boldsymbol{X}\boldsymbol{s}-\boldsymbol{e}\right)$$

$$\boldsymbol{d}=-\beta\boldsymbol{X}\frac{\boldsymbol{u}}{\|\boldsymbol{u}\|}$$

(4) (原始步骤)如果 $\|\boldsymbol{u}\|\geqslant\gamma$，用 $\boldsymbol{x}+\boldsymbol{d}$ 替代 $\boldsymbol{x}$，重新进入步骤(2)。

(5) (对偶步骤)如果 $\|\boldsymbol{u}\|<\gamma$，用 $\frac{\boldsymbol{s}'\boldsymbol{x}}{\boldsymbol{q}}\boldsymbol{X}^{-1}(\boldsymbol{u}+\boldsymbol{e})$ 替代 $\boldsymbol{s}$，用 $\boldsymbol{p}+(\boldsymbol{A}\boldsymbol{X}^2\boldsymbol{A}')^{-1}\boldsymbol{A}\boldsymbol{X}\left(\boldsymbol{X}\boldsymbol{s}-\frac{\boldsymbol{s}'\boldsymbol{x}}{q}\boldsymbol{e}\right)$ 替代 $\boldsymbol{p}$，重新进入步骤(2)。

4.4.3 势函数下降算法的MATLAB实现

根据上述步骤，在MATLAB中势函数下降算法的实现方式如下：

```
A = input('请输入系数矩阵');
x = input('请以列向量形式输入 x 的初始值');
s = input('请以列向量形式输入 s 的初始值');
p = input('请以列向量形式输入 p 的初始解');
beta = input('请输入步长值 beta');
gamma = input('请输入 gamma 值');
q = input('请输入大于 n 的 q');
epsilon = input('请输入误差常数 epsilon');
while true
    if dot(s,x)< epsilon
        disp(x)
        break
```

```
    end
    X = diag(x);
    AA = (A * X)' * inv(A * X^2 * A') * A * X;
    u = (eye(size(A,2)) - AA) * (q/dot(s,x) * X * s - ones(size(A,2),1));
    d = - beta * X * u/norm(u);
    if norm(u)> = gamma
       x = x + d;
    else
       s = dot(s,x)/q * inv(X) * (u + ones(size(A,2),1));
       p = p + inv(A * X^2 * A') * A * X * (X * s - dot(s,x)/q * ones(size(A,2),1));
    end
end
```

4.4.4 初始值

本节将讨论如何选取用于开始算法的初始解。

考虑以下一对问题

$$z = \min \boldsymbol{c}'\boldsymbol{x} + M_1 x_{n+1}$$

使得

$$\begin{aligned}
&\boldsymbol{Ax} + (\boldsymbol{b} - \boldsymbol{Ae})x_{n+1} = \boldsymbol{b} \\
&(\boldsymbol{e} - \boldsymbol{c})'\boldsymbol{x} + x_{n+2} = M_2 \\
&x_i \geqslant 0 \\
&z = \max \boldsymbol{p}'\boldsymbol{b} + p_{m+1}M_2
\end{aligned}$$

使得

$$\begin{aligned}
&\boldsymbol{p}'\boldsymbol{A} + p_{m+1}(\boldsymbol{e} - \boldsymbol{c})' + \boldsymbol{s}' = \boldsymbol{c}' \\
&\boldsymbol{p}'(\boldsymbol{b} - \boldsymbol{Ae}) + s_{n+1} = M_1 \\
&p_{m+1} + s_{n+2} = 0 \\
&s_i \geqslant 0
\end{aligned}$$

其中，x_{n+1}、x_{n+2} 是原问题的人工变量，p_{m+1}、s_{n+1}、s_{n+2} 是其对偶问题的人工变量，M_1、M_2 是足够大的常数(稍后会给出其所需大小)，系数 M_2 满足 $M_2 > (\boldsymbol{e} - \boldsymbol{c})'\boldsymbol{e}$，观察到构造的这个问题有一组初始解为

$$\begin{aligned}
&(\boldsymbol{x}, x_{n+1}, x_{n+2},) = (\boldsymbol{e}, 1, M_2 - (\boldsymbol{e} - \boldsymbol{c})'\boldsymbol{e}) \\
&(\boldsymbol{p}, p_{m+1}, \boldsymbol{s}, s_{n+1}, s_{n+2}) = (0, -1, \boldsymbol{e}, M_1, 1)
\end{aligned}$$

且这组解可以用来开始势函数下降算法。接下来探讨如何通过选取常数使该问题的最优解与原问题相同。

引理 4-5 若原问题存在最优解，设其最优解为 $\boldsymbol{x}^*$，对偶问题的最优解为$(\boldsymbol{p}^*, \boldsymbol{s}^*)$，则若

$$M_1 \geqslant \max\{(\boldsymbol{b}-\boldsymbol{A}\boldsymbol{e})'\boldsymbol{p}^*,0\}+1 \text{ 且 } M_2 \geqslant \max\{(\boldsymbol{e}-\boldsymbol{c})'\boldsymbol{x}^*,(\boldsymbol{e}-\boldsymbol{c})'\boldsymbol{e},0\}+1$$

则有结论：

(1) $(\bar{\boldsymbol{x}},\bar{x}_{n+1},\bar{x}_{n+2})$是人工原问题的最优解当且仅当 $\bar{\boldsymbol{x}}$ 是原问题的最优解且 $\bar{x}_{n+1}=0$；

(2) $(\bar{\boldsymbol{p}},\bar{p}_{m+1},\bar{\boldsymbol{s}},\bar{s}_{n+1},\bar{s}_{n+2})$是人工对偶问题的最优解当且仅当$(\bar{\boldsymbol{p}},\bar{\boldsymbol{s}})$是原对偶问题的最优解且 $p_{m+1}=0$。

下面证明引理 4-5[只证明结论(1),结论(2)的证明过程类似]。

左边：令$(\bar{\boldsymbol{x}},\bar{x}_{n+1},\bar{x}_{n+2})$是人工原问题的最优解,若 $\bar{x}_{n+1}>0$,而 x^* 是原问题的最优解,则$(\boldsymbol{x}^*,0,M_2-(\boldsymbol{e}-\boldsymbol{c})'\boldsymbol{e})$是人工原问题的可行解。但是

$$\begin{aligned}
\boldsymbol{c}'\boldsymbol{x}^*+0M_1 &= \boldsymbol{c}'\boldsymbol{x}^* \\
&= (\boldsymbol{p}^*)'\boldsymbol{b} \\
&= (\boldsymbol{p}^*)'(\boldsymbol{A}\bar{\boldsymbol{x}}+(\boldsymbol{b}-\boldsymbol{A}\boldsymbol{e})\bar{x}_{n+1}) \\
&= (\boldsymbol{p}^*)'\boldsymbol{A}\bar{\boldsymbol{x}}+(\boldsymbol{p}^*)'(\boldsymbol{b}-\boldsymbol{A}\boldsymbol{e})\bar{x}_{n+1} \\
&< (\boldsymbol{c}-\boldsymbol{s}^*)\bar{\boldsymbol{x}}+M_1\bar{x}_{n+1} \\
&\leqslant \boldsymbol{c}'\bar{\boldsymbol{x}}+M_1\bar{x}_{n+1}
\end{aligned}$$

这与$(\bar{\boldsymbol{x}},\bar{x}_{n+1},\bar{x}_{n+2})$是人工原问题的最优解矛盾。

另外,上述不等式(不严格时)说明$(\boldsymbol{x}^*,0,M_2-(\boldsymbol{e}-\boldsymbol{c})'\boldsymbol{e})$是人工原问题的最优解且目标函数值为 $\boldsymbol{c}'\boldsymbol{x}^*=\boldsymbol{c}'\bar{\boldsymbol{x}}$。由于 $\bar{\boldsymbol{x}}$ 满足原问题最优解的所有条件,它一定是一个原问题的最优解。

右边：在对左边的证明中,事实上已经说明了$(\boldsymbol{x}^*,0,M_2-(\boldsymbol{e}-\boldsymbol{c})'\boldsymbol{e})$是人工原问题的一组最优解。

在 MATLAB 中应用这个原理的代码如下：

```
A = input('请输入系数矩阵');
b = input('请输入资源列向量 b');
c = input('请输入价值行向量 c');
beta = input('请输入步长值 beta');
gamma = input('请输入 gamma 值');
q = input('请输入大于 n + 2 的 q');
epsilon = input('请输入误差常数 epsilon');
e = ones(size(A,2),1);
L = b - A * e;
A = [A,L,zeros(size(A,1),1)];
A = [A;e' - c,0,1];
x = [e;1;1e5 - (e' - c) * e];
s = [e;1e5;1];
p = zeros(size(A,1),1);
```

```
p(end) = -1;
while true
    if dot(s,x)< epsilon
        x = x(1:end-2);
        disp(x)
        break
    end
    X = diag(x);
    AA = (A * X)' * inv(A * X^2 * A') * A * X;
    u = (eye(size(A,2)) - AA) * (q/dot(s,x) * X * s - ones(size(A,2),1));
    d = - beta * X * u/norm(u);
    if norm(u)> = gamma
        x = x + d;
    else
        s = dot(s,x)/q * inv(X) * (u + ones(size(A,2),1));
        p = p + inv(A * X^2 * A') * A * X * (X * s - dot(s,x)/q * ones(size(A,2),1));
        dot(s,x)
    end
end
```

4.4.5 势函数下降算法的计算复杂度

本节首先讨论每次迭代计算对势函数的改进程度，从而探讨势函数下降算法的计算复杂度。首先证明以下结论。

(1) 当采用原始步骤时，有

$$G(\boldsymbol{x}^{K+1},\boldsymbol{s}^{K+1})-G(\boldsymbol{x}^{K},\boldsymbol{s}^{K})\leqslant -\beta\gamma+\frac{\beta^2}{2(1-\beta)} \tag{4-1}$$

(2) 当采用对偶步骤时，有

$$G(\boldsymbol{x}^{K+1},\boldsymbol{s}^{K+1})-G(\boldsymbol{x}^{K},\boldsymbol{s}^{K})\leqslant -(q-n)+n\ln\frac{q}{n}+\frac{\gamma^2}{2(1-\gamma)} \tag{4-2}$$

(3) 如果 $q=n+\sqrt{n}$，$\beta\approx 0.285$，$\gamma\approx 0.479$，那么每次迭代势函数至少减少 $\delta=0.079$。

证明：

$$G(\boldsymbol{x}+\boldsymbol{d},\boldsymbol{s})-G(\boldsymbol{x},\boldsymbol{s})=q\ln\left(1+\frac{\boldsymbol{s}'\boldsymbol{d}}{\boldsymbol{s}'\boldsymbol{x}}\right)-\sum_{j=1}^{n}\ln\left(1+\frac{d_j}{x_j}\right)$$

一方面，当 $y>-1$ 时，有

$$\ln(1+y)\leqslant y$$

另一方面，当 $|y|\leqslant\beta<1$，有

$$\begin{aligned}\ln(1+y) &= y-\frac{y^2}{2}+\frac{y^3}{3}-\cdots \\ &\geqslant y-\frac{|y|^2}{2}+\frac{|y|^3}{3}-\cdots \\ &\geqslant y-\frac{|y|^2}{2}(1+|y|+|y|^2+\cdots) \\ &= y-\frac{|y|^2}{2(1-|y|)} \\ &\geqslant y-\frac{|y|^2}{2(1-\beta)}\end{aligned}$$

由于

$$\left|\frac{d_j}{x_j}\right|=\frac{|\beta u_j|}{\|u\|}\leqslant\beta<1$$

应用上述两个不等式得

$$\begin{aligned}G(\boldsymbol{x}+\boldsymbol{d},\boldsymbol{s})-G(\boldsymbol{x},\boldsymbol{s}) &\leqslant q\frac{\boldsymbol{s}'\boldsymbol{d}}{\boldsymbol{s}'\boldsymbol{x}}-\sum_{j=1}^{n}\left(\frac{d_j}{x_j}-\frac{d_j^2}{2(1-\beta)x_j^2}\right) \\ &= \left(q\frac{\boldsymbol{s}'\boldsymbol{d}}{\boldsymbol{s}'\boldsymbol{x}}-\boldsymbol{X}^{-1}\boldsymbol{e}\right)'\boldsymbol{d}+\frac{\|\boldsymbol{X}^{-1}\|^2}{2(1-\beta)} \\ &= \left(q\frac{\boldsymbol{s}'\boldsymbol{d}}{\boldsymbol{s}'\boldsymbol{x}}-\boldsymbol{X}^{-1}\boldsymbol{e}\right)'\boldsymbol{d}+\frac{\beta^2}{2(1-\beta)} \\ &= \nabla_x G(\boldsymbol{x},\boldsymbol{s})'\boldsymbol{d}+\frac{\beta^2}{2(1-\beta)} \\ &= -\beta\|\boldsymbol{u}\|+\frac{\beta^2}{2(1-\beta)} \\ &\leqslant -\beta\gamma+\frac{\beta^2}{2(1-\beta)}\end{aligned}$$

由于

$$\boldsymbol{u}=(\boldsymbol{I}-\bar{\boldsymbol{A}})\left(\frac{\boldsymbol{q}}{\boldsymbol{s}'\boldsymbol{x}}\boldsymbol{X}\boldsymbol{s}-\boldsymbol{e}\right)$$

即

$$\bar{\boldsymbol{A}}\left(\frac{q}{\boldsymbol{s}'\boldsymbol{x}}\boldsymbol{X}\boldsymbol{s}-\boldsymbol{e}\right)+\boldsymbol{U}+\boldsymbol{E}-\frac{q}{\boldsymbol{s}'\boldsymbol{x}}\boldsymbol{X}\boldsymbol{s}=0$$

则

$$\boldsymbol{A}'(\boldsymbol{A}\boldsymbol{X}^2\boldsymbol{A}')^{-1}\boldsymbol{A}\boldsymbol{X}\left(\boldsymbol{X}\boldsymbol{s}-\frac{\boldsymbol{s}'\boldsymbol{x}}{q}\boldsymbol{e}\right)+\frac{\boldsymbol{s}'\boldsymbol{x}}{q}\boldsymbol{X}^{-1}(\boldsymbol{u}+\boldsymbol{e})-\boldsymbol{s}=0$$

当选取 $\bar{\boldsymbol{s}}=\frac{\boldsymbol{s}'\boldsymbol{x}}{q}\boldsymbol{X}^{-1}(\boldsymbol{u}+\boldsymbol{e})$，$\bar{\boldsymbol{p}}=\boldsymbol{p}+(\boldsymbol{A}\boldsymbol{X}^2\boldsymbol{A}')^{-1}\boldsymbol{A}\boldsymbol{X}\left(\boldsymbol{X}\boldsymbol{s}-\frac{\boldsymbol{s}'\boldsymbol{x}}{q}\boldsymbol{e}\right)$时，有

$$\boldsymbol{A}'(\bar{\boldsymbol{p}}-\boldsymbol{p})+\bar{\boldsymbol{s}}-\boldsymbol{s}=0$$

则

$$\boldsymbol{A}'\bar{\boldsymbol{p}}+\bar{\boldsymbol{s}}=\boldsymbol{A}'\boldsymbol{p}+\boldsymbol{s}=\boldsymbol{c}$$

则一次迭代造成的势函数差为

$$G(\boldsymbol{x},\bar{\boldsymbol{s}})-G(\boldsymbol{x},\boldsymbol{s})=q\ln\left(\frac{\bar{\boldsymbol{s}}'\boldsymbol{x}}{\boldsymbol{s}'\boldsymbol{x}}\right)-\sum_{j=1}^{n}\ln\bar{s}_j+\sum_{j=1}^{n}\ln s_j$$

由于 $\boldsymbol{x}'\boldsymbol{X}^{-1}=\boldsymbol{e}'$,则

$$\boldsymbol{s}'\boldsymbol{x}=\boldsymbol{x}'\bar{\boldsymbol{s}}=\frac{\boldsymbol{s}'\boldsymbol{x}}{q}\boldsymbol{x}'\boldsymbol{X}^{-1}(\boldsymbol{u}+\boldsymbol{e})=\frac{\boldsymbol{s}'\boldsymbol{x}}{q}(\boldsymbol{e}'\boldsymbol{u}+n)$$

又有

$$\begin{aligned}\sum_{j=1}^{n}\ln\bar{s}_j&=\sum_{j=1}^{n}\ln\left(\frac{(\boldsymbol{s}'\boldsymbol{x})(1+u_j)}{qx_j}\right)\\&=n\ln\frac{\boldsymbol{s}'\boldsymbol{x}}{q}+\sum_{j=1}^{n}\ln(1+u_j)-\sum_{j=1}^{n}\ln x_j\\&\geqslant n\ln\frac{\boldsymbol{s}'\boldsymbol{x}}{q}+\sum_{j=1}^{n}\left(u_j-\frac{u_j^2}{2(1-\gamma)}\right)-\sum_{j=1}^{n}\ln x_j\\&\geqslant n\ln\frac{\boldsymbol{s}'\boldsymbol{x}}{q}+\boldsymbol{e}'\boldsymbol{u}-\sum_{j=1}^{n}\ln x_j-\frac{\gamma^2}{2(1-\gamma)}\end{aligned}$$

将以上两个式子代入势函数差并整理,则

$$\begin{aligned}G(\boldsymbol{x},\bar{\boldsymbol{s}})-G(\boldsymbol{x},\boldsymbol{s})&=q\ln\left(1-\frac{q-n-\boldsymbol{e}'\boldsymbol{u}}{q}\right)+n\ln\frac{q}{n}-\boldsymbol{e}'\boldsymbol{u}+\frac{\gamma^2}{2(1-\gamma)}\\&\leqslant q\left(-\frac{q-n-\boldsymbol{e}'\boldsymbol{u}}{q}\right)+n\ln\frac{q}{n}-\boldsymbol{e}'\boldsymbol{u}+\frac{\gamma^2}{2(1-\gamma)}\\&=-(q-n)+n\ln\frac{q}{n}+\frac{\gamma^2}{2(1-\gamma)}\end{aligned}$$

将 $q=n+\sqrt{n}$,$\beta\approx0.285$,$\gamma\approx0.479$ 代入式(4-1)和式(4-2)计算即可。

下面考虑计算复杂度。

假设 $\boldsymbol{A},\boldsymbol{b},\boldsymbol{c}$ 都是整系数、U 量级的,由克莱姆法则容易知道 $\boldsymbol{x}^*$ 和 $\boldsymbol{p}^*$ 中元素至多为 $(nU)^n$。4.3.4 节告诉我们,可以找到 $(nU)^{n+2}$ 量级的 M_1、M_2 解决人工原问题。

而初始解对应的势函数量级在 $O(qn\ln(nU))$。

在上述初始解和 $q=n+\sqrt{n}$ 的情况下,达到 ε 精度所需的迭代次数 K 的量级为 $O\left(\sqrt{n}\ln\frac{1}{\varepsilon}+n^2\ln(nU)\right)$。

又有每次迭代需要进行 $\boldsymbol{AX}^2\boldsymbol{Ad}$ 的求逆和两次矩阵乘法计算 $\bar{\boldsymbol{A}}$,计算量级为 $O(nm^2+m^3)$,至多为 $O(n^3)$,则得到所需精度的最优解需要的计算量级为

$$O\left(n^{3.5}\ln\frac{1}{\varepsilon}+n^{5}\ln(nU)\right)$$

这是一个多项式级别的结果。在大规模优化算法中表现是非常好的。

以下面的问题为例观察势函数下降算法的工作

$$\min\ y=3x_1-5x_2$$

使得

$$\begin{cases}3x_1+2x_2\geqslant 5\\ x_1+x_2\leqslant 3\\ x_1\leqslant x_2\end{cases}$$

该案例中随着迭代次数的增加,势函数的变化如图 4-3 所示。

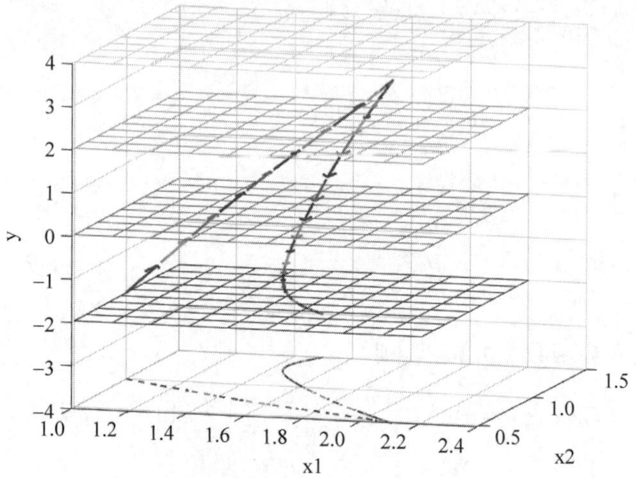

图 4-3　势函数下降算法迭代

实现该案例的代码如下:

```
clear all
c = [3, - 5,0,0,0];
A = [3,2, - 1,0,0;1,1,0,1,0,;1, - 1,0,0, - 1];
b = [5;3;0];
beta = 0.3;
gamma = 0.3;
q = 10;
epsilon = 1e - 3;
format long
e = ones(size(A,2),1);
L = b - A * e;
A = [A,L,zeros(size(A,1),1)];
A = [A;e' - c,0,1];
```

```
x = [e;1;1e5 - (e' - c) * e];
s = [e;1e5;1];
p = zeros(size(A,1),1);
p(end) = - 1;
while true
    x0 = x(1:end - 2);
    fadd = dot(x0,c);
    x1 = x(1);
    x2 = x(2);
    if dot(s,x)< epsilon
        x = x(1:end - 2);
        disp(x)
        break
    end
    X = diag(x);
    AA = (A * X)' * inv(A * X^2 * A') * A * X;
    u = (eye(size(A,2)) - AA) * (q/dot(s,x) * X * s - ones(size(A,2),1));
    d = - beta * X * u/norm(u);
    if norm(u)> = gamma
        xx = x + d;
        xx0 = xx(1:end - 2);
        faddxx = dot(xx0,c);
        xx1 = xx(1);
        xx2 = xx(2);
        quiver3(x1, x2, fadd,xx1 - x1, xx2 - x2, faddxx - fadd,'LineWidth',1.5,'MaxHeadSize',0.5)
        hold on
        quiver3(x1, x2, - 4 ,xx1 - x1, xx2 - x2, 0,'LineWidth',1,'MaxHeadSize',0.5,'LineStyle','-- ')
        hold on
        x = xx;
    else
        s = dot(s,x)/q * inv(X) * (u + ones(size(A,2),1));
        p = p + inv(A * X^2 * A') * A * X * (X * s - dot(s,x)/q * ones(size(A,2),1));
    end
end
for i = - 2:2:4
    syms f(x,y)
    f(x,y) = i;
    fmesh(f,[1 2.2 0.5 1.5],'MeshDensity',10)
    xlabel('x1')
    ylabel('x2')
    zlabel('y')
    alpha(0)
    hold on
end
view(15,10)
```

4.5 原始路径跟踪算法

本节介绍原始路径跟踪算法，通过引进一个障碍函数实现问题的求解。

4.5.1 原始路径跟踪算法的原理

依然考虑以下形式的线性规划问题

$$z=\min \boldsymbol{c}'\boldsymbol{x}$$

使得

$$\boldsymbol{A}\boldsymbol{x}=\boldsymbol{b}$$
$$\boldsymbol{x}\geqslant 0$$

及其对偶问题

$$z=\max \boldsymbol{p}'\boldsymbol{b}$$

使得

$$\boldsymbol{p}'\boldsymbol{A}+\boldsymbol{s}'=\boldsymbol{c}'$$
$$\boldsymbol{s}\geqslant 0$$

如总述中介绍的那样，为了更容易地满足 $\boldsymbol{x}$ 的非负条件，我们选择 $-\ln x$ 函数，使得 $\boldsymbol{x}$ 的每个分量逼近 0 时，障碍函数增长极其迅速，从而 $\boldsymbol{x}$ 只需满足等式限制。令 $\mu>0$，构造障碍函数

$$B_\mu(\boldsymbol{x})=\boldsymbol{c}'\boldsymbol{x}-\mu\sum_{j=1}^{n}\ln x_j$$

首先研究以下优化问题

$$\min B_\mu(\boldsymbol{x})$$

使得

$$\boldsymbol{A}\boldsymbol{x}=\boldsymbol{b}$$

及其对偶问题

$$\max \boldsymbol{p}'\boldsymbol{b}+\mu\sum_{j=1}^{n}\ln s_j$$

使得

$$\boldsymbol{p}'\boldsymbol{A}+\boldsymbol{s}'=\boldsymbol{c}'$$

记该优化问题的最优解为 $\boldsymbol{x}(\mu)$，则有：

(1) 对于每个给定的 μ，最优解至多有一个，这是因为 $B_\mu(\boldsymbol{x})$ 严格凸；

(2) $\lim\limits_{\mu\to 0}\boldsymbol{x}(\mu)$ 为原线性规划问题的一个最优解。

下面的引理将给出该非线性优化问题取得最优解的条件。

引理 4-6 若 $\boldsymbol{x}^*$、$\boldsymbol{s}^*$、$\boldsymbol{p}^*$ 满足以下条件

$$\boldsymbol{A}\boldsymbol{x}(\mu)=\boldsymbol{b}$$

$$\begin{aligned}
&\boldsymbol{x}(\mu) \geqslant \mathbf{0} \\
&\boldsymbol{A}'\boldsymbol{p}(\mu) + \boldsymbol{s}(\mu) = \boldsymbol{c} \\
&\boldsymbol{s}(\mu) \geqslant \mathbf{0} \\
&\boldsymbol{X}(\mu)\boldsymbol{S}(\mu)\boldsymbol{e} = \boldsymbol{e}\mu
\end{aligned}$$

其中，$\boldsymbol{X}(\mu)=\mathrm{diag}(x_1(\mu),x_2(\mu),\cdots,x_n(\mu))$，$\boldsymbol{S}(\mu)=\mathrm{diag}(s_1(\mu),s_2(\mu),\cdots,s_n(\mu))$，则 $\boldsymbol{x}^*$、$\boldsymbol{s}^*$、$\boldsymbol{p}^*$ 为关于障碍函数的优化问题的最优解。

证明：若 $\boldsymbol{x}^*$、$\boldsymbol{s}^*$、$\boldsymbol{p}^*$ 为关于障碍函数的优化问题的最优解，对于任意满足条件 $\boldsymbol{x}\geqslant 0$ 且 $\boldsymbol{Ax}=\boldsymbol{b}$ 的其他向量 $\boldsymbol{x}$，有

$$\begin{aligned}
B_\mu(\boldsymbol{x}) &= \boldsymbol{c}'\boldsymbol{x} - \mu\sum_{j=1}^{n}\ln x_j \\
&= \boldsymbol{c}'\boldsymbol{x} - (\boldsymbol{p}^*)'(\boldsymbol{Ax}-\boldsymbol{b}) - \mu\sum_{j=1}^{n}\ln x_j \\
&= (\boldsymbol{s}^*)'\boldsymbol{x} + (\boldsymbol{p}^*)'\boldsymbol{b} - \mu\sum_{j=1}^{n}\ln x_j \\
&\geqslant \mu n + (\boldsymbol{p}^*)'\boldsymbol{b} - \mu\sum_{j=1}^{n}\ln\frac{x_j}{s_j^*}
\end{aligned}$$

其中，最后一个不等式是通过研究每个 $\boldsymbol{x}$ 的分量所属的函数 $s_j^* x_j - \mu\ln x_j$ 实现的。注意，当且仅当 $x_j=\dfrac{\mu}{s_{j^*}}=x_j^*$，则有 $B_\mu(\boldsymbol{x})\geqslant B_\mu(\boldsymbol{x}^*)$，且 $\boldsymbol{x}^*$ 为唯一最优解。

关于 $\boldsymbol{s}^*$ 和 $\boldsymbol{p}^*$ 的证明完全对称。

但是，障碍函数既不是一次函数也不是二次函数，有关障碍函数的问题依然很难解决。与 4.4.5 节类似，首先研究障碍函数的泰勒级数展开(这里展开到二阶)。

注意到

$$\begin{aligned}
&\frac{\partial B_\mu(x)}{\partial x_i} = c_i - \frac{\mu}{x_i} \\
&\frac{\partial^2 B_\mu(x)}{\partial {x_i}^2} = \frac{\mu}{x_i^2} \\
&\frac{\partial^2 B_\mu(x)}{\partial x_i \partial x_j} = 0, \quad i \neq j
\end{aligned}$$

则

$$\begin{aligned}
B_\mu(\boldsymbol{x}+\boldsymbol{d}) &\approx B_\mu(\boldsymbol{x}) + \sum_{i=1}^{n}\frac{\partial B_\mu(\boldsymbol{x})}{\partial x_i}d_i + \frac{1}{2}\sum_{i,j=1}^{n}\frac{\partial^2 B_\mu(\boldsymbol{x})}{\partial x_i \partial x_j}d_i d_j \\
&= B_\mu(\boldsymbol{x}) + (\boldsymbol{c}' - \mu\boldsymbol{e}'\boldsymbol{X}^{-1})\boldsymbol{d} + \frac{1}{2}\mu\boldsymbol{d}'\boldsymbol{X}^{-2}\boldsymbol{d}
\end{aligned}$$

问题转换为

$$z = \min(\boldsymbol{c}' - \mu\boldsymbol{e}'\boldsymbol{X}^{-1})\boldsymbol{d} + \frac{1}{2}\mu\boldsymbol{d}'\boldsymbol{X}^{-2}\boldsymbol{d}$$

使得

$$\boldsymbol{Ad}=\mathbf{0}$$

在2.2节介绍过拉格朗日乘数法，求解上述问题时可以使用这个方法。记 $\boldsymbol{p}$ 为拉格朗日乘数构成的向量。构造拉格朗日函数 $L(\boldsymbol{d},\boldsymbol{p})=(\boldsymbol{c}'-\mu\boldsymbol{e}'\boldsymbol{X}^{-1})\boldsymbol{d}+\frac{1}{2}\mu\boldsymbol{d}'\boldsymbol{X}^{-2}\boldsymbol{d}-\boldsymbol{p}'\boldsymbol{Ad}$，为了取到最值，要求

$$\frac{\partial L(\boldsymbol{d},\boldsymbol{p})}{\partial d_j}=0$$

且

$$\frac{\partial L(\boldsymbol{d},\boldsymbol{p})}{\partial p_j}=0$$

即

$$\begin{aligned}&\boldsymbol{c}-\mu\boldsymbol{X}^{-1}\boldsymbol{e}+\mu\boldsymbol{X}^{-2}\boldsymbol{e}-\boldsymbol{A}'\boldsymbol{p}=0\\&\boldsymbol{Ad}=0\end{aligned}$$

用牛顿法解决这个问题。令

$$\begin{aligned}&\boldsymbol{d}(\mu)=(\boldsymbol{I}-\boldsymbol{X}^2\boldsymbol{A}'(\boldsymbol{AX}^2\boldsymbol{A}')^{-1}\boldsymbol{A})\left(\boldsymbol{Xe}-\frac{1}{\mu}\boldsymbol{X}^2\boldsymbol{c}\right)\\&\boldsymbol{p}(\mu)=(\boldsymbol{AX}^2\boldsymbol{A}')^{-1}\boldsymbol{A}(\boldsymbol{X}^2\boldsymbol{c}-\mu\boldsymbol{Xe})\end{aligned}$$

从一个给定的初始解 $\boldsymbol{x}$ 出发，下一个解为 $\boldsymbol{x}+\boldsymbol{d}(\mu)$，相应对偶问题的解为 $(\boldsymbol{p}(\mu),\boldsymbol{c}-\boldsymbol{A}'\boldsymbol{p}(\mu))$。接下来 $\bar{\mu}=\alpha\mu$，其中 $\alpha\in(0,1)$ 为步长常量，在一次计算过程中保持不变。

几何上看，当 α 足够接近1时，$\boldsymbol{x}(\mu)$ 与 $\boldsymbol{x}(\bar{\mu})$ 非常接近。由于每次计算 $\boldsymbol{x}$ 会更接近 $\boldsymbol{x}(\mu)$，也就会更接近 $\boldsymbol{x}(\bar{\mu})$。因此虽然每次迭代 $\boldsymbol{x}(\mu)$ 都会变化，但 $\boldsymbol{x}$ 总沿某条路径保持在 $\boldsymbol{x}(\mu)$ 附近。

接下来的引理我们证明经过有限次迭代，这个算法可以让对偶差足够接近0。

引理 4-7 若 $\alpha=1-\frac{\sqrt{\beta}-\beta}{\sqrt{\beta}+\sqrt{n}}$，其中 $\beta<1$，从一组满足 $\left\|\frac{1}{\mu^0}\boldsymbol{X}^0\boldsymbol{s}^0\boldsymbol{e}-\boldsymbol{e}\right\|\leqslant\beta$ 的初始解出发，则经过

$$K=\left\lceil\frac{\sqrt{\beta}+\sqrt{n}}{\sqrt{\beta}-\beta}\ln\frac{(\boldsymbol{s}^0)'\boldsymbol{x}^0(1+\beta)}{\varepsilon(1-\beta)}\right\rceil$$

次迭代，原问题和对偶问题的解 $(\boldsymbol{x}^K,\boldsymbol{s}^K,\boldsymbol{p}^K)$ 满足对偶差 $(\boldsymbol{s}^K)'\boldsymbol{x}^K\leqslant\varepsilon$。

首先用数学归纳法证明，每次迭代后都有 $\left\|\frac{1}{\mu^K}\boldsymbol{X}^K\boldsymbol{s}^K\boldsymbol{e}-\boldsymbol{e}\right\|\leqslant\beta$ 成立。

若 k 时成立，首先证明 $k+1$ 时，有

$$\left\|\frac{1}{\mu^{k+1}}\boldsymbol{X}^k\boldsymbol{s}^k\boldsymbol{e}-\boldsymbol{e}\right\|\leqslant\sqrt{\beta}$$

这是因为

$$
\begin{aligned}
&\left\|\frac{1}{\mu^{k+1}}\boldsymbol{X}^k\boldsymbol{s}^k\boldsymbol{e}-\boldsymbol{e}\right\| \\
&=\left\|\frac{1}{\alpha\mu^k}\boldsymbol{X}^k\boldsymbol{s}^k\boldsymbol{e}-\boldsymbol{e}\right\| \\
&=\left\|\frac{1}{\alpha}\left(\frac{1}{\mu^k}\boldsymbol{X}^k\boldsymbol{s}^k\boldsymbol{e}-\boldsymbol{e}\right)+\frac{1-\alpha}{\alpha}\boldsymbol{e}\right\| \\
&\leqslant\frac{1}{\alpha}\left\|\left(\frac{1}{\mu^k}\boldsymbol{X}^k\boldsymbol{s}^k\boldsymbol{e}-\boldsymbol{e}\right)\right\|+\frac{1-\alpha}{\alpha}\|\boldsymbol{e}\| \\
&\leqslant\frac{\beta}{\alpha}-\frac{1-\alpha}{\alpha}\sqrt{n}=\sqrt{\beta}
\end{aligned}
$$

下面证明 $\|\boldsymbol{X}^{k^{-1}}\boldsymbol{d}\|\leqslant\sqrt{\beta}<1$，其中 $d=x^{k+1}-x^k$。

由拉格朗日乘数法的取极值条件，有

$$
\begin{aligned}
&\mu^{k+1}\boldsymbol{X}^{k^{-2}}\boldsymbol{d}-\boldsymbol{A}'\boldsymbol{p}=\mu^{k+1}\boldsymbol{X}^{k^{-1}}\boldsymbol{e}-\boldsymbol{c} \\
&\boldsymbol{A}\boldsymbol{d}=\boldsymbol{0}
\end{aligned}
$$

左乘 d'，则有

$$
\mu^{k+1}\boldsymbol{d}'\boldsymbol{X}^{k^{-2}}\boldsymbol{d}=\boldsymbol{d}'(\mu^{k+1}\boldsymbol{X}^{k^{-1}}\boldsymbol{e}-\boldsymbol{c})
$$

因此

$$
\begin{aligned}
\|\boldsymbol{X}^{k^{-1}}\boldsymbol{d}\|^2&=\boldsymbol{d}'\boldsymbol{X}^{k^{-2}}\boldsymbol{d} \\
&=\left(\boldsymbol{X}^{k^{-1}}\boldsymbol{e}-\frac{1}{\mu^{k+1}}\boldsymbol{c}\right)'\boldsymbol{d} \\
&=\left(\boldsymbol{X}^{k^{-1}}\boldsymbol{e}-\frac{1}{\mu^{k+1}}(\boldsymbol{s}^k+\boldsymbol{A}'\boldsymbol{p}^k)\right)'\boldsymbol{d} \\
&=\left(\boldsymbol{X}^{k^{-1}}\boldsymbol{e}-\frac{1}{\mu^{k+1}}\boldsymbol{s}^k\right)'\boldsymbol{d} \\
&=-\left(\frac{1}{\mu^{k+1}}\boldsymbol{X}^k\boldsymbol{s}^k\boldsymbol{e}-\boldsymbol{e}\right)'\boldsymbol{X}^{k^{-1}}\boldsymbol{d} \\
&\leqslant\left\|\frac{1}{\mu^{k+1}}\boldsymbol{X}^k\boldsymbol{s}^k\boldsymbol{e}-\boldsymbol{e}\right\|\cdot\|\boldsymbol{X}^{k^{-1}}\boldsymbol{d}\| \\
&\leqslant\sqrt{\beta}\,\|\boldsymbol{X}^{k^{-1}}\boldsymbol{d}\|
\end{aligned}
$$

最后证明 $\boldsymbol{x}^{k+1},\boldsymbol{s}^{k+1},\boldsymbol{p}^{k+1}$ 确是原问题和对偶问题的可行解。

由于 $\boldsymbol{A}\boldsymbol{d}=0,\boldsymbol{A}\boldsymbol{x}^{k+1}=\boldsymbol{b}$ 成立，又有 $\|\boldsymbol{X}^{k^{-1}}\boldsymbol{d}\|<1$，因此

$$
\boldsymbol{x}^{k+1}=\boldsymbol{x}^k+\boldsymbol{d}=\boldsymbol{X}^k(\boldsymbol{e}+\boldsymbol{X}^{k^{-1}}\boldsymbol{d})>0
$$

由此 $\boldsymbol{x}^{k+1}$ 是原问题的可行解。

同样地，利用拉格朗日乘数法给出的条件可以证明 $\boldsymbol{s}^{k+1},\boldsymbol{p}^{k+1}$ 是对偶问题的可行解。

有了以上的准备，现在证明最初希望得到的：每次迭代后都有 $\left\|\frac{1}{\mu^K}\boldsymbol{X}^K\boldsymbol{S}^K\boldsymbol{e}-\boldsymbol{e}\right\|\leqslant\beta$ 成立。

注意到

$$\begin{aligned}&\frac{1}{\mu^{k+1}}x_j^{k+1}s_j^{k+1}-1\\&=\frac{1}{\mu^{k+1}}x_j^k\left(1+\frac{d_j}{x_j^k}\right)\frac{\mu^{k+1}}{x_j^k}\left(1-\frac{d_j}{x_j^k}\right)-1=-\left(\frac{d_j}{x_j^k}\right)^2\end{aligned}$$

令 $\boldsymbol{D}=\mathrm{diag}(d_1,d_2,\cdots,d_n)$

因此

$$\begin{aligned}\left\|\frac{1}{\mu^{k+1}}\boldsymbol{X}^{k+1}\boldsymbol{S}^{k+1}\boldsymbol{e}-\boldsymbol{e}\right\|&=\|\boldsymbol{X}^{k^{-2}}\boldsymbol{D}^2\boldsymbol{e}\|\\&\leqslant\sum_{i=1}^{n}\left(\frac{d_j}{x_j^k}\right)^2=\boldsymbol{e}'\boldsymbol{X}^{k^{-2}}\boldsymbol{D}^2\boldsymbol{e}\\&=\boldsymbol{e}'\boldsymbol{D}\boldsymbol{X}^{k^{-2}}\boldsymbol{D}\boldsymbol{e}=\boldsymbol{d}'\boldsymbol{X}^{k^{-2}}\boldsymbol{d}\\&=\|\boldsymbol{X}^{k^{-1}}\boldsymbol{d}\|^2\leqslant\sqrt{\beta}^2=\beta\end{aligned}$$

这个结果告诉我们

$$-\beta\leqslant\frac{1}{\mu^k}x_j^ks_j^k-1\leqslant\beta$$

累加得

$$n\mu^k(1-\beta)\leqslant(s^k)'x^k\leqslant n\mu^k(1+\beta)$$

又有

$$\mu^k=\alpha^k\mu^0=\left(1-\frac{\sqrt{\beta}-\beta}{\sqrt{\beta}+\sqrt{n}}\right)^k\mu^0\leqslant e^{-k\frac{\sqrt{\beta}-\beta}{\sqrt{\beta}+\sqrt{n}}}\mu^0$$

代入 K，验算得 K 次迭代后有

$$(\boldsymbol{s}^K)'\boldsymbol{x}^K\leqslant\varepsilon$$

4.5.2 原始路径跟踪算法的实现步骤

实现原始路径跟踪算法，首先需要以下条件。

(1) 系数矩阵 $\boldsymbol{A}$、价值向量 $\boldsymbol{c}$、资源向量 $\boldsymbol{b}$，其中 $\boldsymbol{A}$ 行满秩。

(2) 一组初始解 $\boldsymbol{x}^0>0,\boldsymbol{s}^0>0,\boldsymbol{p}^0$。

(3) 误差范围 ε。

(4) 障碍函数的初始参数 μ^0 和缩减步长 α。

实现步骤如下。

(1) 从一组初始解开始。

(2) 如果 $s'x<\varepsilon$，结束计算，否则进入步骤(3)。

(3) 令 $X=\mathrm{diag}(x_1,x_2,\cdots,x_n)$，用 $\alpha\mu$ 代替 μ。

(4) 解 $c-\mu X^{-1}e+\mu X^{-2}e-A'p=0, Ad=0$ 得到 p、d。

(5) 用 $x+d$ 代替 x，$c-A'p$ 代替 s，重新进入步骤(2)。

4.5.3 原始路径跟踪算法的 MATLAB 实现

基于以上步骤，原始路径跟踪算法在 MATLAB 中的实现代码如下：

```
A = input('请输入系数矩阵');
x = input('请以列向量形式输入 x 的初始值');
s = input('请以列向量形式输入 s 的初始值');
c = input('请输入价值行向量 c');
p = input('请以列向量形式输入 p 的初始解');
mu = input('请输入参数 mu');
alpha = input('请输入步长减少常量 alpha');
epsilon = input('请输入误差常数 epsilon');
e = ones(size(A,2),1);
while true
    if dot(x,s)< epsilon
        disp(x)
        break
    end
    X = diag(x);
    mu = alpha * mu;
    d = (eye(size(A,2)) - X^2 * A' * inv(A * X^2 * A') * A) * (X * e - 1/mu * X^2 * c');
    p = inv(A * X^2 * A') * A * (X^2 * c' - mu * X * e);
    x = x + d;
    s = c' - A' * p;
end
```

4.5.4 初始值

在 4.5.3 节的基础上，取定 $\beta=\frac{1}{4}$，希望寻找一组初始可行解，使得 $x^0>0, s^0>0$，且 $\left\|\frac{1}{\mu^0}X^0S^0e-e\right\|\leqslant\beta$。

假设 A、b、c 中元素都是不超过 U 的整数，由克莱姆法则易证 $e'x\leqslant n(mU)^m$，因此原线性规划问题与以下问题等价

$$z=\min c'x$$

使得

$$\begin{aligned} &\boldsymbol{Ax}=\boldsymbol{b}\\ &\boldsymbol{e}'\boldsymbol{x}\leqslant n(mU)^m\\ &\boldsymbol{x}\geqslant 0 \end{aligned}$$

令 $\bar{b}=\dfrac{(n+2)\boldsymbol{b}}{n(mU)^m}$,又等价于

$$z=\min \boldsymbol{c}'\boldsymbol{x}$$

使得

$$\begin{aligned} &\boldsymbol{Ax}=\bar{\boldsymbol{b}}\\ &\boldsymbol{e}'\boldsymbol{x}\leqslant n+2\\ &\boldsymbol{x}\geqslant 0 \end{aligned}$$

考虑以下线性规划问题

$$z=\min \boldsymbol{c}'\boldsymbol{x}+Mx_{n+1}$$

使得

$$\begin{aligned} &\boldsymbol{Ax}+(\bar{\boldsymbol{b}}-\boldsymbol{Ae})x_{n+1}=\bar{\boldsymbol{b}}\\ &\boldsymbol{e}'\boldsymbol{x}+x_{n+1}+x_{n+2}=n+2\\ &\boldsymbol{x},x_{n+1},x_{n+2}\geqslant 0 \end{aligned}$$

及其对偶问题

$$z=\max \boldsymbol{p}'\bar{\boldsymbol{b}}+p_{m+1}(n+2)$$

使得

$$\begin{aligned} &\boldsymbol{p}'\boldsymbol{A}+p_{m+1}\boldsymbol{e}'+\boldsymbol{s}'=\boldsymbol{c}'\\ &\boldsymbol{p}'(\bar{\boldsymbol{b}}-\boldsymbol{Ae})+p_{m+1}+s_{n+1}=M\\ &p_{m+1}+s_{n+2}=0\\ &s,s_{n+1},s_{n+2}\geqslant 0 \end{aligned}$$

其中,x_{n+1}、x_{n+2}、p_{m+1}、s_{n+1}、s_{n+2} 是人工变量,M 是足够大的正常数。

令 $\mu^0=4\sqrt{\|c\|^2+M^2}$,注意到

$$\begin{aligned} &(\boldsymbol{x},x_{n+1},x_{n+2})=(\boldsymbol{e},1,1)\\ &(\boldsymbol{p},p_{m+1},s,s_{n+1},s_{n+2})=(0,-\mu^0,c+\mu^0\boldsymbol{e},M+\mu^0,\mu^0) \end{aligned}$$

是一组满足所需条件的解,且 M 足够大时,有 $x_{n+1}=0$,因此这组解可以作为初始值。

在 MATLAB 中实现的代码如下:

```
A = input('请输入系数矩阵');
b = input('请输入资源列向量 b');
c = input('请输入价值行向量 c');
```

```
alpha = input('请输入步长减少常量 alpha');
epsilon = input('请输入误差常数 epsilon');
e = ones(size(A,2),1);
M = 1e5;
m1 = max(max(A));
m2 = max(b);
m3 = max(c);
U = max([m1,m2,m3]);
A = [A,b - A * e,zeros(size(A,1),1)];
A = [A;c',0,1];
mu = 4 * (norm(c)^2 + M^2)^(1/2);
x = [e;1;1];
p = [zeros(size(A,1) - 1,1); - mu];
s = [c' + mu * e;M + mu;mu];
c = [c,M,0];
e = ones(size(A,2),1);
while true
    if dot(x,s)< epsilon
        disp(x)
        break
    end
    X = diag(x);
    mu = alpha * mu;
    d = (eye(size(A,2)) - X^2 * A' * inv(A * X^2 * A') * A) * (X * e - 1/mu * X^2 * c');
    p = inv(A * X^2 * A') * A * (X^2 * c' - mu * X * e);
    x = x + d;
    s = c' - A' * p;
end
```

4.5.5 原始路径跟踪算法的计算复杂度

易见每次迭代需要的计算量级为 $O(n^3)$，而迭代数目的量级即 K 的量级为 $O\left(\sqrt{n}\ln\frac{\varepsilon_0}{\varepsilon}\right)$，其中 ε_0 是初始解的对偶差。由克莱姆法则可知，ε_0 的数量级为 n 和 $\ln U$，因此整个算法的计算量级是一个 n、$\ln U$、$\ln\left(\frac{1}{\varepsilon}\right)$ 的多项式。

同样以下题为例，观察原始路径跟踪算法的实现，即目标函数为

$$\min\ y = 3x_1 - 5x_2$$

使得

$$\begin{cases} 3x_1 + 2x_2 \geqslant 5 \\ x_1 + x_2 \leqslant 3 \\ x_1 \leqslant x_2 \end{cases}$$

通过 MATLAB 编程，得到如图 4-4 所示的原始路径跟踪算法迭代路径图。

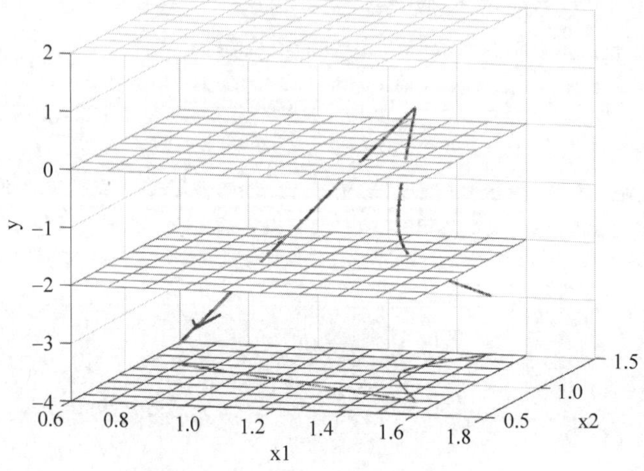

图 4-4 原始路径跟踪算法迭代路径

实现代码如下：

```
clear all
c = [3, - 5,0,0,0];
A = [3,2, - 1,0,0;1,1,0,1,0,;1, - 1,0,0, - 1];
b = [5;3;0];
alpha0 = 0.9;
epsilon = 1e - 3;
e = ones(size(A,2),1);
M = 1e5;
m1 = max(max(A));
m2 = max(b);
m3 = max(c);
U = max([m1,m2,m3]);
A = [A,b - A * e,zeros(size(A,1),1)];
A = [A;e',0,1];
mu = 4 * (norm(c)^2 + M^2)^(1/2);
x = [e;1;1];
p = [zeros(size(A,1) - 1,1); - mu];
s = [c' + mu * e;M + mu;mu];
c = [c,M,0];
e = ones(size(A,2),1);
while true
    x0 = x(1:end - 2);
    c0 = c(1:end - 2);
    fadd = dot(x0,c0);
    x1 = x(1);
```

```
    x2 = x(2);
    if dot(x,s)< epsilon
       disp(x)
       break
    end
    X = diag(x);
    mu = alpha0 * mu;
    d = (eye(size(A,2)) - X^2 * A' * inv(A * X^2 * A') * A) * (X * e - 1/mu * X^2 * c');
    p = inv(A * X^2 * A') * A * (X^2 * c' - mu * X * e);
    xx = x + d;
    xx0 = xx(1:end - 2);
    faddxx = dot(xx0,c0);
    xx1 = xx(1);
    xx2 = xx(2);
    quiver3(x1, x2, fadd,xx1 - x1, xx2 - x2, faddxx - fadd,'LineWidth',1.5,'MaxHeadSize',0.5)
    hold on
    quiver3(x1, x2, - 4 ,xx1 - x1, xx2 - x2, 0,'LineWidth',1,'MaxHeadSize',0.5,'LineStyle','-- ')
    hold on
    x = xx;
    s = c' - A' * p;
end
for i = - 4:2:2
    syms f(x,y)
    f(x,y) = i;
    fmesh(f,[0.6 1.6 0.5 1.5],'MeshDensity',10)
    alpha(1)
    xlabel('x1')
    ylabel('x2')
    zlabel('y')
    hold on
end
view(15,10)
```

4.6 原始-对偶路径跟踪算法

在原始路径跟踪算法的基础上，讨论如下的原始-对偶路径跟踪算法。

4.6.1 用牛顿方法寻找非线性方程组的根

为了寻找非线性方程组 $F(\boldsymbol{z}^*)=0$(其中 $\boldsymbol{z}^*$ 和 $\boldsymbol{0}$ 都是 r 阶向量)的根，首先假定已经有了一个向量 $\boldsymbol{z}^k$ 是 $\boldsymbol{z}^*$ 的近似解。通过一阶泰勒级数来改进这个近似值

$$F(\boldsymbol{z}^k+\boldsymbol{d}) \approx F(\boldsymbol{z}^k)+J(\boldsymbol{z}^k)\boldsymbol{d}$$

其中，$\boldsymbol{J}(\boldsymbol{z}^k)$是一个 $r\times r$ 雅克非矩阵，第(i,j)个元素为$\left.\dfrac{\partial F_i(z)}{\partial z_j}\right|_{z=z_k}$。

为了使得 $F(\boldsymbol{z}^k+\boldsymbol{d})=0$，寻找 $\boldsymbol{d}$ 使得 $F(\boldsymbol{z}^k)+\boldsymbol{J}(\boldsymbol{z}^k)\boldsymbol{d}=0$，接下来令

$$\boldsymbol{z}^{k+1}=\boldsymbol{z}^k+\boldsymbol{d}$$

其中，$\boldsymbol{d}$ 被称为牛顿方向。当$\boldsymbol{J}(\boldsymbol{x}^*)$非异且$\boldsymbol{z}^0$ 足够接近$\boldsymbol{z}^*$时，该算法会迅速收敛；若$\boldsymbol{z}^0$ 与$\boldsymbol{z}^*$距离较远，结果则可能是发散的。

4.6.2 用牛顿方法解决线性规划问题的原理

4.5.1 节中曾经证明，最优化问题

$$\min B_\mu(\boldsymbol{x})$$

使得

$$\boldsymbol{Ax}=\boldsymbol{b}$$

及其对偶问题

$$\max \boldsymbol{p}'\boldsymbol{b}+\mu\sum_{j=1}^{n}\ln s_j$$

使得

$$\boldsymbol{p}'\boldsymbol{A}+\boldsymbol{s}'=\boldsymbol{c}'$$

其中，$B_\mu(\boldsymbol{x})=\boldsymbol{c}'\boldsymbol{x}-\mu\sum_{j=1}^{n}\ln x_j$ 的最优解充要条件为

$$\begin{aligned}&\boldsymbol{Ax}(\mu)=\boldsymbol{b}\\&\boldsymbol{x}(\mu)\geqslant\boldsymbol{0}\\&\boldsymbol{A}'\boldsymbol{p}(\mu)+\boldsymbol{s}(\mu)=\boldsymbol{c}\\&\boldsymbol{s}(\mu)\geqslant\boldsymbol{0}\\&\boldsymbol{X}(\mu)\boldsymbol{S}(\mu)\boldsymbol{e}=\boldsymbol{e}\mu\end{aligned}$$

其中，$\boldsymbol{X}(\mu)=\mathrm{diag}(x_1(\mu),x_2(\mu),\cdots,x_n(\mu))$，$\boldsymbol{S}(\mu)=\mathrm{diag}(s_1(\mu),s_2(\mu),\cdots,s_n(\mu))$。

使用牛顿方法求上述方程的根，其中

$$\begin{aligned}&\boldsymbol{z}=(\boldsymbol{x},\boldsymbol{p},\boldsymbol{s})\\&r=2n+m\\&\boldsymbol{F}(\boldsymbol{z})=\begin{bmatrix}\boldsymbol{Ax}-\boldsymbol{b}\\\boldsymbol{A}'\boldsymbol{p}+\boldsymbol{s}-\boldsymbol{c}\\\boldsymbol{XSe}-\boldsymbol{\mu e}\end{bmatrix}\end{aligned}$$

记牛顿方向 $\boldsymbol{d}=(\boldsymbol{d}_x^k,\boldsymbol{d}_p^k,\boldsymbol{d}_s^k)$，则需求解的方程为

$$\begin{bmatrix}\boldsymbol{A}&\boldsymbol{0}&\boldsymbol{0}\\\boldsymbol{0}&\boldsymbol{A}'&\boldsymbol{I}\\\boldsymbol{S}_k&\boldsymbol{0}&\boldsymbol{X}_k\end{bmatrix}\begin{bmatrix}\boldsymbol{d}_x^k\\\boldsymbol{d}_p^k\\\boldsymbol{d}_s^k\end{bmatrix}=-\begin{bmatrix}\boldsymbol{Ax}^k-\boldsymbol{b}\\\boldsymbol{A}'\boldsymbol{p}^k+\boldsymbol{s}^k-\boldsymbol{c}\\\boldsymbol{X}_k\boldsymbol{S}_k\boldsymbol{e}-\boldsymbol{\mu}^k\boldsymbol{e}\end{bmatrix}$$

而 $\boldsymbol{A}\boldsymbol{x}^k-\boldsymbol{b},\boldsymbol{A}'\boldsymbol{p}^k+\boldsymbol{s}^k-\boldsymbol{c}=0$，因此只需解

$$\boldsymbol{A}\boldsymbol{d}_x^k=\boldsymbol{0}$$
$$\boldsymbol{A}'\boldsymbol{d}_p^k+\boldsymbol{d}_s^k=\boldsymbol{0}$$
$$\boldsymbol{S}_k\boldsymbol{d}_x^k+\boldsymbol{X}_k\boldsymbol{d}_s^k=\mu^k\boldsymbol{e}-\boldsymbol{X}_k\boldsymbol{S}_k\boldsymbol{e}$$

事实上，如果不要求迭代的起点是可行解，求解上面的矩阵方程也可以逐步收敛到最优解，只是这时没有了 $\boldsymbol{A}\boldsymbol{x}^k-\boldsymbol{b},\boldsymbol{A}'\boldsymbol{p}^k+\boldsymbol{s}^k-\boldsymbol{c}=0$ 的条件。

可以证明，解为

$$\boldsymbol{d}_x^k=\bar{\boldsymbol{D}}_k(\boldsymbol{I}-\boldsymbol{P}_k)\boldsymbol{v}^k(\mu^k)$$
$$\boldsymbol{d}_p^k=-(\boldsymbol{A}\bar{\boldsymbol{D}}_k^2\boldsymbol{A}')_k^{(-1)\boldsymbol{A}\bar{\boldsymbol{D}}}\boldsymbol{v}^k(\mu^k)$$
$$\boldsymbol{d}_s^k=(\bar{\boldsymbol{D}}_k)^{-1}\boldsymbol{P}_k\boldsymbol{v}^k(\mu^k)$$

其中

$$\boldsymbol{D}_k^2=\boldsymbol{X}_k\boldsymbol{S}_k^{-1}$$
$$\boldsymbol{P}_k=\boldsymbol{D}_k\boldsymbol{A}'(\boldsymbol{A}\bar{\boldsymbol{D}}_k^2\boldsymbol{A}')^{-1}\boldsymbol{A}\bar{\boldsymbol{D}}_k$$
$$\boldsymbol{v}^k(\boldsymbol{\mu}^k)=\boldsymbol{X}_k^{-1}\bar{\boldsymbol{D}}_k(\mu^k\boldsymbol{e}-\boldsymbol{X}_k\boldsymbol{S}_k\boldsymbol{e})$$

接下来探讨步长值。

在每次迭代中，利用上述的 $\boldsymbol{d}$，有

$$\boldsymbol{x}^{k+1}=\boldsymbol{x}^k+\beta_P^k\boldsymbol{d}_x^k$$
$$\boldsymbol{p}^{k+1}=\boldsymbol{p}^k+\beta_D^k\boldsymbol{d}_p^k$$
$$\boldsymbol{s}^{k+1}=\boldsymbol{s}^k+\beta_D^k\boldsymbol{d}_s^k$$

其中，β_P^k 和 β_D^k 是原问题和对偶问题一次迭代的步长。为了保证 $\boldsymbol{x}^{k+1}$ 和 $\boldsymbol{s}^{k+1}$ 依然非负，令

$$\beta_P^k=\min\left\{1,\alpha\min_{i|(d_x^k)_i<0}\left(-\frac{x_i^k}{(d_x^k)_i}\right)\right\}$$
$$\beta_D^k=\min\left\{1,\alpha\min_{i|(d_s^k)_i<0}\left(-\frac{s_i^k}{(d_s^k)_i}\right)\right\}$$

其中，$0<\alpha<1$。

最后探讨障碍函数中的参数 μ。

与 4.5.1 节中的思想类似，对于某个给定的 μ，每次迭代，$\boldsymbol{x}$ 会更接近 $\boldsymbol{x}(\mu)$。但是这并不是我们需要的，因此每个 μ 仅迭代一次，然后对其进行更新。当使用 $\mu^k=\rho_k\dfrac{(x^k)'s^k}{n}$ 时，计算中的表现是非常好的。其中 ρ_k 通常设定为 1，当算法无改进时，ρ_k 设定为小于 1。

4.6.3 原始-对偶路径跟踪算法的实现步骤

为了实现原始-对偶算法，需要以下初始值。

(1) 系数矩阵 $\boldsymbol{A}$、价值向量 $\boldsymbol{c}$、资源向量 $\boldsymbol{b}$，其中 $\boldsymbol{A}$ 行满秩。

(2) 一组初始解 $\boldsymbol{x}^0>0,\boldsymbol{s}^0>0,\boldsymbol{p}^0$。

(3) 误差范围 ε。

(4) 缩减步长 $0<\alpha<1$。

具体的计算步骤如下。

(1) 从一组初始解开始。

(2) 如果 $\boldsymbol{s}'\boldsymbol{x}<\varepsilon$,结束计算,否则进入第(3)步。

(3) 令

$$\mu=\rho\frac{\boldsymbol{s}'\boldsymbol{x}}{n}$$

$$\boldsymbol{X}=\mathrm{diag}(x_1,x_2,\cdots,x_n)$$

$$\boldsymbol{S}=\mathrm{diag}(s_1,s_2,\cdots,s_n)$$

并解

$$\boldsymbol{A}\boldsymbol{d}_x=0$$

$$\boldsymbol{A}'\boldsymbol{d}_p+\boldsymbol{d}_s=0$$

$$\boldsymbol{S}\boldsymbol{d}_x+\boldsymbol{X}\boldsymbol{d}_s=\mu\boldsymbol{e}-\boldsymbol{X}\boldsymbol{S}\boldsymbol{e}$$

得到 d。

(4) 令

$$\beta_P=\min\left\{1,\alpha\min_{i\mid(d_x)_i<0}\left(-\frac{x_i}{(d_x)_i}\right)\right\}$$

$$\beta_S=\min\left\{1,\alpha\min_{i\mid(d_s)_i<0}\left(-\frac{s_i}{(d_s)_i}\right)\right\}$$

(5) 用 $\boldsymbol{x}+\beta_P\boldsymbol{d}_x$ 替代 $\boldsymbol{x}$,$\boldsymbol{p}+\beta_D\boldsymbol{d}_p$ 替代 $\boldsymbol{p}$,$\boldsymbol{s}+\beta_D\boldsymbol{d}_s$ 替代 $\boldsymbol{s}$,重新进入第(2)步。

4.6.4 原始-对偶算法的 MATLAB 实现

在 MATLAB 中实现原始-对偶算法的代码如下:

```
A = input('请输入系数矩阵');
x = input('请以列向量形式输入 x 的初始值');
s = input('请以列向量形式输入 s 的初始值');
p = input('请以列向量形式输入 p 的初始解');
alpha = input('请输入步长减少常量 alpha');
epsilon = input('请输入误差常数 epsilon');
e = ones(size(A,2),1);
while true
    if dot(s,x)< epsilon
        disp(x)
        break
```

```
    end
    mu = 0.99 * dot(s,x)/size(A,2);
    X = diag(x);
    S = diag(s);
    DD = sqrt(X * inv(S));
    P = DD * A' * inv(A * DD^2 * A') * A * DD;
    v = inv(X) * DD * (mu * e - X * S * e);
    d1 = DD * (eye(size(A,2)) - P) * v;
    d2 = - inv(A * DD^2 * A') * A * DD * v;
    d3 = inv(DD) * P * v;

    min1 = inf;
    for i = 1:1:length(d1)
        if d1(i)> = 0
            continue
        else
            min1 = min( - x(i)/d1(i),min1);
        end
    end
    min2 = inf;
    for i = 1:1:length(d3)
        if d3(i)> = 0
            continue
        else
            min2 = min( - s(i)/d3(i),min2);
        end
    end
    betap = min(1,alpha * min1);
    betad = min(1,alpha * min2);
    x = x + betap * d1;
    p = p + betad * d2;
    s = s + betad * d3;
end
```

4.6.5 自对偶方法

这一部分中，将使用自对偶方法来实现在多项式级别的迭代后，不用大 M 法，构造新的问题已知初始值来实现原来问题的求解。

对于以下形式的线性规划问题

$$z = \min \boldsymbol{c}'\boldsymbol{x}$$

使得

$$\boldsymbol{A}\boldsymbol{x} = \boldsymbol{b}$$

$$\boldsymbol{x} \geqslant 0$$

及其对偶问题

$$z = \max \boldsymbol{p}'\boldsymbol{b}$$

使得

$$\boldsymbol{p}'\boldsymbol{A} + \boldsymbol{s}' = \boldsymbol{c}'$$
$$\boldsymbol{s} \geqslant 0$$

给定一组初始解$(\boldsymbol{x}^0, \boldsymbol{p}^0, \boldsymbol{s}^0)$，使得$\boldsymbol{x}^0 > 0$且$\boldsymbol{s}^0 > 0$，但未必是可行解，考虑以下线性规划问题：

$$z = \min((\boldsymbol{x}^0)'\boldsymbol{s}^0 + 1)\theta$$

使得

$$\boldsymbol{A}\boldsymbol{x} - \boldsymbol{b}\tau + \bar{\boldsymbol{b}}\theta = 0$$
$$-\boldsymbol{A}'\boldsymbol{p} + \boldsymbol{c}\tau - \bar{\boldsymbol{c}}\theta - \boldsymbol{s} = 0$$
$$\boldsymbol{b}'\boldsymbol{p} - \boldsymbol{c}'\boldsymbol{x} + \bar{z}\theta - \kappa = 0$$
$$-\bar{\boldsymbol{b}}'\boldsymbol{p} + \bar{\boldsymbol{c}}'\boldsymbol{x} - \bar{z}\tau = -((\boldsymbol{x}^0)'\boldsymbol{s}^0 + 1)$$
$$\boldsymbol{x} \geqslant 0, \tau \geqslant 0, \boldsymbol{s} \geqslant 0, \kappa \geqslant 0$$

其中

$$\bar{\boldsymbol{b}} = \boldsymbol{b} - \boldsymbol{A}\boldsymbol{x}^0$$
$$\bar{\boldsymbol{c}} = \boldsymbol{c} - \boldsymbol{A}'\boldsymbol{p}^0 - \boldsymbol{s}^0$$
$$\bar{z} = \boldsymbol{c}'\boldsymbol{x}^0 + 1 - \boldsymbol{b}'\boldsymbol{p}^0$$

易见该问题是自对偶问题，即原问题与对偶问题等价，且有一组初始解是

$$(\boldsymbol{x}, \boldsymbol{p}, \boldsymbol{s}, \tau, \theta, \kappa) = (x^0, \boldsymbol{p}^0, \boldsymbol{s}^0, 1, 1, 1)$$

又由互补松弛性，其最优解对应的目标函数值为0。

可以证明其最优解满足

$$\theta^* = 0$$
$$\boldsymbol{x}^* + \boldsymbol{s}^* > 0$$
$$\tau^* + \kappa^* > 0$$
$$(\boldsymbol{s}^*)'\boldsymbol{x}^* = 0$$
$$\tau^* \kappa^* = 0$$

且有以下结论成立。

(1) 原问题有最优解当且仅当$\tau^* > 0$，此时$\frac{x^*}{\tau^*}$是原问题的最优解，$\left(\frac{\boldsymbol{p}^*}{\tau^*}, \frac{\boldsymbol{s}^*}{\tau^*}\right)$是原问题对偶问题的最优解。

(2) 原问题无最优解当且仅当$\kappa^* > 0$，此时若$\boldsymbol{c}'\boldsymbol{x}^* < 0$且$-\boldsymbol{b}'\boldsymbol{p}^* \geqslant 0$，则原问题有无界解，对偶问题无可行解；若$-\boldsymbol{b}'\boldsymbol{p}^* < 0$且$\boldsymbol{c}'\boldsymbol{x}^* \geqslant 0$，对偶问题有无界解而原问题无可行解；

若 $\boldsymbol{c}'\boldsymbol{x}^*<0$ 且 $-\boldsymbol{b}'\boldsymbol{p}^*<0$，则原问题和其对偶问题均无可行解。

这个做法的优势在于不需要寻找原问题的一组初始解$(\boldsymbol{x}^0,\boldsymbol{p}^0,\boldsymbol{s}^0)$，使得 $\boldsymbol{x}^0>0$ 且 $\boldsymbol{s}^0>0$，甚至不需要其存在，就可以求解线性规划问题的最优解或判定无界解、无解。同时这个算法的复杂度保持在多项式级别。

4.6.6 原始-对偶路径跟踪算法计算复杂度

原始-对偶路径跟踪算法在最坏的情况下，迭代次数的计算数量级为 $O\left(\sqrt{n}\ln\left(\frac{\varepsilon_0}{\varepsilon}\right)\right)$。但实践上其"平均"计算数量级为 $O\left(\ln n\ln\left(\frac{\varepsilon_0}{\varepsilon}\right)\right)$。这个数目是有优势的，因此原始-对偶算法在实际大规模优化算法中应用十分广泛。

第5章 整数规划

整数规划解决决策变量是整数值的线性规划和非线性规划问题，是在有限个可供选择的方案中寻找满足一定标准的最好方案。整数规划自1958年由R.E.戈莫里提出割平面法之后形成独立分支，60多年来发展出很多方法。目前比较成功又流行的方法是分枝定界法和割平面法。0-1规划在整数规划中有重要的地位，有界变量的整数规划与0-1规划等价，同时许多实际问题（如背包问题、送货问题、指派问题等）都可以归为这类问题。整数规划的应用范围也极其广泛。它不仅在工业和工程设计、科学研究方面有许多应用，在计算机设计、系统可靠性、编码和经济分析等方面也有新的应用。

5.1 本章内容

本章主要介绍以下内容。

(1) 整数规划的基本概念。

(2) 实际例子的建模方法。

(3) 割平面法及其MATLAB实现。

(4) 分支定界法及其MATLAB实现。

(5) 0-1整数规划及其MATLAB实现。

解整数规划最典型的做法是逐步生成一个相关的问题，称为原问题的衍生问题。对每个衍生问题又伴随一个更易求解的松弛问题（衍生问题称为松弛问题的源问题）。通过松弛问题的解来确定其源问题的归宿，即确定源问题应被舍弃还是再生成一个或多个它本身的衍生问题来替代它。随后再选择一个尚未被舍弃或替代的原问题的衍生问题。重复以上步骤，至不再有未解决的衍生问题为止。

整数线性规划问题与线性规划问题相类似，只是一些变量要求为整数。要求部分或全部决策变量必须取整数值的规划问题称为整数规划。不考虑整数条件，由余下的目标函数和约束条件构成的规划问题称为该整数规划问题的松弛问题。若松弛问题是一个线性规划，则称该整数规划为整数线性规划。如果没有连续的变量，则是整数规划问题。

例如，给定矩阵 $\boldsymbol{A}$、$\boldsymbol{B}$ 和向量 $\boldsymbol{b}$、$\boldsymbol{c}$、$\boldsymbol{d}$，则有

$$\min \boldsymbol{c}'\boldsymbol{x} + \boldsymbol{d}'\boldsymbol{y}$$

使得

$$\begin{cases} \boldsymbol{Ax} + \boldsymbol{By} = \boldsymbol{b} \\ \boldsymbol{x}, \boldsymbol{y} \geqslant 0 \\ \boldsymbol{x} \text{ 是整数} \end{cases}$$

这是一个混合整数线性规划问题，即不是其中所有变量均需要取整数值。

给定如上整数线性规划问题，对应的松弛问题即为

$$\min \boldsymbol{c}'\boldsymbol{x} + \boldsymbol{d}'\boldsymbol{y}$$

使得

$$\begin{cases} \boldsymbol{Ax} + \boldsymbol{By} = \boldsymbol{b} \\ \boldsymbol{x}, \boldsymbol{y} \geqslant 0 \end{cases}$$

整数线性规划数学模型的一般形式为

$$\max(\text{或 } \min) z = \sum_{j=1}^{n} c_j x_j$$

使得

$$\begin{cases} \sum_{j=1}^{n} a_{ij} x_j \leqslant (\text{或} =, \text{或} \geqslant) b_i, & i = 1, 2, \cdots, m \\ x_j \geqslant 0, & j = 1, 2, \cdots, n \\ x_1, x_2, \cdots, x_n \text{ 是整数} \end{cases}$$

整数线性规划问题可以分为下列几种类型。

(1) 纯整数线性规划(pure integer linear programming)。指全部决策变量都必须取整数值的整数线性规划，有时也称为全整数规划。

(2) 混合整数线性规划(mixed integer linear programming)。指决策变量中有一部分必须取整数值，另一部分可以不取整数值的整数线性规划。

(3) 0-1 型整数线性规划(zero-one integer linear programming)。指决策变量只能取值 0 或 1 的整数线性规划。

5.2 建模方法

本节将介绍用于解决线性规划问题的一些建模方法。因为没有一个系统的方法来公式化地离散最优化问题，所以设计一个好的模型显得尤为重要。

5.2.1 二元选择

可以运用一个二进制变量 x,根据两个选项的选择将 x 置为 0 或 1。

若变量只能取值 0 或 1,称其为 0-1 变量。0-1 变量作为逻辑变量(logical variable),常被用于表示系统是否处于某个特定状态,或者决策时是否取某个特定方案。例如

$$x=\begin{cases}1, & \text{当决策取方案 } P \text{ 时}\\ 0, & \text{当决策不取方案 } P \text{ 时(即取 } \bar{P} \text{ 时)}\end{cases}$$

当问题含有多项要素,且每项要素均有两种选择时,可用一组 0-1 变量来描述。一般地,设问题有有限项要素 $E_1,E_2,\cdots,E_n$,其中每项 E_j 有两种选择 A_j 和 $\bar{A}_j\,(j=1,2,\cdots,n)$,则可令

$$x_j=\begin{cases}1, & \text{若 } E_j \text{ 选择 } A_j\\ 0, & \text{若 } E_j \text{ 选择 } \bar{A}_j\end{cases} \quad j=1,2,\cdots,n$$

在应用中,有时会遇到变量可以取多个整数值的问题。这时,利用 0-1 变量是二进制变量(binary variable)的性质,可以用一组 0-1 变量来取代该变量。例如,变量 x 可取 0 与 9 之间的任意整数时,可令

$$x=2^0x_0+2^1x_1+2^2x_2+2^3x_3\leqslant 9$$

其中,x_0,x_1,x_2,x_3 皆为 0-1 变量。

0-1 变量不仅广泛应用于科学技术问题,在经济管理问题中也有十分重要的应用。

例 5-1 0-1 背包问题。

有 n 个物品,第 j 个物品的重量为 w_j,价值为 c_j。一个背包所能承受重量的上限为 K。如何选择物品使得总价值最大?这里假定不能选取部分物品,这种情况称为 0-1 背包问题(示意图如图 5-1 所示)。

图 5-1 0-1 背包问题示意图

解：为了给这个问题建模，可以引入二进制变量 x_j。如果物品 j 被选择，那么 $x_j=1$，否则 $x_j=0$。这个问题可以公式化为

$$\max \sum_{j=1}^{n} c_j x_j$$

使得

$$\begin{cases} \sum_{j=1}^{n} w_j x_j \leqslant K \\ x_j \in \{0,1\}, \quad j=1,2,\cdots,n \end{cases}$$

例 5-2 固定费用问题。

有 3 种资源(A,B,C)被用于生产 3 种产品，资源量、产品单件可变费用及售价、资源单耗量及组织 3 种产品生产的固定费用见表 5-1。要求制订一个生产计划，使总收益最大。

表 5-1 资源及产品的相关数据

项目	单耗量			
	产品Ⅰ	产品Ⅱ	产品Ⅲ	资源量
资源 A	2	4	8	500
资源 B	2	3	4	300
资源 C	1	2	3	100
单件可变费用	4	5	6	
固定费用	100	150	200	
单件售价	8	10	12	

解：总收益等于销售收入减去生产上述产品固定费用和可变费用之和。建模的困难主要在于事先不能确切知道某种产品是否生产，进而不能确定相应的固定费用是否发生。下面借助 0-1 变量解决这个困难。

设 x_j 是第 j 种产品的产量，$j=1,2,3$；再设

$$y_i = \begin{cases} 1, & \text{若生产第 } j \text{ 种产品(即 } x_j > 0) \\ 0, & \text{若不生产第 } j \text{ 种产品(即 } x_j = 0) \end{cases} \quad j=1,2,3$$

则问题的整数规划模型是

$$\max z = (8-4)x_1 + (10-5)x_2 + (12-6)x_3 - 100y_1 - 150y_2 - 200y_3$$

使得

$$\begin{cases} 2x_1 + 4x_2 + 8x_3 \leqslant 500 \\ 2x_1 + 3x_2 + 4x_3 \leqslant 300 \\ x_1 + 2x_2 + 3x_3 \leqslant 100 \\ x_1 \leqslant M_1 y_1 \\ x_2 \leqslant M_2 y_2 \\ x_3 \leqslant M_3 y_3 \\ x_j \geqslant 0 \text{ 且为整数}, \quad j=1,2,3 \\ y_j = 0 \text{ 或 } 1, \quad j=1,2,3 \end{cases}$$

其中，M_j 为 x_j 的某个上界。例如，根据第 3 个约束条件，可取 $M_1=100,M_2=50,M_3=34$。

如果生产第 j 种产品，则其产量 $x_j>0$。此时，由约束条件 $x_j \leqslant M_j y_j$，知 $y_j=1$，相应的固定费用在目标函数中将被考虑。如果不生产第 j 种产品，则其产量 $x_j=0$。此时，由约束条件 $x_j \leqslant M_j y_j$ 可知，y_j 可以是 0，也可以是 1。但 $y_j=1$ 不利于目标函数 z 的最大化，因而在问题的最优解中必然是 $y_j=0$，从而相应的固定费用在目标函数中将不被考虑。

5.2.2 强制约束

离散最优化问题的一个共同特点是一些变量之间相互不独立。特别地，假设只能在选择了 B 的情况下才能选择 A，可以引入二进制变量 $x(y)$，如果选择 $A(B)$，则 $x=0(y=0)$。那么 A 与 B 之间的关联就可以表示为

$$x \leqslant y$$

例 5-3 设施选址问题。

如图 5-2 所示，设有 n 个可能建设设施的地点，m 个需要的用户。在 j 地建设设施需要花费 c_j，为用户 i 提供设施 j 需要花费 d_{ij}。如何建设设施使得总花费最少？

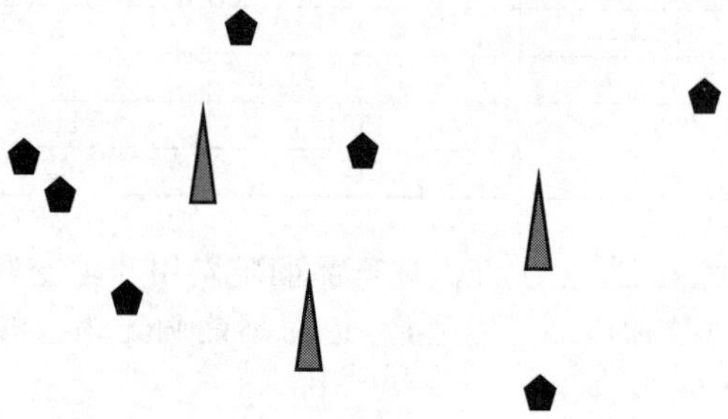

图 5-2 设施选址问题示意图

解：对每个地点 j，设二进制变量 y_j，如果 j 处建设了设备，那么 $y_j=1$，否则 $y_j=0$。设二进制变量 x_{ij}，如果给用户 i 配备设备 j，那么 $x_{ij}=1$，否则 $x_{ij}=0$。设施选址问题公式化为(FL)

$$\min \sum_{j=1}^{n} c_j y_j + \sum_{i=1}^{m} \sum_{j=1}^{n} d_{ij} x_{ij}$$

使得

$$\begin{cases} \sum_{j=1}^{n} x_{ij} = 1, & \forall i \\ x_{ij} \leqslant y_j, & \forall i,j \\ x_{ij}, y_j \in \{0,1\}, & \forall i,j \end{cases}$$

如果地点 j 处没有设备，即 $y_j=0$，那么用户不可能配备 j 处的设备，则 $x_{ij}=0$。

5.2.3 变量之间的关系

约束条件

$$\sum_{j=1}^{n} x_j \leqslant 1$$

其中所有的变量都是二元的。意味着最多只有一个 x_j 能为 1。类似地,约束条件

$$\sum_{j=1}^{n} x_j = 1$$

那么有且只有一个变量为 1。

5.2.4 析取约束

设 $\boldsymbol{x}$ 为一个非负的决策变量。假设有两个约束条件 $\boldsymbol{a}'\boldsymbol{x} \geqslant \boldsymbol{b}$,$\boldsymbol{c}'\boldsymbol{x} \geqslant \boldsymbol{d}$,其中 $\boldsymbol{a}'$ 和 $\boldsymbol{c}'$ 均为非负。

设二进制变量 y,有以下约束条件

$$\begin{aligned} &\boldsymbol{a}'\boldsymbol{x} \geqslant y\boldsymbol{b} \\ &\boldsymbol{c}'\boldsymbol{x} \geqslant (1-y)\boldsymbol{d} \\ &y \in \{0,1\} \end{aligned}$$

更一般地,假设有 m 个约束条件 $\boldsymbol{a}_i'\boldsymbol{x} \geqslant b_i$,$i=1,2,\cdots,m$,对任意的 i,有 $a_i \geqslant 0$,并且至少其中 k 个满足。引入 m 个二进制变量 y_i,$i=1,2,\cdots,m$,有以下约束条件

$$\begin{aligned} &\boldsymbol{a}'\boldsymbol{x} \geqslant b_i y_i, \quad i=1,2,\cdots,m \\ &\sum_{i=1}^{m} y_i \geqslant k \\ &y_i \in \{0,1\}, \quad i=1,2,\cdots,m \end{aligned}$$

5.2.5 值的约束范围

假设变量 x 的值在集合$\{a_1,a_2,\cdots,a_m\}$中取得。可以引入 m 个二进制变量 y_j,$j=1$,$2,\cdots,m$,有约束条件

$$\begin{aligned} &x = \sum_{j=1}^{m} a_j y_j \\ &\sum_{j=1}^{m} y_j = 1 \\ &y_j \in \{0,1\} \end{aligned}$$

5.2.6 分段线性成本函数

成本函数为定义在$[a_1,a_k]$上的分段线性函数$f(x)$。区间$[a_1,a_k]$上的x可以表示为

$$x=\sum_{i=1}^{k}\lambda_i a_i$$

其中,$\lambda_1,\lambda_2,\cdots,\lambda_k$非负且和为1。

但这样x的表示不是唯一的,假定至多两个相邻的λ_i是非零的,这样任何的$x\in[a_i,a_{i+1}]$可以表示为$x=\lambda_i a_i+\lambda_{i+1}a_{i+1}$且

$$f(x)=\sum_{i=1}^{k}\lambda_i f(a_i)$$

引入二进制变量$b_i,i=1,2,\cdots,k$,公式化至多两个相邻的λ_i非零的条件,得到这个问题的公式化形式为

$$\min\sum_{i=1}^{k}\lambda_i f(a_i)$$

使得

$$\begin{cases}\sum_{i=1}^{k}\lambda_i=1\\ \lambda_1\leqslant y_1\\ \lambda_i\leqslant y_{i-1}+y_i,\quad i=2,3,\cdots,k-1\\ \lambda_k\leqslant y_{k-1}\\ \sum_{i=1}^{k-1}y_i=1\\ \lambda_i\geqslant 0\\ y_i\in\{0,1\}\end{cases}$$

5.3 整数规划的例子

例 5-4 某服务部门各时段(每2h为一时段)需要的最少服务员人数见表5-2。按规定,服务员连续工作8h(即4个时段)为一班。现要求安排服务员的工作时间,使服务部门服务员总数最少。

表 5-2 各时段需要的最少服务员人数

时段	1	2	3	4	5	6	7	8
最少服务员人数	10	8	9	11	13	8	5	3

解：设在第 j 时段开始时上班的服务员人数为 x_j。由于第 j 时段开始时上班的服务员将在第 $(j+3)$ 时段结束时下班，故决策变量只需要考虑 x_1、x_2、x_3、x_4、x_5。

问题的数学模型为

$$\min z = x_1 + x_2 + x_3 + x_4 + x_5$$

使得

$$\begin{cases} x_1 \geqslant 10 \\ x_1 + x_2 \geqslant 8 \\ x_1 + x_2 + x_3 \geqslant 9 \\ x_1 + x_2 + x_3 + x_4 \geqslant 11 \\ x_2 + x_3 + x_4 + x_5 \geqslant 13 \\ x_3 + x_4 + x_5 \geqslant 8 \\ x_4 + x_5 \geqslant 5 \\ x_5 \geqslant 3 \\ x_1, x_2, x_3, x_4, x_5 \geqslant 0\text{，且均取整数值} \end{cases}$$

这是一个纯整数规划问题。

例 5-5 现有资金总额为 B。可供选择的投资项目有 n 个，项目 j 所需投资额和预期收益分别为 a_j 和 $c_j(j=1,2,\cdots,n)$。此外，由于种种原因，有 3 个附加条件：第一，若选择项目 1，则必须同时选择项目 2，反之则不一定；第二，项目 3 和项目 4 中至少选择一个；第三，项目 5、项目 6 和项目 7 中恰好选择两个。应当怎样选择投资项目，才能使总预期收益最大？

解：每个投资项目都有被选择和不被选择两种可能，为此令

$$x_j = \begin{cases} 1, & \text{对项目 } j \text{ 投资} \\ 0, & \text{对项目 } j \text{ 不投资} \end{cases} \quad j = 1, 2, \cdots, n$$

这样，问题可表示为

$$\max z = \sum_{j=1}^{n} c_j x_j$$

使得

$$\begin{cases} \sum_{j=1}^{n} a_j x_j \leqslant B \\ x_2 \geqslant x_1 \\ x_3 + x_4 \geqslant 1 \\ x_5 + x_6 + x_7 = 2 \\ x_j = 0 \text{ 或 } 1, \quad j = 1, 2, \cdots, n \end{cases}$$

这是一个 0-1 规划问题。其中，中间 3 个约束条件分别对应 3 个附加条件。

例 5-6 工厂 A_1 和 A_2 生产某种物资。由于该种物资供不应求，故需要再建一家工厂。

相应的建厂方案有 A_3 和 A_4 两个。这种物资的需求地有 B_1、B_2、B_3、B_4 4 个。各工厂年生产能力、各地年需求量、各工厂至各需求地的单位物资运费 c_{ij} 见表 5-3。

表 5-3 各工厂及各需求地的相关数据

A_i	单位物资运费 c_{ij}/(万元/千吨)				生产能力/(千吨/年)
	B_j				
	B_1	B_2	B_3	B_4	
A_1	2	9	3	4	400
A_2	8	3	5	7	600
A_3	7	6	1	2	200
A_4	4	5	2	5	200
需求量/(千吨/年)	350	400	300	150	

工厂 A_3 和 A_4 开工后,每年的生产费用估计分别为 1200 万元和 1500 万元。现要决定应该建设工厂 A_3 还是 A_4,才能使今后每年的总费用(即全部物资运费和新工厂生产费用之和)最少。

解:这是一个物资运输问题,其特点是事先不能确定应该建 A_3 和 A_4 中的哪一个,因而不知道新厂投产后的实际生产费用。为此,引入 0-1 变量

$$y=\begin{cases}1, & \text{若建工厂 } A_3\\ 0, & \text{若建工厂 } A_4\end{cases}$$

再设 x_{ij} 为由 A_i 运往 B_j 的物资数量($i,j=1,2,3,4$),单位是千吨;z 表示总费用,单位是万元。

问题的数学模型为

$$\min z=\sum_{i=1}^{4}\sum_{j=1}^{4}c_{ij}x_{ij}+[1200y+1500(1-y)]$$

使得

$$\begin{cases}x_{11}+x_{21}+x_{31}+x_{41}=350\\ x_{12}+x_{22}+x_{32}+x_{42}=400\\ x_{13}+x_{23}+x_{33}+x_{43}=300\\ x_{14}+x_{24}+x_{34}+x_{44}=150\\ x_{11}+x_{12}+x_{13}+x_{14}=400\\ x_{21}+x_{22}+x_{23}+x_{24}=600\\ x_{31}+x_{32}+x_{33}+x_{34}=200y\\ x_{41}+x_{42}+x_{43}+x_{44}=200(1-y)\\ x_{ij}\geqslant 0, \quad i,j=1,2,3,4\\ y=0 \text{ 或 } 1\end{cases} \tag{5-1}$$

上述数学模型中，目标函数由两部分组成，和式部分为由各工厂运往各需求地的物资总运费，加号后的中括号部分为建工厂 A_3 或 A_4 后相应的生产费用。约束条件式(5-1)中的前 8 个约束条件为供需平衡条件。第 7 个和第 8 个约束条件中含 0-1 变量 y。若 $y=1$，则表示建工厂 A_3。此时，第 7 个约束条件就是对工厂 A_3 的运出量约束。再由第 8 个约束条件，必有 $x_{41}=x_{42}=x_{43}=x_{44}=0$；反之，若 $y=0$，则表示建工厂 A_4。

显然，这是一个混合整数规划问题。

5.4 问题的公式化

因为计算的复杂度是根据变量数 n，限制条件数 m 呈指数增长的，要更好地公式化一个问题，就要尽可能减少使用的变量数和限制条件数。

这个问题就从研究整数线性规划问题的松弛问题入手。松弛问题的解也是整数线性规划问题的解。

在例 5-3 提到的设施选址问题中，可以考虑以下的等价的公式化：

$$\min\sum_{j=1}^{n}c_j y_j+\sum_{i=1}^{m}\sum_{j=1}^{n}d_{ij}x_{ij}$$

使得

$$\begin{cases}\sum_{j=1}^{n}x_{ij}=1, & \forall i\\ \sum_{j=1}^{n}x_{ij}\leqslant my_j, & \forall j\\ x_{ij},y_j\in\{0,1\}, & \forall i,j\end{cases}$$

这种公式化叫作 aggregate facility location formulation(AFL)。

可以看到限制条件 $\sum_{j=1}^{n}x_{ij}\leqslant my_j$ 使得当 $y_j=0$ 时，$x_{ij}=0$，如果 $y_j=1$，那么 x_{ij} 可以等于 1。也就是说这个限制条件与之前得出的 $x_{ij}\leqslant y_j,\forall i,j$ 是等价的。所以两组公式化均可解决设施选址问题。原来的公式化得到的结果有 $m+mn$ 个限制条件，而新得到的公式只有 $m+n$ 个限制条件。

为了比较两种公式化，考虑与它相对应的线性规划松弛问题。对于松弛问题，整数的限制条件 $x_{ij},y_i\in\{0,1\}$ 改为 $0\leqslant x_{ij}\leqslant 1,0\leqslant y_j\leqslant 1$。

两个松弛问题的可行解分别为

$$P_{FL}=\left\{(x,y)\middle|\sum_{j=1}^{n}x_{ij}=1,\quad\forall i\right.$$
$$x_{ij}\leqslant y_j,\quad\forall i,j$$
$$\left.0\leqslant x_{ij}\leqslant 1,0\leqslant y_j\leqslant 1\right\}$$

$$P_{AFL}=\left\{(x,y)\,\middle|\,\sum_{j=1}^{n}x_{ij}=1,\forall i\right.$$

$$\sum_{j=1}^{n}x_{ij}\leqslant my_j,\forall j$$

$$\left.0\leqslant x_{ij}\leqslant 1,0\leqslant y_j\leqslant 1\right\}$$

显然,$P_{FL}\subset P_{AFL}$。也就是说,FL 公式化方法对应的松弛问题的可行解比 AFL 方法的更加接近整数线性规划问题的解,但是 AFL 公式化方法限制条件的数量有非常明显的减少。

那么什么是整数线性规划问题理想的公式化呢？设 $T=\{x^1,x^2,\cdots,x^k\}$是某个整数规划问题的可行整数解的集合。假设 T 是有限的,考虑 T 的凸包

$$\mathrm{CH}(T)=\left\{\sum_{i=1}^{k}\lambda_i x^i\,\middle|\,\sum_{i=1}^{k}\lambda_i=1,\lambda_i\geqslant 0,x^i\in T\right\}$$

集合 CH(T)是一个极值点为整数的多边形,且任何线性规划松弛问题的可行解集合 P 满足 CH(T)$\subset P$。如果我们准确地知道 CH(T),即可以将 CH(T)表示为 CH(T)$=\{x\mid Dx\leqslant d\}$,就可以通过寻找线性规划问题

$$\min\ \boldsymbol{c}'\boldsymbol{x}$$

使得

$$x\in\mathrm{CH}(T)$$

的极值解来解决线性整数线性规划问题

$$\min\ \boldsymbol{c}'\boldsymbol{x}$$

使得

$$x\in T$$

理想的公式化得到的线性规划松弛问题的解就是整数线性规划整数可行解的凸包,但这是很难做到的。为得到较好的公式化,希望能够得到尽量接近 CH(T)的多边形。

整数规划问题公式化的质量可以由松弛问题解与整数可行解的凸包 CH(T)来决定。

一般情况下,松弛问题的最优解不会刚好满足变量的整数约束条件,因而不是整数规划的可行解,自然也不是整数规划的最优解。此时,若对松弛问题的这个最优解中不符合整数要求的分量简单取整,则所得到的解不一定是整数规划问题的最优解,甚至也不一定是整数规划问题的可行解。

例 5-7 考虑下面的整数规划问题

$$\max\ z=x_1+4x_2$$

使得

$$\begin{cases}-2x_1+3x_2\leqslant 3\\ x_1+2x_2\leqslant 8\\ x_1,x_2\geqslant 0\end{cases}$$

解：图 5-3 中四边形 OBPC 及其内部为松弛问题的可行域,其中整数格点为整数规划

问题的可行解。根据目标函数等值线的优化方向，从直观可知，**P** 点（$x_1=18/7,x_2=19/7$）是其松弛问题的最优解，其目标函数值 $z=94/7$。在 **P** 点附近对 x_1 和 x_2 简单取整，可得四点：A_1、A_2、A_3 和 A_4。其中，A_1 和 A_2 为非可行解；A_3 和 A_4 虽为整数可行解，但不是最优解。本例整数规划的最优解为 A^* 点（$x_1=4,x_2=2$），其目标函数值 $z=12$。

由于整数规划及其松弛问题之间的上述特殊关系，像例 5-7 中先求松弛问题最优解，再用简单取整的方法虽然直观简单，却并不是求解整数规划的有效方法。

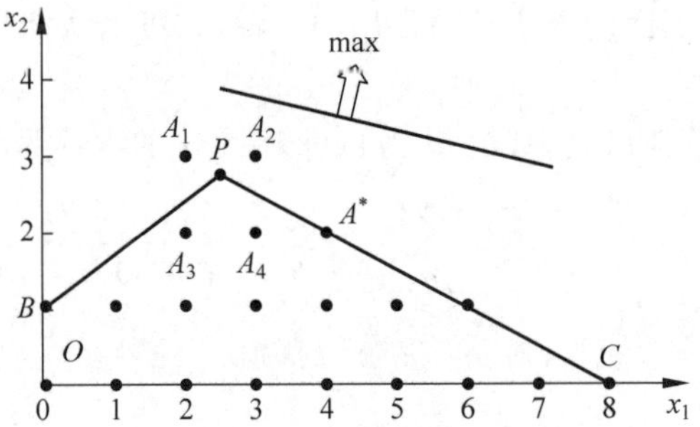

图 5-3　四边形可行域示意图

5.5　割平面法

考虑整数规划问题

$$\max z=\sum_{j=1}^{n}c_j x_j$$

使得

$$\begin{cases}\sum_{j=1}^{n}a_{ij}x_j=b_i, & i=1,2,\cdots,m\\ x_j\geqslant 0, & j=1,2,\cdots,n\\ x_j\ \text{取整数}, & j=1,2,\cdots,n\end{cases}\tag{5-2}$$

设其中 $a_{ij}(i=1,2,\cdots,m;j=1,2,\cdots,n)$ 和 $b_i(i=1,2,\cdots,m)$ 皆为整数（若不为整数时，可乘上一个倍数化为整数）。

割平面法的基本思路如下。

(1) 解对应的松弛问题，设 $\boldsymbol{x}^*$ 为可行解。

(2) 若 $\boldsymbol{x}^*$ 是整数解，则算法停止。

(3) 若不是，增加一个线性不等式的限制条件使得所有的整数解满足，而 $\boldsymbol{x}^*$ 不满足，返回第一步，重复直至停止。

设 $\boldsymbol{x}^*$ 是松弛问题可行的基本解，且至少有一个基本变量。设 N 为非基本变量的集合。任意整数线性规划的解满足对任意 $x\in N,x_i=0$。这也是线性规划问题的解，一定与可行

基本解 $\boldsymbol{x}^*$ 相同。所以可行的整数解应该满足

$$\sum_{j\in N} x_j \geqslant 1$$

这是我们加入松弛问题的不等式。任何整数解都满足它，而 $\boldsymbol{x}^*$ 不满足。

下面介绍具体的 Gomory 割平面法。

割平面法于 1958 年由高莫瑞(R. E. Gomory)首先提出，故又称 Gomory 割平面法。在割平面法中，每次增加的用于"切割"的线性约束称为割平面约束或 Gomory 约束。构造割平面约束的方法很多，但下面的方法是最常用的一种，它可以从相应线性规划的最终单纯形表中直接产生。

在松弛问题的最优单纯形表中，记 Q 为 m 个基变量的下标集合，K 为 $n-m$ 个非基变量的下标集合，则 m 个约束方程可表示为

$$x_i + \sum_{j\in K} \bar{a}_{ij} x_j = \bar{b}_i,\quad i \in Q \tag{5-3}$$

而对应的最优解 $\boldsymbol{X}^* = (x_1^*, x_2^*, \cdots, x_n^*)^{\mathrm{T}}$，其中

$$x_j^* = \begin{cases} \bar{b}_j, & j \in Q \\ 0, & j \in K \end{cases} \tag{5-4}$$

若各 $\bar{b}_j (j\in Q)$ 皆为整数，则 $\boldsymbol{X}^*$ 满足 x_j 取整数$(j=1,2,\cdots,n)$，因而就是纯整数规划的最优解；若各 $\bar{b}_j (j\in Q)$ 不全为整数，则 $\boldsymbol{X}^*$ 不满足 x_j 取整数$(j=1,2,\cdots,n)$，因而就不是纯整数规划的可行解，自然也不是原整数规划的最优解。

用割平面法(cutting plane approach)解整数规划时，若其松弛问题的最优解 $\boldsymbol{X}^*$ 不满足 x_j 取整数$(j=1,2,\cdots,n)$，则从 $\boldsymbol{X}^*$ 的非整分量中选取一个，用以构造一个线性约束条件，将其加入原松弛问题中，形成一个新的线性规划，然后求解。若新的最优解满足整数要求，则它就是整数规划的最优解；否则，重复上述步骤，直到获得整数最优解为止。

为最终获得整数最优解，每次增加的线性约束条件应具备两个基本性质：①已获得的不符合整数要求的线性规划最优解不满足该线性约束条件，从而不可能在以后的解中再出现；②凡整数可行解均满足该线性约束条件，因而整数最优解始终被保留在每次形成的线性规划可行域中。

为此，若 $\bar{b}_{i_0} (i_0\in Q)$ 不是整数，在式(5-3)中对应的约束方程为

$$x_{i_0} + \sum_{j\in K} \bar{a}_{i_0,j} x_j = \bar{b}_{i_0} \tag{5-5}$$

其中，x_{i_0} 和 $x_j (j\in K)$ 按 x_j 取整数$(j=1,2,\cdots,n)$应为整数；$\bar{b}_{i_0}$ 按假设不是整数；$\bar{a}_{i_0,j} (j\in K)$ 可能是整数，也可能不是整数。

分解 $\bar{a}_{i_0,j}$ 和 $\bar{b}_{i_0}$ 成两部分：一部分是不超过该数的最大整数，另一部分是余下的小数。即

$$\bar{a}_{i_0,j} = N_{i_0,j} + f_{i_0,j},\ N_{i_0,j} \leqslant \bar{a}_{i_0,j}\ \text{且为整数},\ 0 \leqslant f_{i_0,j} < 1 (j \in K) \tag{5-6}$$

$$\bar{b}_{i_0}=N_{i_0}+f_{i_0}, N_{i_0}<\bar{b}_{i_0} \text{ 且为整数}, 0<f_{i_0}<1 \tag{5-7}$$

把式(5-6)和式(5-7)代入式(5-5),移项得

$$x_{i_0}+\sum_{j\in K}N_{i_0,j}x_j-N_{i_0}=f_{i_0}-\sum_{j\in K}f_{i_0,j}x_j \tag{5-8}$$

式(5-8)中,左边是一个整数,右边是一个小于1的数,因此有

$$f_{i_0}-\sum_{j\in K}f_{i_0,j}x_j\leqslant 0$$

即

$$\sum_{j\in K}(-f_{i_0,j})x_j\leqslant -f_{i_0} \tag{5-9}$$

现在考查线性约束条件(5-9)的性质。

一方面,由于式(5-9)中 $j\in K$,所以,如将 $\boldsymbol{X}^*$ 代入,各 x_j 作为非基变量皆为0,将有

$$0\leqslant -f_{i_0}$$

这和式(5-7)矛盾。由此可见,$\boldsymbol{X}^*$ 不满足式(5-9)。

另一方面,满足 $\sum_{j=1}^{n}a_{ij}x_j=b_i(i=1,2,\cdots,m)$、$x_j\geqslant 0(j=1,2,\cdots,n)$ 和 x_j 取整数 $(j=1,2,\cdots,n)$ 的任何一个整数可行解 $\boldsymbol{X}$ 一定也满足式(5-3)。式(5-5)是式(5-3)中的一个表达式,当然也满足。因而 $\boldsymbol{X}$ 必定满足式(5-8)和式(5-9)。由此可知,任何整数可行解一定能满足式(5-9)。

综上所述,线性约束条件(5-9)具备上述两个基本性质。将式(5-9)和 $\max z=\sum_{j=1}^{n}c_jx_j$、$\sum_{j=1}^{n}a_{ij}x_j=b_i(i=1,2,\cdots,m)$、$x_j\geqslant 0(j=1,2,\cdots,n)$ 合并,构成一个新的线性规划。记 R 为原松弛问题可行域,R' 为新的线性规划可行域。从几何意义上看,式(5-9)实际上对 R 做了一次"切割",在留下的 R' 中,保留了整数规划的所有整数可行解,但不符合整数要求的 $\boldsymbol{X}^*$ 被"切割"掉了。随着"切割"过程不断继续,整数规划最优解最终有机会成为某个线性规划可行域的顶点,作为该线性规划的最优解而被解得。

经验表明,实际解题时若从最优单纯形表中选择具有最小(分)数部分的非整分量所在行构造割平面约束,往往可以提高"切割"效果,减少"切割"次数。

5.6 Gomory 割平面法的 MATLAB 实现

Gomory 割平面法的代码如下:

```
%Gomory 割平面法
function [intx,intf] = Gomory(A,c,b,base)

%约束矩阵:A
```

```
%目标函数系数向量:c
%约束右端向量:b
%初始基向量:base
%目标函数取最小化时的自变量值:x
%目标函数的最小值:minf

sz = size(A);
nVia = sz(2);
n = sz(1);
xx = 1:nVia;

if length(base)~ = n
   disp('基变量的个数要与约束矩阵的行数相等!');
   mx = NaN;
   mf = NaN;
   return;
end

M = 0;
sigma = -[transpose(c) zeros(1,(nVia - length(c)))];
xb = b;
while 1
   [maxs,ind] = max(sigma);
   if maxs <= 0
      vr = find(c~ = 0,1,'last');
      for l = 1:vr
         ele = find(base == l,1);
         if(isempty(ele))
            mx(l) = 0;
         else
            mx(l) = xb(ele);
         end
      end
      if max(abs(round(mx) - mx))< 1.0e - 7
         intx = mx;
         intf = mx * c;
         return;
      else
         sz = size(A);
         sr = sz(1);
         sc = sz(2);
         [max_x,index_x] = max(abs(round(mx) - mx));
         [isB,num] = find(index_x == base);
         fi = xb(num) - floor(xb(num));
         for i = 1:(index_x - 1)
```

```
    Atmp(1,i) = A(num,i) - floor(A(num,i));
end
for i = (index_x + 1):sc
    Atmp(1,i) = A(num,i) - floor(A(num,i));
end

% 构建对单纯形法的初始表格
Atmp(1,index_x) = 0;
A = [A zeros(sr,1); - Atmp(1,:) 1];
xb = [xb; - fi];
base = [base sc + 1];
sigma = [sigma 0];

% 对偶单纯形法迭代过程
while 1
    if(xb)> = 0
        if max(abs(round(xb) - xb))< 1.0e - 7
          % 用对偶单纯形法求得了整数解
          vr = find(c~ = 0 ,1,'last');
          for l = 1:vr
              ele  = find (base == l,1);
              if(isempty(ele))
                 mx_1(l) = 0;
              else
                 mx_1(l) = xb(ele);
              end
          end
          intx = mx_1;
          intf = mx_1 * c;
          return;
        else
          sz = size(A);
          sr = sz(1);
          sc = sz(2);
          [max_x,index_x] = max(abs(round(mx_1) - mx_1));
          [isB,num] = find(index_x == base);
          fi = xb(num) - floor(xb (num));
          for i = 1:(index_x - 1)
              Atmp(1,i) = a(num,i) - floor(A(num,i));

          end
          for i = (index_x + 1):sc
              Atmp(1,i) = a(num,i) - floor(a(num,i));
          end

          % 下一次对偶单纯形法迭代的初始表格
```

```
                Atmp(1,index_x) = 0;
            A = [A zeros(sr,1); - Atmp(1,:) 1];
            xb = [xb; - fi];
            base = [base sc + 1];
            sigma = [sigma 0];
            continue;
                end

              % 对偶单纯形法的换基变量过程
              else
                minb_1 = inf;
                chagB_1 = inf;
                sA = size(A);
                [br,idb] = min(xb);
                for j = 1:sA(2)
                  if A(idb,j)< 0
                     bm = sigma(j)/A(idb,j);
                     if bm < minb_1
                        minb_1 = bm;
                        chagB_1 = j;
                     end
                  end
                end
                sigma = sigma - A(idb,:) * minb_1;
                xb(idb) = xb(idb)/A(idb,chagB_1);
                A(idb,:) = A(idb,:)/A(idb,chagB_1);
                for i = 1:sA(1)
                  if i ~ = idb
                     xb(i) = xb(i) - A(i,chagB_1) * xb(idb);
                     A(i,:) = A(i,:) - A(i,chagB_1) * A(idb,:);
                  end
                end
                base = chagB_1;
            end
        end
    end
    else
        minb = inf;
        chagB = inf;
        for j = 1:n
            if A(j,ind)> 0
              bz = xb(j)/A(j,ind);
              if bz < minb
                minb = bz;
```

```
                chagB = j;
            end
        end
    end
    sigma = sigma - A(chagB,:) * maxs/A(chagB,ind);
    xb(chagB) = xb(chagB)/A(chagB,ind);
    A(chagB,:) = A(chagB,:)/A(chagB,ind);
    for i = 1:n
        if i~ = chagB
            xb(i) = xb(i) - A(i,ind) * xb(chagB);
            A(i,:) = A(i,:) - A(i,ind) * A(chagB,:);
        end
    end
    base(chagB) = ind;
end

M = M + 1;
if (M == 1000000)
    disp('找不到最优解!');
    mx = NaN;
    minf = NaN;
    return;
end
end
```

下面给出 MATLAB 解法的例子。

例 5-8

$$\min f(x) = x_1 - x_2$$

使得

$$\begin{cases} -x_1 + 2x_2 \leqslant 2 \\ 2x_1 + x_2 \leqslant 4 \\ x_1, x_2 \geqslant 0, \text{且 } x_1, x_2 \text{ 为整数} \end{cases}$$

解：首先引入人工变量 x_3、x_4 将约束条件转换为等式形式，即

$$\min f(x) = x_1 - x_2$$

使得

$$\begin{cases} -x_1 + 2x_2 + x_3 = 2 \\ 2x_1 + x_2 + x_4 = 4 \\ x_1, x_2, x_3, x_4 \geqslant 0, \text{且 } x_1, x_2 \text{ 为整数} \end{cases}$$

在 MATLAB 命令行输入下列命令：

```
A = [ - 1  2  1  0 ;2  1  0  1];
c = [1; - 1];
```

```
b = [2;4];
[intx,intf] = Gomory(A,c,b,[3 4])
```

结果如下：

```
intx =
    0     1
intf =
    -1
```

例 5-9 用割平面法求解纯整数规划

$$\max z = 3x_1 - x_2$$

使得

$$\begin{cases} 3x_1 - 2x_2 \leqslant 3 \\ 5x_1 + 4x_2 \geqslant 10 \\ 2x_1 + x_2 \leqslant 5 \\ x_1, x_2 \geqslant 0 \\ x_1, x_2 \text{ 为整数} \end{cases}$$

解：引入松弛变量 x_3、x_4、x_5，将问题转换为标准形式，用单纯形法解其松弛问题，得最优单纯形表，见表 5-4。

表 5-4 最优单纯形表

c_j			3	−1	0	0	0
$\boldsymbol{C}_B$	$\boldsymbol{X}_B$	$\boldsymbol{b}$	x_1	x_2	x_3	x_4	x_5
3	x_1	13/7	1	0	1/7	0	2/7
−1	x_2	9/7	0	1	−2/7	0	3/7
0	x_4	31/7	0	0	−3/7	1	22/7
$c_j - z_j$			0	0	−5/7	0	−3/7

由于 $\boldsymbol{b}$ 列各分数中 $x_1 = 13/7$ 有最大小数部分 6/7，故从表 5-4 中第一行产生割平面约束。按照式(5-9)，割平面约束为

$$-\frac{1}{7}x_3 - \frac{2}{7}x_5 \leqslant -\frac{6}{7} \tag{5-10a}$$

引入松弛变量 x_6，得割平面方程

$$-\frac{1}{7}x_3 - \frac{2}{7}x_5 + x_6 = -\frac{6}{7} \tag{5-10b}$$

将式(5-10b)并入表 5-4，然后用对偶单纯形法求解，得表 5-5。

表 5-5　表 5-4 中第一行产生割平面约束后的新表

c_j			3	−1	0	0	0	0
$\boldsymbol{C}_B$	$\boldsymbol{X}_B$	$\boldsymbol{b}$	x_1	x_2	x_3	x_4	x_5	x_6
3	x_1	13/7	1	0	1/7	0	2/7	0
−1	x_2	9/7	0	1	−2/7	0	3/7	0
0	x_4	31/7	0	0	−3/7	1	22/7	0
0	x_6	−6/7	0	0	−1/7	0	[−2/7]	1
c_j-z_j			0	0	5/7	0	−3/7	0
⋮								
3	x_1	1	1	0	0	0	0	1
−1	x_2	5/4	0	1	0	−1/4	0	−5/4
0	x_3	5/2	0	0	1	−1/2	0	−11/2
0	x_5	7/4	0	0	0	1/4	1	−3/4
c_j-z_j			0	0	0	−1/4	0	−17/4

类似地，从表 5-5 中最后一个单纯形表的第四行产生割平面约束

$$-\frac{1}{4}x_4-\frac{1}{4}x_6\leqslant -\frac{3}{4} \tag{5-10c}$$

引入松弛变量 x_7，得割平面方程

$$-\frac{1}{4}x_4-\frac{1}{4}x_6+x_7=-\frac{3}{4} \tag{5-10d}$$

将式(5-10d)并入表 5-5 中最后一个单纯形表，然后用对偶单纯形法解之，得表 5-6。

表 5-6　表 5-5 中第四行产生割平面约束后的新表

c_j			3	−1	0	0	0	0	0
$\boldsymbol{C}_B$	$\boldsymbol{X}_B$	$\boldsymbol{b}$	x_1	x_2	x_3	x_4	x_5	x_6	x_7
3	x_1	1	1	0	0	0	0	1	0
−1	x_2	2	0	1	0	0	0	−1	−1
0	x_3	4	0	0	1	0	0	−5	−2
0	x_5	1	0	0	0	0	1	−1	1
0	x_4	3	0	0	0	1	0	1	−4
c_j-z_j		−1	0	0	0	0	0	−4	−1

表 5-6 给出的最优解 $(x_1,x_2,x_3,x_4,x_5,x_6,x_7)^{\mathrm{T}}=(1,2,4,3,1,0,0)^{\mathrm{T}}$ 已满足整数要求，故原整数规划问题的最优解为

$$x_1=1,\quad x_2=2,\quad \max z=1$$

如果在先后构造的割平面约束式(5-10a)和式(5-10c)中，将各变量用原整数规划的决

策变量 x_1 和 x_2 表示，则式(5-10a)和式(5-10c)成为 $x_1 \leqslant 1$ 和 $x_1 + x_2 \geqslant 3$。在这种形式下，“切割”的几何意义是显而易见的，如图 5-4 所示。

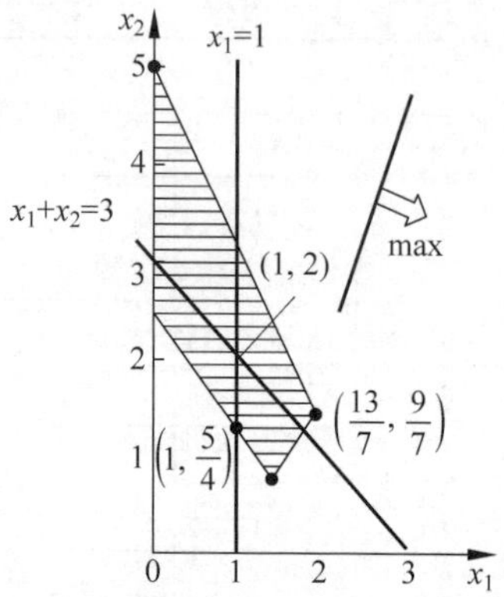

图 5-4 “切割”的几何意义示意图

用 MATLAB 求解。先将限制条件转换为等式

$$\max z = 3x_1 - x_2$$

使得

$$\begin{cases} 3x_1 - 2x_2 + x_3 = 3 \\ 5x_1 + 4x_2 + x_4 = 10 \\ 2x_1 + x_2 + x_5 = 5 \\ x_1, x_2, x_3, x_4, x_5 \geqslant 0 \end{cases}$$

再如例 5-8 中，运用 Gomory 函数即可得到结果。

5.7 分支定界法

分支定界法(branch and bound method)是一种隐枚举法(implicit enumeration)或部分枚举法，它不是一种有效算法，是在枚举法基础上的改进。分支定界法的关键是分支和定界。

若整数规划的松弛问题的最优解不符合整数要求，假设 $x_i = \bar{b}_i$ 不符合整数要求，$[\bar{b}_i]$ 是不超过 $\bar{b}_i$ 的最大整数，则构造两个约束条件：$x_i \leqslant [\bar{b}_i]$ 和 $x_i \geqslant [\bar{b}_i] + 1$。分别将其并入上述松弛问题中，形成两个分支，即两个后继问题。两个后继问题的可行域中包含原整数规划问题的所有可行解。而在原松弛问题可行域中，满足 $[\bar{b}_i] < x_i < [\bar{b}_i] + 1$ 的一部分区域在以后的求解过程中被遗弃了，但它不包含整数规划的任何可行解。根据需要，各后继问题可以类似地产生自己的分支，即自己的后继问题。如此不断继续，直到获得整数规划的最优解。这就是所谓的“分支”。

所谓“定界”，是在分支过程中，若某个后继问题恰巧获得整数规划问题的一个可行解，则其目标函数值就是一个“界限”，可作为衡量处理其他分支的一个依据。因为整数规划问题的可行解集是它的松弛问题可行解集的一个子集，前者最优解的目标函数值不会优于后者最优解的目标函数值。所以，对于那些相应松弛问题最优解的目标函数值劣于上述“界限”值的后继问题，就可以剔除不再考虑了。当然，如果在以后的分支过程中出现了更好的“界限”，则以它来取代原来的界限，这样可以提高求解的效率。

“分支”为整数规划最优解的出现缩减了搜索范围，而“定界”则可以提高搜索的效率。经验表明，在可能的情况下，根据对实际问题的了解，事先选择一个合理的“界限”，可以提高分支定界法的搜索效率。

下面通过例子来阐明分支定界法的基本思想和一般步骤。

例 5-10 求解

$$\max z = x_1 + x_2$$

使得

$$\begin{cases} x_1 + \frac{9}{14}x_2 \leqslant \frac{51}{14} \\ -2x_1 + x_2 \leqslant \frac{1}{3} \\ x_1, x_2 \geqslant 0 \\ x_1, x_2 \text{ 取整数} \end{cases}$$

解：记整数规划问题为(IP)，它的松弛问题为(LP)。图 5-5 中 S 为(LP)的可行域，黑点表示(IP)的可行解。用单纯形法解(LP)，最优解为 $x_1=3/2, x_2=10/3$，即点 A，$\max z=29/6$。

(LP)的最优解不符合整数要求，可任选一个变量，如选择 $x_1=3/2$ 进行分支。由于最接近 3/2 的整数是 1 和 2，因而可以构造两个约束条件

$$x_1 \geqslant 2 \tag{5-11a}$$

和

$$x_1 \leqslant 1 \tag{5-11b}$$

将式(5-11a)和式(5-11b)分别并入例 5-10 的松弛问题(LP)中，形成两个分支，即后继问题(LP_1)和(LP_2)，分别由(LP)及式(5-11a)和(LP)及式(5-11b)组成。图 5-6 中 S_1 和 S_2 分别为(LP_1)和(LP_2)的可行域。不连通的域 $S_1 \cup S_2$ 中包含了(IP)的所有可行解，S 中被舍去的一部分 $S \backslash S_1 \cup S_2$ 中不包含(IP)的任何可行解。

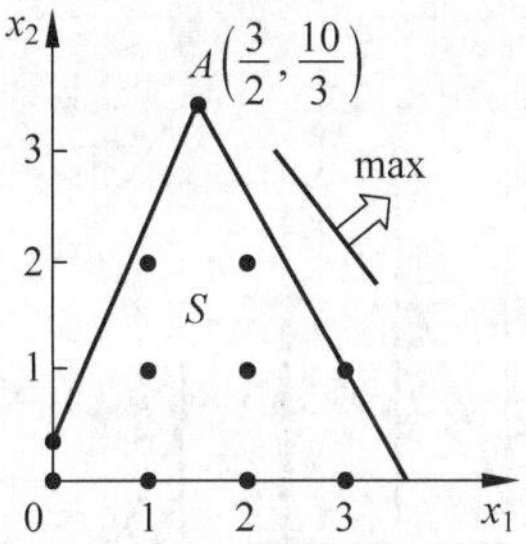

图 5-5 (LP)的可行域和(IP)的可行解

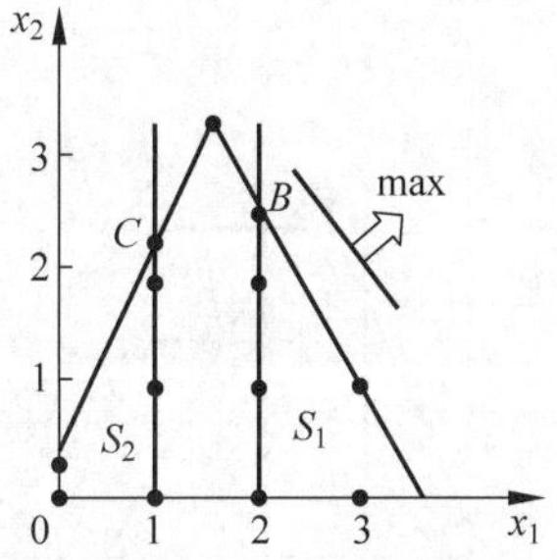

图 5-6 (LP_1)和(LP_2)的可行域

解(LP_1)，最优解为 $x_1=2, x_2=23/9$，即点 B，$\max z=41/9$。点 B 仍不符合整数要求，再解(LP_2)。(LP_2)最优解为 $x_1=1, x_2=7/3$，即点 C，$\max z=10/3$。点 $\boldsymbol{C}$ 也不符合整数要求，必须继续分支。

由于 $41/9>10/3$，所以优先选择 S_1 分支。因 B 点 $x_1=2$，而 $x_2=23/9$ 不符合整数要求，故可以构造两个约束条件

$$x_2 \geqslant 3 \tag{5-11c}$$

和

$$x_2 \leqslant 2 \tag{5-11d}$$

将式(5-11c)和式(5-11d)分别并入(LP_1),形成两个新分支,即(LP_1)的后继问题(LP_{11})和(LP_{12}),分别由(LP_1)及式(5-11c)和(LP_1)及式(5-11d)组成。图 5-7 中 S_{12} 为(LP_{12})的可行域。由于式(5-11c)和(LP_1)不相容,故(LP_{11})无可行解,也就是说,(LP_{11})的可行域 S_{11} 为空集,所以只需考虑后继问题(LP_{12})。

在 S_{12} 上解(LP_{12}),最优解为 $x_1=33/14, x_2=2$,即图 5-7 中点 D,$\max z=61/14$。

对于原整数规划(IP)来说,至此还剩两个分支:后继问题(LP_2)和(LP_{12})。因为(LP_{12})的最优解目标函数值比(LP_2)大,所以优先考虑对(LP_{12})进行分支。

两个新约束条件为

$$x_1 \geqslant 3 \tag{5-11e}$$

和

$$x_1 \leqslant 2 \tag{5-11f}$$

类似地,形成(LP_{12})的两个后继问题(LP_{121})和(LP_{122})。图 5-8 中 S_{121} 和 S_{122} 分别为它们的可行域,其中 S_{122} 是一条直线段。

(LP_{121})的最优解是 $x_1=3, x_2=1$,即图 5-8 中的点 E,$\max z=4$;(LP_{122})的最优解是 $x_1=2, x_2=2$,即图 5-8 中的点 F,$\max z=4$。这两个解都是(IP)的可行解,且目标函数值相等。至此,可以肯定两点:第一,在 S_{121} 和 S_{122} 中不可能存在比 E 点和 F 点更好的(IP)的可行解,因此不必再在它们中继续搜索;第二,既然点 E 和点 F 都是(IP)的可行解,它们的目标函数值 $z=4$ 就可看作(IP)最优解的目标函数值的一个界限(对于最大化问题,是下界;对于最小化问题,是上界)。

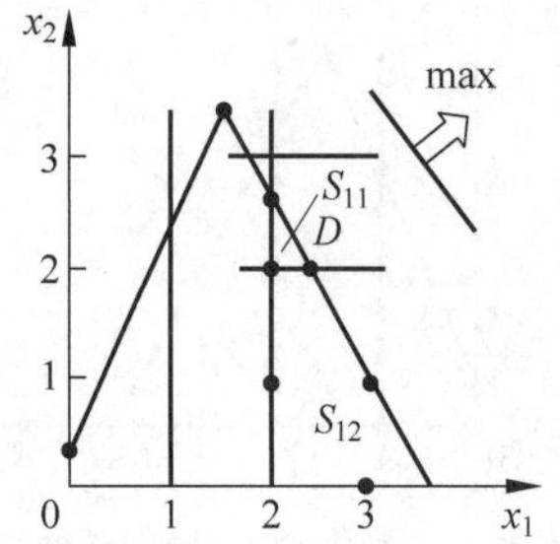

图 5-7 (LP_{12})的可行域

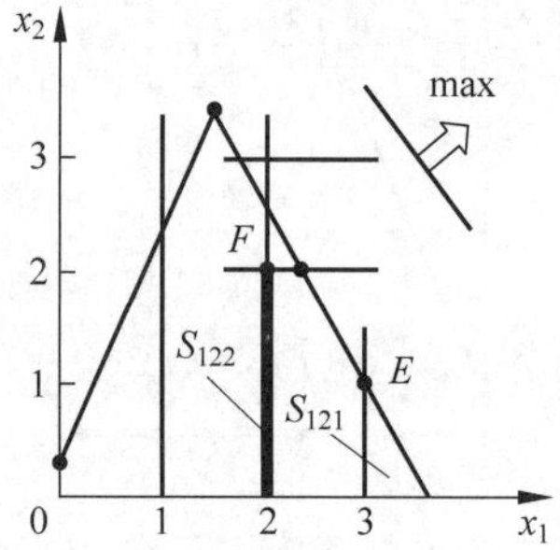

图 5-8 (LP_{121})和(LP_{122})的可行域

现在,尚未检查的后继问题只有(LP_2)了。但(LP_2)的最优解的目标函数值是 10/3,比界限 4 小。因此,S_2 中不存在目标函数值比 4 大的(IP)的可行解,也就是说,不必再对(LP_2)进行分支搜索了。

综上所述,我们已经求得了整数规划(IP)的两个最优解。它们分别是 $x_1=3, x_2=1$ 和 $x_1=2, x_2=2$,$\max z=4$。

上述分支定界法求解的过程可用图 5-9 表示。

分支定界法解整数规划的一般步骤如下。

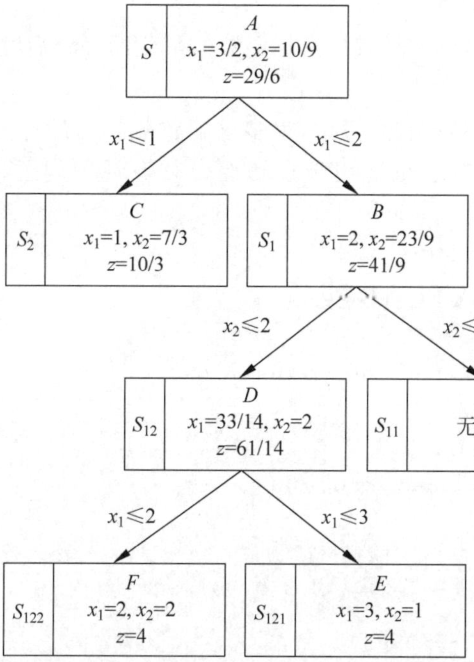

图 5-9 分支定界法求解的过程

步骤 1 称整数规划问题为问题 A,它的松弛问题为问题 B,以 z_b 表示问题 A 的目标函数的初始界(如已知问题 A 的一个可行解,则可取它的目标函数值为 z_b)。对最大化问题 A,z_b 为下界；对最小化问题 A,z_b 为上界。解问题 B。转步骤 2。

步骤 2 如问题 B 无可行解,则问题 A 也无可行解；如问题 B 的最优解符合问题 A 的整数要求,则它就是问题 A 的最优解。对于这两种情况,求解过程到此结束。如问题 B 的最优解存在,但不符合问题 A 的整数要求,则转步骤 3。

步骤 3 对问题 B,任选一个不符合整数要求的变量进行分支。设选择 $x_j=\bar{b}_j$,且设 $[\bar{b}_j]$ 为不超过 $\bar{b}_j$ 的最大整数。对问题 B 分别增加下面两个约束条件中的一个：

$$x_j \leqslant [\bar{b}_j] \text{ 和 } x_j \geqslant [\bar{b}_j]+1$$

从而形成两个后继问题。解这两个后继问题。转步骤 4。

步骤 4 考查所有后继问题,如其中有某几个存在最优解,且其最优解满足问题 A 的整数要求,则以它们中最优的目标函数值和界 z_b 作比较。若比界 z_b 更优,则以其取代原来的界 z_b,并称相应的后继问题为问题 C。否则,原来的界 z_b 不变。转步骤 5。

步骤 5 不属于 C 的后继问题中,称存在最优解且其目标函数值比界 z_b 更优的后继问题为待检查的后继问题。

若不存在待检查的后继问题,当问题 C 存在时,问题 C 的最优解就是问题 A 的最优解；当问题 C 不存在时,和界 z_b 对应的可行解就是问题 A 的最优解。z_b 即为问题 A 的最优解的目标函数值,求解到此结束。

若存在待检查的后继问题,则选择其中目标函数值最优的一个后继问题,改称其为问题 B。回到步骤 3。

分支定界法是求解整数规划的较好方法,很多求解整数规划的计算机软件是根据分支定界法原理编写的,同时这种方法也适用于求解混合整数规划问题,在实际中有着广泛应用。

5.8 分支定界法的 MATLAB 实现

根据分支定界算法的步骤,可以写出其具体实现代码:

```
% By Sherif A. Tawfik, Faculty of Engineering, Cairo University
% [x,val,status] = IP1(f,A,b,Aeq,beq,lb,ub,M,e)

% this function solves the following mixed - integer linear programming problem
%  min f * x
%  subject to
%         A * x <= b
%         Aeq * x = beq
%         lb <= x <= ub
%         M is a vector of indeces for the variables that are constrained to be integers
%         e is the integarilty tolerance

% the return variables are :
% x : the solution
% val: value of the objective function at the optimal solution
% status = 1 if successful
%       = 0 if maximum number of iterations reached in he linprog function
%       = - 1 if there is no solution

% Example:
%        maximize 17 x1 + 12 x2
%        subject to
%                10 x1 + 7 x2 <= 40
%                  x1 +   x2 <= 5
%                  x1, x2 >= 0 and are integers
% f = [ - 17, - 12]; % take the negative for maximization problems
% A = [ 10  7; 1 1];
% B = [40; 5];
% lb = [0 0];
% ub = [inf inf];
% M = [1,2];
% e = 2^ - 24;
```

```
% [x v s] = IP(f,A,B,[],[],lb,ub,M,e)


function [x,val,status] = intprog(f,A,b,Aeq,beq,lb,ub,M,e)
options = optimset('display','off');
bound = inf; % the initial bound is set to +ve infinity
[x0,val0] = linprog(f,A,b,Aeq,beq,lb,ub,[],options);
[x,val,status,b] = rec(f,A,b,Aeq,beq,lb,ub,x0,val0,M,e,bound); % a recursive function that
processes the BB tree

function [xx,val,status,bb] = rec(f,A,b,Aeq,beq,lb,ub,x,v,M,e,bound)
options = optimset('display','off');
% x is an initial solution and v is the corressponding objective function value
% solve the corresponding LP model with the integarily constraints removed

[x0,val0,status0] = linprog(f,A,b,Aeq,beq,lb,ub,[],options);

% if the solution is not feasible or the value of the objective function is
% higher than the current bound return with the input intial solution

if status0 <= 0 | val0 > bound
   xx = x; val = v; status = status0; bb = bound;
   return;
end


% if the integer-constraint variables turned to be integers within the
% input tolerance return

ind = find( abs(x0(M) - round(x0(M)))> e );
if isempty(ind)
   status = 1;
   if val0 < bound     % this solution is better than the current solution hence replace
      x0(M) = round(x0(M));
      xx = x0;
      val = val0;
      bb = val0;
   else
      xx = x;   % return the input solution
      val = v;
      bb = bound;
   end
   return
end

% if we come here this means that the solution of the LP relaxation is
```

```
% feasible and gives a less value than the current bound but some of the
% integer-constraint variables are not integers.
% Therefore we pick the first one that is not integer and form two LP problems
% and solve them recursively by calling the same function (branching)


% first LP problem with the added constraint that Xi <= floor(Xi) , i = ind(1)

br_var = M(ind(1));
br_value = x(br_var);
if isempty(A)
    [r c] = size(Aeq);
else
    [r c] = size(A);
end
A1 = [A ; zeros(1,c)];
A1(end,br_var) = 1;
b1 = [b;floor(br_value)];

% second LP problem with the added constraint that Xi >= ceil(Xi) , i = ind(1)

A2 = [A ;zeros(1,c)];
A2(end,br_var) = -1;
b2 = [b; -ceil(br_value)];


% solve the first LP problem

[x1,val1,status1,bound1] = rec(f,A1,b1,Aeq,beq,lb,ub,x0,val0,M,e,bound);
status = status1;
if status1 > 0 & bound1 < bound % if the solution was successfull and gives
a better bound
    xx = x1;
    val = val1;
    bound = bound1;
    bb = bound1;
else
    xx = x0;
    val = val0;
    bb = bound;
end

% solve the second LP problem

[x2,val2,status2,bound2] = rec(f,A2,b2,Aeq,beq,lb,ub,x0,val0,M,e,bound);

if status2 > 0 & bound2 < bound % if the solution was successfull and gives
```

```
a better bound.
    status = status2;
    xx = x2;
    val = val2;
    bb = bound2;
end
```

例 5-11

$$\min z = -5x_1 - x_2$$

使得

$$\begin{cases} 3x_1 + x_2 \geqslant 9 \\ x_1 + x_2 \geqslant 5 \\ x_1 + 8x_2 \geqslant 8 \\ x_1, x_2 \geqslant 0 \text{ 且为整数} \end{cases}$$

解：在 MATLAB 输入命令

```
f = [ - 5, - 1];
A = [3,1;1,1;1,8];
b = [9;5;8];
lb = [0 0];
ub = [inf, inf];
M = [1,2];
e = 2^ - 24;
[x,v,s] = intprog(f,A,b,[],[],lb,ub,M,e)
```

得到

```
x =
    3
    0
v =
  - 15.0000
s =
    1
```

故最小值为 15，此时 $x_1=3$，$x_2=0$。

例 5-12

$$\max z = x_1 + x_2$$

使得

$$\begin{cases} x_1 + \dfrac{9}{14}x_2 \leqslant \dfrac{51}{14} \\ -2x_1 + x_2 \leqslant \dfrac{1}{3} \\ x_1, x_2 \geqslant 0 \\ x_1, x_2 \text{ 取整数} \end{cases}$$

解：当求最大值时，先添加负号，相当于求

$$\min z = -x_1 - x_2$$

这样即可化为求解的标准型。

在 MATLAB 中输入下列命令：

```
f = [ - 1, - 1];
A = [1,9/14; - 2,1];
b = [51/14;1/3];
lb = [0 0];
ub = [inf, inf];
M = [1,2];
e = 2^ - 24;
[x,v,s] = intprog(f,A,b,[],[],lb,ub,M,e)
```

结果为

```
x =
    3
    1
v =
   - 4.0000
s =
    1
```

故最大值为 4。

5.9 整数规划的解法

0-1 型整数规划是一种特殊的整数规划，若含有 n 个变量，则可以产生 2^n 个可能的变量组合。当 n 较大时，采用完全枚举法解题几乎是不可能的。已有的求解 0-1 型整数规划的方法一般都属于隐枚举法。

在 2^n 个可能的变量组合中，往往只有一部分是可行解。只要发现某个变量组合不满足其中一个约束条件时，就不必再去检验其他约束条件是否可行。对于可行解，其目标函数值也有优劣之分。若已发现一个可行解，则根据它的目标函数值可以产生一个过滤条件

(filtering constraint),即对于目标函数值比它差的变量组合就不必再去检验它的可行性。在以后的求解过程中,每次发现比原来更好的可行解,即以此替换原来的过滤条件。上述做法都可以减少运算次数,使最优解能较快地被发现。

例 5-13 求解 0-1 整数规划

$$\max z = 3x_1 - 2x_2 + 5x_3$$

使得

$$\begin{cases} x_1 + 2x_2 - x_3 \leqslant 2 \\ x_1 + 4x_2 + x_3 \leqslant 4 \\ x_1 + x_2 \leqslant 3 \\ 4x_2 + x_3 \leqslant 6 \\ x_1, x_2, x_3 = 0 \text{ 或 } 1 \end{cases} \tag{5-12}$$

解:求解过程可以用表表示(见表 5-7)。

表 5-7 例 5-13 的求解过程

x_1, x_2, x_3	z 值	约束条件 a b c d	过滤条件
(0,0,0)	0	√ √ √ √	$z \geqslant 0$
(0,0,1)	5	√ √ √ √	$z \geqslant 5$
(0,1,0)	−2		
(0,1,1)	3		
(1,0,0)	3		
(1,0,1)	8	√ √ √ √	$z \geqslant 8$
(1,1,0)	1		
(1,1,1)	6		

所以,最优解$(x_1, x_2, x_3)^{\mathrm{T}} = (1,0,1)^{\mathrm{T}}$,$\max z = 8$。

采用上述算法,实际只做了 20 次运算。

为了进一步减少运算量,常按目标函数中各变量系数的大小顺序重新排列各变量,以使最优解有可能较早出现。对于最大化问题,可按由小到大的顺序排列;对于最小化问题,则相反。为此例 5-13 可写成下列形式:

$$\max z = 5x_3 + 3x_1 - 2x_2$$

使得

$$\begin{cases} -x_3 + x_1 + 2x_2 \leqslant 2 \\ x_3 + x_1 + 4x_2 \leqslant 4 \\ x_1 + x_2 \leqslant 3 \\ x_3 + 4x_2 \leqslant 6 \\ x_3, x_1, x_2 = 0 \text{ 或 } 1 \end{cases} \tag{5-13}$$

求解时先令排在前面的变量取值为1，如本例中可取$(x_3,x_1,x_2)=(1,0,0)$，若不满足约束条件时，可调整取值为(0,1,0)；若仍不满足约束条件，可退为取值(0,0,1)等，依此类推。据此改写后模型的求解过程可见表5-8。

表5-8　改写后模型的求解过程

(x_3,x_1,x_2)	z值	约束条件 a　b　c　d	过滤条件
(0,0,0)	0	√　√　√　√	$z\geqslant 0$
(1,0,0)	5	√　√　√　√	$z\geqslant 5$
(1,1,0)	8	√　√　√　√	$z\geqslant 8$

从目标函数方程看到，z值已不可能再增大，$(x_3,x_1,x_2)=(1,1,0)$即为本例的最优解。

采取这样的形式用上述方法解此例，可以很大程度减少运算次数。一般问题的规模越大，这样做的好处就越明显。

5.10　0-1整数规划的MATLAB实现

对于混合整数规划问题，MATLAB Optimization Toolbox中给出了INTLINPROG函数来解决。可以看到，INTLINPROG可以解决以下(混合)整数线性规划问题。

```
function [x, fval, exitflag, output] = intlinprog(f, intcon, A, b, Aeq, beq, lb, ub, x0, options)
% INTLINPROG Mixed integer linear programming.
%
%   X = INTLINPROG(f,intcon,A,b) attempts to solve problems of the form
%
%            min f'*x    subject to:  A*x  <= b
%             x                     Aeq*x  = beq
%                                   lb <= x <= ub
%                                   x(i) integer, where i is in the index
%                                   vector intcon (integer constraints)
```

函数INTLINPROG能够求

$$\min \boldsymbol{f}^{\mathrm{T}}x$$

满足条件

$$\begin{cases} x(\text{在 intcon 中的位置上的值})\text{是整数} \\ \mathbf{A}x \leqslant \boldsymbol{b} \\ \mathbf{Aeq} * x = \mathbf{beq} \\ \mathbf{lb} \leqslant x \leqslant \mathbf{ub} \end{cases}$$

在要求 0-1 整数规划问题时，可令 intcon 包含所有 x 的元素，并且 **lb** 和 **ub** 分别是全为 0、1 的向量即可。当然，该函数对于所有的（混合）整数线性规划都是适用的，应用十分广泛。

更多该函数的详细代码可以在 intlinprog.m 中查阅，不在此赘述。

下面是一个使用 INTLINPROG 解 0-1 整数规划的例子。

例 5-14

$$\min f(x)=x_1+2x_2+3x_3+x_4+x_5$$

使得

$$\begin{cases}2x_1+3x_2+5x_3+4x_4+7x_5\geqslant 8\\x_1+2x_2+4x_3+2x_4+2x_5\geqslant 5\\x_1,x_2,x_3,x_4,x_5=0\text{ 或 }1\end{cases}$$

在 MATLAB 中输入下列命令：

```
f = [1;2;3;1;1];
intcon = 1:5;
A = [ - 2, - 3, - 5, - 4, - 7; - 1, - 2, - 4, - 2, - 2];
b = [ - 8; - 5];
lb = [0,0,0,0,0];
ub = [1,1,1,1,1];
[x,fval] = intlinprog(f,intcon,A,b,[],[],lb,ub)
```

得到

```
x =
     1
     0
     0
     1
     1
fval =

     3
```

5.11 整数规划解决旅行商问题的 MATLAB 实例

这个例子将展示如何使用二进制整数规划来解决经典的旅行商问题。这个问题涉及通过一组城市（200 个城市）找到最短的封闭旅游路径。

其中包含要解决的问题如下：对于所有不同的城市站点，生成所有可能的行程；计算每次旅行的距离；最小化成本函数即每次旅行距离之和。

将问题公式化，设置二进制的决策变量，并与每个行程相关联：1 表示在行程中的路径，0 表示不在行程中的路径。为了确保行程经过每个站点，设置线性限制条件使得每个站点链接两条路径，即一条离开一条到达的路径。

（1）生成停止条件。

将这组城市的连线粗略地看作多边形，在其中设置随机停止：

```
load('usborder.mat','x','y','xx','yy');
rng(3,'twister') % Makes a plot with stops in Maine & Florida, and is reproducible
nStops = 200; % You can use any number, but the problem size scales as N^2
stopsLon = zeros(nStops,1); % Allocate x - coordinates of nStops
stopsLat = stopsLon; % Allocate y - coordinates
n = 1;
while (n <= nStops)
   xp = rand * 1.5;
   yp = rand;
   if inpolygon(xp,yp,x,y) % Test if inside the border
      stopsLon(n) = xp;
      stopsLat(n) = yp;
      n = n+1;
   end
end
```

（2）计算两个站点之间的距离。

生成所有的路径：

```
idxs = nchoosek(1:nStops,2);
```

因为有 200 个站点，所以一共有 19900 条路径，即有 19900 个二进制变量（# variables = 200 choose 2）。

计算所有的旅行距离，假设地球是平的，以便使用毕达哥拉斯法则。

```
dist = hypot(stopsLat(idxs(:,1)) - stopsLat(idxs(:,2)), ...
            stopsLon(idxs(:,1)) - stopsLon(idxs(:,2)));
lendist = length(dist);
```

（3）创建图形并绘制地图。

绘图表示问题（如图 5-10 所示），其中点为站点，边为路径。

```
G = graph(idxs(:,1),idxs(:,2));
figure
hGraph = plot(G,'XData',stopsLon,'YData',stopsLat,'LineStyle','none','NodeLabel',{});
```

```
hold on
% Draw the outside border
plot(x,y,'r-')
hold off
```

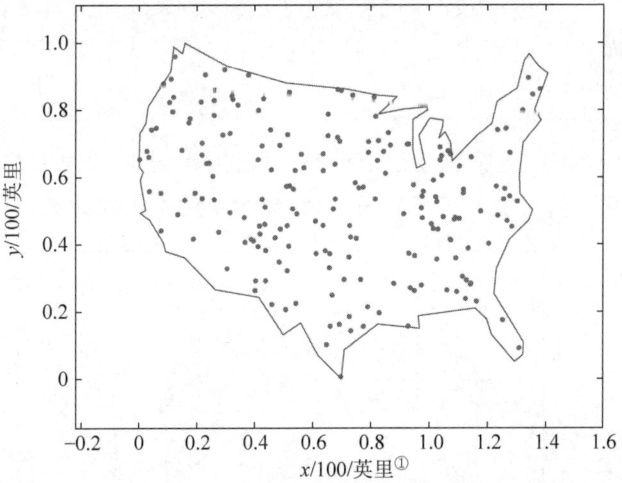

图 5-10 旅行商问题城市地图

(4) 创建约束条件。

创建线性约束条件,即每个站点都有两个关联的路径,因为每个站点必须有一个到达路径和一个离开站点的路径。

```
Aeq = spalloc(nStops,length(idxs),nStops * (nStops - 1)); % Allocate a sparse matrix
for ii = 1:nStops
   whichIdxs = (idxs == ii); % Find the trips that include stop ii
   whichIdxs = sparse(sum(whichIdxs,2)); % Include trips where ii is at either end
   Aeq(ii,:) = whichIdxs'; % Include in the constraint matrix
end
beq = 2 * ones(nStops,1);
```

增加二进制限制,将 intcon 参数设置为决策变量的个数,每个变量下界为 0,上界为 1。

```
intcon = 1:lendist;
lb = zeros(lendist,1);
ub = ones(lendist,1);
```

(5) 用 intlinprog 进行优化,将结果可视化。

创建一个用来求解路径的新图。为此,在某些值不是整数的情况下对解决方案进行舍

① 1 英里=1.609 千米。

入，并将结果值转换为逻辑值。

```
opts = optimoptions('intlinprog','Display','off');
[x_tsp,costopt,exitflag,output] = intlinprog(dist,intcon,[],[],Aeq,beq,lb,ub,opts);
x_tsp = logical(round(x_tsp));
Gsol = graph(idxs(x_tsp,1),idxs(x_tsp,2));
hold on
highlight(hGraph,Gsol,'LineStyle','-')
title('Solution with Subtours')
```

如图 5-11 所示，该解决方案有几个子环路。目前为止指定的约束并不能阻止这些子环路的发生。为了防止任何可能的子环路发生，需要大量的不等式约束。

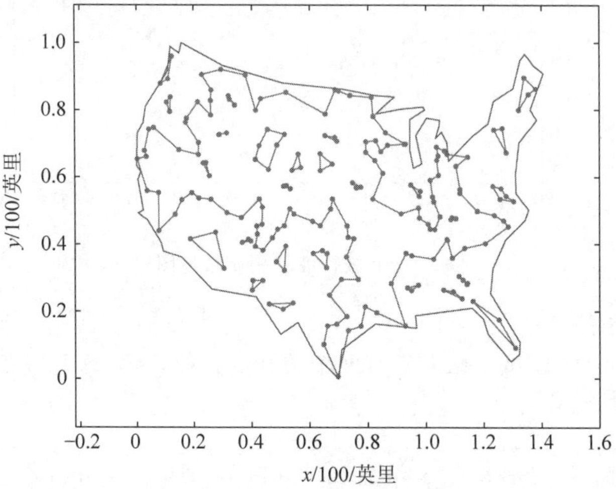

图 5-11　旅行商最佳旅游线路

（6）避免子环路的限制条件。

由于无法添加所有的子环路的约束，这里采用迭代方法。检测当前解决方案中的子环路，然后添加不等式约束以防止这些特定的子环路发生。这样就可以在几个迭代中找到一个合适的路径。

消除带有不等式约束的子函数。一个这样做的例子是，如果在一个子环路中有 5 个点，那么有 5 条线连接这些点来创建子环路。通过实现一个不等式约束来消除子环路，即这 5 个点之间必须有小于或等于 4 条线。

更重要的是，找到这 5 个点之间的所有直线，并增加约束条件，使这些直线不超过 4 条。如果一个解决方案中存在 5 条或更多的行，那么该解决方案将具有一个子环路（具有 n 个节点和 n 条边的图总是包含一个循环），如图 5-12 所示。

加入线性不等式约束以消除子环路，并重复调用，直到剩下一个环路。

```
tourIdxs = conncomp(Gsol);
numtours = max(tourIdxs); % number of subtours
fprintf('# of subtours: %d\n',numtours);

A = spalloc(0,lendist,0); % Allocate a sparse linear inequality constraint matrix
b = [];
while numtours > 1 % Repeat until there is just one subtour
    % Add the subtour constraints
    b = [b;zeros(numtours,1)]; % allocate b
    A = [A;spalloc(numtours,lendist,nStops)]; % A guess at how many nonzeros to allocate
    for ii = 1:numtours
        rowIdx = size(A,1) + 1; % Counter for indexing
        subTourIdx = find(tourIdxs == ii); % Extract the current subtour
%         The next lines find all of the variables associated with the
%         particular subtour, then add an inequality constraint to prohibit
%         that subtour and all subtours that use those stops.
        variations = nchoosek(1:length(subTourIdx),2);
        for jj = 1:length(variations)
            whichVar = (sum(idxs == subTourIdx(variations(jj,1)),2)) & ...
                       (sum(idxs == subTourIdx(variations(jj,2)),2));
            A(rowIdx,whichVar) = 1;
        end
        b(rowIdx) = length(subTourIdx) - 1; % One less trip than subtour stops
    end

    % Try to optimize again
    [x_tsp,costopt,exitflag,output] = intlinprog(dist,intcon,A,b,Aeq,beq,lb,ub,opts);
    x_tsp = logical(round(x_tsp));
    Gsol = graph(idxs(x_tsp,1),idxs(x_tsp,2));

    % Visualize result
    hGraph.LineStyle = 'none'; % Remove the previous highlighted path
    highlight(hGraph,Gsol,'LineStyle','-')
    drawnow

    % How many subtours this time?
    tourIdxs = conncomp(Gsol);
    numtours = max(tourIdxs); % number of subtours
    fprintf('# of subtours: %d\n',numtours)
end

title('Solution with Subtours Eliminated');
hold off
```

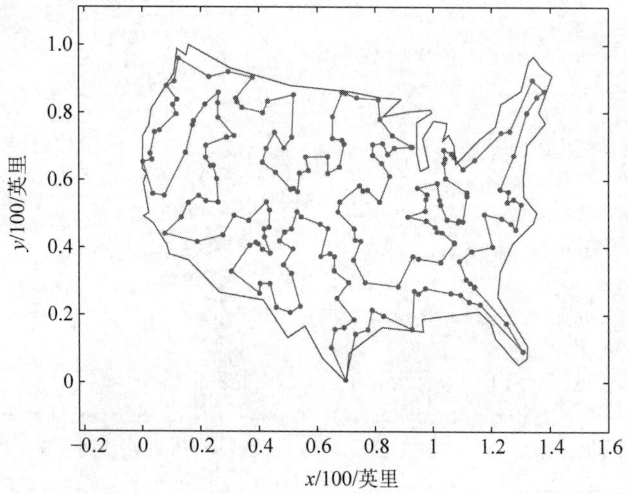

图 5-12　旅行商避免子环路后的最佳旅游线路

第6章 图与网络流

20 世纪中叶以来，由于生产管理、军事、交通运输、计算机网络等实际问题的需要，在大型计算机的支持下，大规模离散问题的求解成为可能，图论的应用也得到了飞速的发展。Ford 和 Fulkerson 等开创性地建立了网络流理论，促进了图论与线性规划、动态规划等优化方法的发展和互相渗透以及实际应用。

6.1 本章内容

本章主要介绍以下内容。

(1) 图与网络流问题的概念。

(2) 最短路径问题。

(3) 最大流问题。

(4) 最小费用流问题。

(5) 最小生成树问题。

网络流问题是最常见的线性规划问题之一，它包含一些特殊的问题，如指派问题、运输问题、最大流问题、最短路径问题等。网络流问题是一种特殊的线性规划问题，任何线性规划的算法都可以直接应用。不过由于网络流问题有特殊的结构，基本的算法可以被简化，得到对于特定问题的简便方法。

6.2 图

在研究某些实际问题的过程中，我们经常关心研究对象之间存在的某种特定关系，如两个城市之间是否有交通路线；两个仓库之间运输通道的成本是多少；一个赛事中两个球队是否交过手等。用点来表示对象，用两者之间的连线表示两者的关系，这样就产生了抽象的图的概念，用来描述某些对象之间的特定关系。

6.2.1 图的概念

定义 6-1 一个图是由点集 $V=\{v_i\}$ 和 V 中元素的无序对的一个集合 $E=\{e_k\}$ 所构成的二元组，记为 $G=(V,E)$，V 中的元素 v_i 称为顶点，E 中的元素 e_k 称为边。

当 V,E 为有限集合时，G 称为有限图，否则称为无限图。

例 6-1 在图 6-1 中：$V=\{v_1,v_2,v_3,v_4,v_5\}$，$E=\{e_1,e_2,e_3,e_4,e_5,e_6\}$

其中：

$$e_1=(v_1,v_1) \quad e_2=(v_1,v_2) \quad e_3=(v_1,v_3)$$

$$e_4=(v_2,v_3) \quad e_5=(v_2,v_3) \quad e_6=(v_3,v_4)$$

解：两个点 u,v 属于 V，如果边 (u,v) 属于 E，则称 u,v 两点相邻。u,v 称为边 (u,v) 的端点。

两条边 e_i,e_j 属于 E，如果它们有一个公共端点 u，则称 e_i,e_j 相邻。边 e_i,e_j 称为点 u 的关联边。

用 $m(G)=|E|$ 表示图 G 中的边数，用 $n(G)=|V|$ 表示图 G 的顶点个数。在不引起混淆情况下简记为 m,n。

6.2.2 有向图

对于任一条边 (v_i,v_j) 属于 E，如果边 (v_i,v_j) 端点无序，则它是无向边，此时图 G 称为无向图。图 6-1 是无向图。如果边 (v_i,v_j) 的端点有序，即表示以 v_i 为始点，v_j 为终点的有向边（或称弧），则图 G 称为有向图。图 6-2 是有向图。

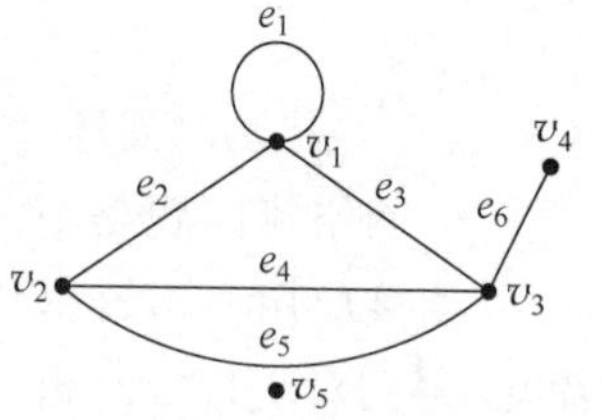

图 6-1 无向图

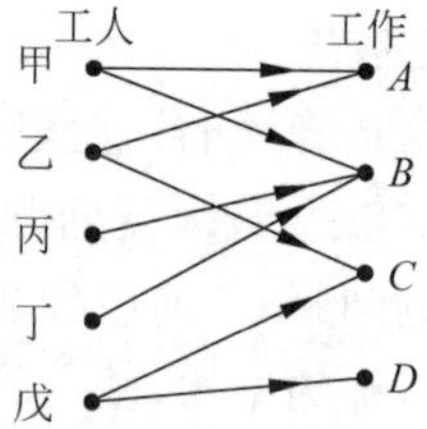

图 6-2 有向图

一条边的两个端点如果相同，称此边为环（自回路），如图 6-1 中的 e_1。

两个点之间多于一条边的，称为多重边。如图 6-1 中的 e_4,e_5。

对于任一条边 (v_i,v_j)，v_i 是起始节点，v_j 是结束节点。定义 $I(v_i)$ 和 $O(v_i)$ 分别是流向 v_i 的起始节点集合和流出 v_i 的结束节点集合。

$$I(v_i)=\{v_j \in N \mid (v_j,v_i) \in E\}$$

$$O(v_i)=\{v_j \in N \mid (v_i,v_j) \in E\}$$

有向图连通等与无向图类似。

6.2.3 顶点的次

定义 6-2 以点 v 为端点的边数称为点 v 的次(degree),记作 $\deg(v)$,简记为 $d(v)$。

如图 6-1 中点 v_1 的次 $d(v_1)=4$,因为边 e_1 要计算两次。点 v_3 的次 $d(v_3)=4$,点 v_4 的次 $d(v_4)=1$。

次为 1 的点称为悬挂点,连接悬挂点的边称为悬挂边,如图 6-1 中的 v_4,e_6。次为 0 的点称为孤立点,如图 6-1 中的点 v_5。次为奇数的点称为奇点,次为偶数的点称为偶点。

定理 6-1 任何图中,顶点次数的总和等于边数的 2 倍。

证明:由于每条边必与两个顶点关联,在计算点的次时,每条边均被计算了两次,所以顶点次数的总和等于边数的 2 倍。

定理 6-2 任何图中,次为奇数的顶点必为偶数个。

证明:设 V_1 和 V_2 分别为图 G 中奇点与偶点的集合($V_1 \cup V_2 = V$)。由定理 6-1 知

$$\sum_{v\in V_1} d(v) + \sum_{v\in V_2} d(v) = \sum_{v\in V} d(v) = 2m$$

由于 $2m$ 为偶数,而 $\sum_{v\in V_2} d(v)$ 是若干个偶数之和,也是偶数,所以 $\sum_{v\in V_1} d(v)$ 必为偶数,即 $|V_1|$ 是偶数。

定义 6-3 有向图中,以 v_i 为始点的边数称为点 v_i 的出次,用 $\mathrm{d}^+(v_i)$表示,以 v_i 为终点的边数称为点 v_i 的入次,用 $\mathrm{d}^-(v_i)$表示。v_i 点的出次与入次之和就是该点的次。容易证明有向图中,所有顶点的入次之和等于所有顶点的出次之和。

6.2.4 子图

定义 6-4 图 $G=(V,E)$,若 E'是 E 的子集,V'是 V 的子集,且 E'中的边仅与 V'中的顶点相关联,则称 $G'=(V',E')$是 G 的一个子图。特别是,若 $V'=V$,则 G'称为 G 的生成子图(支撑子图)。

如图 6-3 所示,图 6-3(b)为图 6-3(a)的子图,图 6-3(c)为图 6-3(a)的生成子图。

子图在描述图的性质和局部结构中有重要作用。

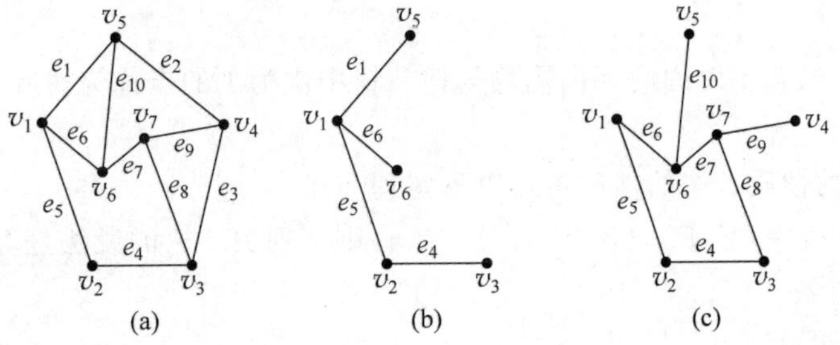

图 6-3 子图

6.2.5 连通图

定义 6-5 不含环和多重边的图称为简单图,含有多重边的图称为多重图。后续讨论的图,如无特别说明,都是简单图。

有向图中两点之间有不同方向的两条边,不是多重边。图 6-4 中的(a)、(b)均为简单图,(c)、(d)为多重图。

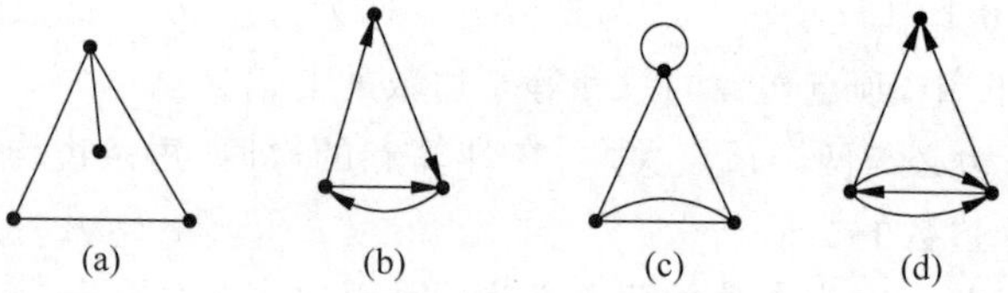

图 6-4 简单图和多重图

定义 6-6 每对顶点间都有边相连的无向简单图称为完全图。有 n 个顶点的无向完全图记作 K_n。

有向完全图则指每对顶点间有且仅有一条有向边的简单图。

定义 6-7 图 $G=(V,E)$的点集 V 可以分为两个非空子集 X,Y,即 $X\cup Y=V,X\cap Y=\varnothing$,使得 E 中每条边的两个端点必有一个端点属于 X,另一个端点属于 Y,则称 G 为二部图(偶图),有时记作 $G=(X,Y,E)$。

例如图 6-5(a)所示是明显的二部图,点集 $X:\{v_1,v_3,v_5\},Y:\{v_2,v_4,v_6\}$。图 6-5(b)也是二部图,但是不像图 6-5(a)那样明显,改画为图 6-5(c)时可以更清楚地看出。

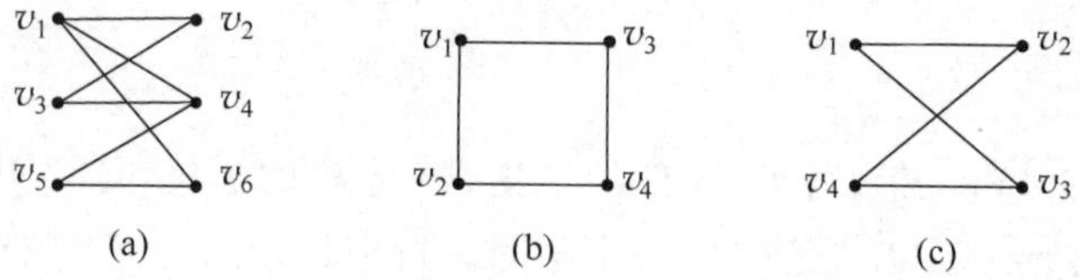

图 6-5 二部图

6.2.6 树

定义 6-8 连通且不含圈的无向图称为树。树中次为 1 的点称为树叶,次大于 1 的点称为分枝点。

下面研究树的性质。树的性质可用以下定理表述。

定理 6-3 图 $T=(V,E),|V|=n,|E|=m$,则下列关于树的说法是等价的。

(1) T 是一个树。

(2) T 无圈,且 $m=n-1$。

(3) T 连通,且 $m=n-1$。

(4) T 无圈,但每加一新边即得唯一一个圈。

(5) T 连通,但任意舍去一边就不连通。

(6) T 中任意两点,有唯一链相连。

证明:(1)→(2)

由于 T 是树,由定义知 T 是连通的并且没有圈,因此只需证明 T 中的边数 m 等于顶点个数减 1,即 $m=n-1$。

用归纳法。当 $n=2$ 时,由于 T 是树,所以两点间显然有且仅有一条边,满足 $m=n-1$。

归纳假设 $n=k-1$ 时命题成立,即有 $k-1$ 个顶点时 T 有 $k-2$ 条边。当 $n=k$ 时,因为 T 连通无圈,k 个顶点中至少有一个点次为1。设此点为 u,即 u 为悬挂点,设连接 u 点的悬挂边为 (v,u)。从 T 中去掉 (v,u) 边及 u 点不会影响 T 的连通性,得图 T',T' 为树只有 $k-1$ 个顶点,所以有 $k-2$ 条边,再把 (v,u),u 加上去,可知当 T 有 k 个顶点时有 $k-1$ 条边。

(2)→(3)

只需证明 T 是连通图。

反证法。设 T 不连通,可以分为 l 个连通分图($l\geqslant 2$),设第 i 个分图有 n_i 个顶点,$\sum_{i=1}^{l} n_i = n$。因为第 i 个分图是树,所以有 n_i-1 条边,l 个分图共有边数为

$$\sum_{i=1}^{l}(n_i-1)=n-l<n-1$$

与已知矛盾。所以 T 为连通图。

(3)→(4)

若 T 中有圈,设为 C。可以去掉 C 中一条边,并不影响 T 的连通性。如果剩余图中仍有圈,可同上继续拿去一条边……如此去掉 p 条边($p\geqslant 1$)后得到一个没有圈的连通图 T',T' 显然有 $n-1-p$ 条边。但 T' 既然是树,顶点个数又与 T 相同为 n 个,所以 T' 中应有 $n-1$ 条边。矛盾,即 T 中无圈。

设 T 中 u,v 两点间无边直接相连,由于 T 是连通图,所以经由其他点必有一条链连接 u,v,且此链是连接这两点的唯一链(否则 T 中出现圈),则 $T+(u,v)$ 后,出现唯一一个圈。

(4)→(5)

先证 T 连通。若 T 不是连通图,由定义知至少存在两点 u,v 之间无路可通,那么加上一边 (u,v) 也不会形成圈,与已知矛盾。

再证每舍去一边便不连通。若 T 中有一边 (u,v),舍去 (u,v) 后图 $T-(u,v)$ 仍然连通,那么 $T'=T-(u,v)$ 由于没有圈是一棵树,但 T' 加一边 (u,v) 后就是 T 仍无圈,与(4)中的树每加一新边必出现唯一圈相矛盾。

(5)→(6)和(6)→(1)均显然成立,故定理证毕。

定理 6-3 中每个命题均可作为树的定义,对判断和构造树将极为方便。

6.2.7 生成树

定义 6-9 若图 G 的生成子图是一棵树，则称该树为 G 的生成树（支撑树），或简称为图 G 的树。

定义 6-10 图 G 中属于生成树的边称为树枝，不在生成树中的边称为弦。

如图 6-6(b)为图 6-6(a)的生成树，边 e_1、e_2、e_3、e_7、e_8、e_9 为树枝，e_4、e_5、e_6 为弦。

定理 6-4 图 $G=(V,E)$有生成树的充分必要条件为 G 是连通图。（证明略）

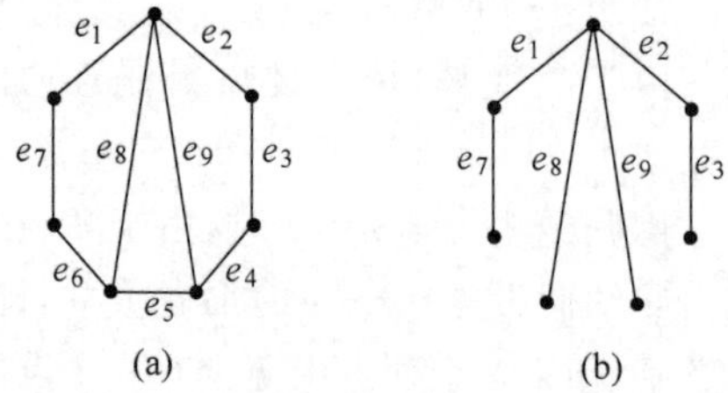

图 6-6 生成树

6.3 网络流问题的求解

求解网络流问题，需要先了解其解的定义。

6.3.1 网络流解的定义

定义 6-11 设有向连通图 $G=(V,E)$，G 的每条边(v_i,v_j)上有非负数 c_{ij} 称为边的容量，仅有一个入次为 0 的点 v_s 称为发点（源），一个出次为 0 的点 v_t 称为收点（汇），其余点为中间点，这样的网络 G 称为容量网络，常记作 $G=(V,E,C)$。

对任一 G 中的边(v_i,v_j)有流量 f_{ij}，称集合 $f=\{f_{ij}\}$为网络 G 上的一个流。称满足下列条件的流 f 为可行流。

(1) 容量限制条件：对 G 中每条边(v_i,v_j)，有 $0\leqslant f_{ij}\leqslant c_{ij}$。

(2) 平衡条件：对中间点 v_i，有 $\sum\limits_j f_{ij}=\sum\limits_k f_{ki}$，即物资的输入量与输出量相等。

对收、发点 v_t，v_s，有

$$\sum_i f_{si}=\sum_j f_{jt}=W$$

W 为网络流的总流量。

可行流总是存在的，例如 $f=\{0\}$就是一个流量为 0 的可行流。所谓最大流问题就是在容量网络中，寻找流量最大的可行流。

一个流 $f=\{f_{ij}\}$，当 $f_{ij}=c_{ij}$，则称流 f 对边(v_i,v_j)是饱和的，否则称 f 对(v_i,v_j)不饱和。最大流问题实际是个线性规划问题，但是利用它与图的紧密关系，能更为直观、简便地求解。

定义 6-12 容量网络 $G=(V,E,C)$，v_s，v_t 为发、收点，若有边集 E'为 E 的子集，将 G 分为两个子图 G_1，G_2，其顶点集合分别记 S，$\bar{S}$，$S\cup\bar{S}=V$，$S\cap\bar{S}=\varnothing$，v_s，v_t 分属 S，$\bar{S}$，满足：①$G(V,E-E')$不连通；②E''为 E'的真子集，而 $G(V,E-E'')$仍连通，则称 E'为 G 的割集，

记 $E'=(S,\bar{S})$。

对每个节点 $i\in N$,b_i 表示外部供应量,是从外部流入网络流的流量。若 $b_i>0$ 称节点 i 为源,若 $b_i<0$ 称节点 i 为汇点。

将所有 $i\in N$ 的公式等式两端相加,得到

$$\sum_{i\in N} b_i=0$$

意味着从环境流入网络的流量和从网络流出到环境的流量必定相等。在之后研究的可行流中我们都假定

$$\sum_{i\in N} b_i=0$$

成立。

一般的最小费用流问题是求解线性函数

$$\sum_{(i,j)\in E} d_{ij}f_{ij}$$

在所有可行流中的最小值。可以看到这是一个线性规划问题。如果 $c_{ij}=\infty$ 对所有 $(i,j)\in E$ 成立,则称这个问题是无约束的。否则,称其是有约束的。

下面概述本章涉及的一些重要的网络流问题的特殊情况。

(1) 最短路径问题。

若网络中的每条边都有一个数值(长度、成本、时间等),则找出两节点(通常是源节点和汇节点)之间总权和最小的路径就是最短路径问题。

(2) 最大流问题。

求网络中一个可行流 f^*,使其流量 $v(f)$ 达到最大,这种流 f 称为最大流,这个问题称为(网络)最大流问题。是在容量网络中,寻找流量最大的可行流。

(3) 最小树问题。

一个有 N 个点的图,边一定是大于或等于 $N-1$ 条的。图的最小生成树,就是在这些边中选出 $N-1$ 条,连接所有的 N 个点。这 $N-1$ 条边的边权之和是所有方案中最小的。

(4) 运输问题。

运输问题的典型情况是研究单一品种物质的运输调度问题:设某种物品有 m 个产地 A_1、A_2、…、A_m,各产地的产量分别是 a_1、a_2、…、a_m;有 n 个销地 B_1、B_2、…、B_m,各个销地的销量分别为 b_1、b_2、…、b_m。假定从产地 $A_i(i=1,2,\cdots,m)$ 向销地 $B_j(j=1,2,\cdots,n)$ 运输单位物品的运价为 c_{ij},问怎么调运这些物品才能使总运费最小?

(5) 指派问题。

给 N 个人安排 N 项工作,使得消耗的总资源最少。

6.3.2 网络流问题的变式

对于一些网络流问题可以做一些变式且易知它们是等价的。比如我们已经提到过的每个网络流问题都和一个运输问题等价。

(1) 任何网络流问题都可简化为有且仅有一个源和一个汇的问题。图 6-7 说明了这个问题。

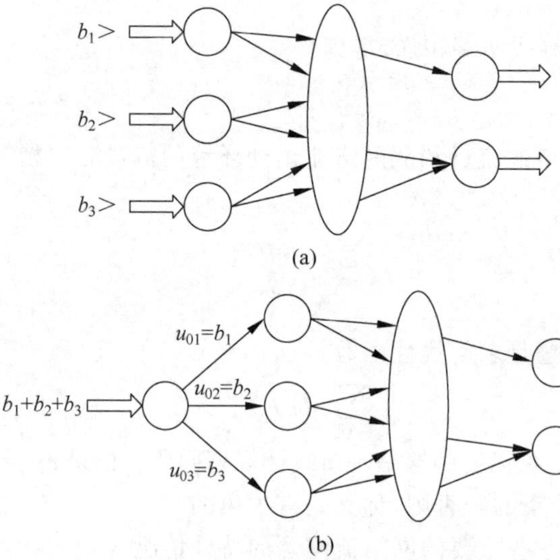

图 6-7　简化为有且仅有一个源和一个汇的问题

(2) 任何网络流问题可以被简化为一个没有源或汇的问题，这样的网络流问题被称为流转问题，如图 6-8 所示。

不失一般性，我们可以设网络流中有一个源 s 和一个汇 t，引入一个新的边 (t,s)，它的容量 $u_{ts}=b_s$，单位费用 $c_{ts}=-M$，其中 M 为足够大的数。

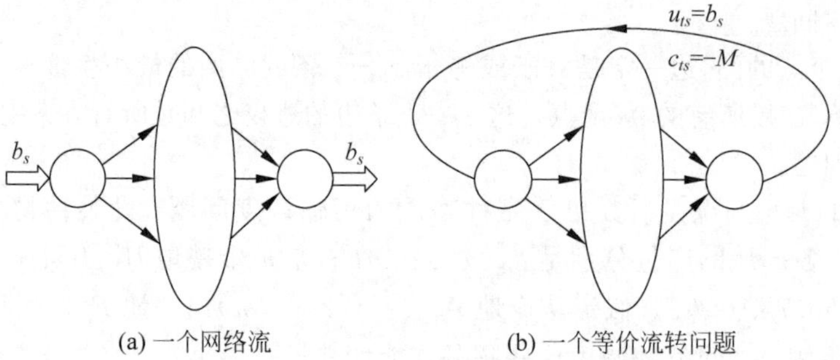

图 6-8　简化为一个没有源或汇的问题

因为 M 非常大，所以流转问题的最优解会使 f_{ts} 接近 b_s，相当于在节点 s 处有 b_s 的外部供应量。如果流转问题的最优解中 f_{ts} 不能达到 b_s，则意味着从 s 到 t 不可能流过 b_s，也就是原问题是不可行的。

(3) 节点容量。

设可以流入给定节点 i 的流量有一个上界 g_i，比如若 i 是一个源节点，则有限制条件

$$b_i + \sum_{j \in I(i)} f_{ij} \leqslant g_i$$

可以将节点 i 分成两个节点 i 和 i'，让 g_i 成为边 (i,i') 的容量，这样就转换成了只有边容量的情况，如图 6-9 所示。

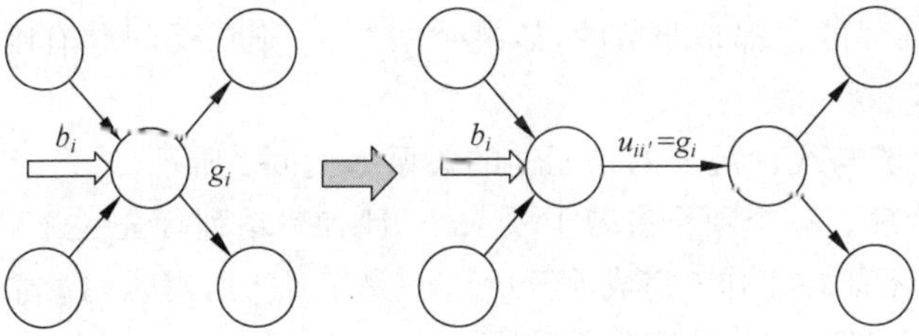

图 6-9 转换成只有边容量的情况

6.4 最短路径问题

最短路径问题是网络理论中应用最广泛的问题之一。许多优化问题可以使用这个模型，如设备更新、管道敷设、线路安排、厂区布局等。最短路径问题可以用动态规划算法来解决，但某些最短路径问题(如道路不能整齐分段者)构造动态规划方程比较困难，而图论方法则比较有效。

最短路径问题的一般提法如下：设 $G=(V,E)$ 为连通图，图中各边 (v_i,v_j) 有权 l_{ij} ($l_{ij}=\infty$ 表示 v_i,v_j 间无边)，v_s,v_t 为图中任意两点，求一条道路 μ，使它是从 v_s 到 v_t 的所有路中总权最小的路。即 $L(\mu)=\sum_{(v_i,v_j)\in\mu} l_{ij}$ 最小。

有些最短路径问题也可以是求网络中某指定点到其余所有节点的最短路径，或求网络中任意两点间的最短路径。

最短路径问题可以看作一个网络流问题，但是使用的解决最短路径问题的方法不依赖于网络流公式，而是围绕一些最优性条件——Bellman 方程。我们由二元性得到 Bellman 方程，并得到一系列算法。

6.4 节中的边、环等概念都是有向的。

6.4.1 公式化

给定一个有 n 个节点、m 条边的有向图 $G=(V,E)$，图中各边 (v_i,v_j) 有权 l_{ij}。一般地，权 l_{ij} 可以为负值。我们聚焦于两个问题：从 v_0 与各个节点的距离和最短路径，任意两点 v_i 和 v_j 之间的距离和最短路径。

考虑从 v_0 与各个节点的距离和最短路径。

定理 6-5 考虑 n 个节点有向图的最短路径问题和其相关的网络流问题。不失一般性，假定从每个节点有一个到节点 n 的道路，并且节点 n 没有向外的边。

(1) 若图中有一个负权的环，则网络流问题的最小花费是 $-\infty$。

(2) 假定所有的环的权都是非负的，如果一个树的解决方案是最佳的，则这个树为最短路径对应的树。

(3) 假定所有的环的权都是非负的，如果令 $p_n=0$，则二元问题有唯一的解 p^*，且 p_i^* 是到节点 v_i 的最短路径。

最短路径、网络流与线性规划的二元性的关系如例 6-2 所示。

例 6-2 项目管理。一个项目有若干项工作，且有一系列优先关系。特别地，给定集合 $A=\{(i,j)\mid$工作 j 不能在工作 i 完成前开始$\}$，c_i 是工作 i 所需时间。希望使项目花费时间最短。这可以转换为解决一个最短路径问题。

解：引入两个虚拟的工作 s 和 t，所需时间为 0，作为工作开始和结束的标志。对所有的 i，在集合 A 中增添 (s,i)，(i,t)。设 p_i 是工作 i 开始的时间。优先关系 (i,j) 产生限制条件

$$p_j \geqslant p_i + c_i$$

项目所需总时间为 $p_t - p_s$。

所以问题转换为

最小化

$$p_t - p_s$$

约束条件

$$p_j \geqslant p_i + c_i, \quad \forall (i,j) \in A$$

即对于一般问题

最大化

$$\sum_{(i,j)\in A} c_i f_{ij}$$

约束条件

$$\sum_{\{j\mid (j,i)\in A\}} f_{ij} - \sum_{\{j\mid (i,j)\in A\}} f_{ij} = b_i, \quad \forall i$$

$$f_{ij} \geqslant 0, \quad \forall (i,j) \in A$$

其中，$b_s=-1$，$b_t=1$ 且 $b_i=0$ $i\neq s,t$。这是一个最短路径问题。自然地我们可以假定图中没有环，否则项目不能被完成。

6.4.2 Bellman 等式

当 $b_1=\cdots=b_{n-1}=1$，$p_n=0$ 时，二元问题有如下形式：

最大化

$$\sum_{i=1}^{n-1} p_i$$

满足限制条件

$$p_i \leqslant c_{ij} + p_j, \quad \forall (i,j) \in A$$

若 $\boldsymbol{P}$ 中的元素除 p_i 外均有固定的值,那么会使 p_i 达到限制条件下的最大值,即 $\min\limits_{k \in O(i)} \{c_{ik} + p_k^*\}$。$\boldsymbol{P}^*$ 是二元问题的最优解,也是最短路径,满足

$$p_i^* = \min_{k \in O(i)} \{c_{ik} + p_k^*\}, \quad i = 1,2,\cdots,n-1$$

$$p_n^* = 0$$

这是 Bellman 等式,有 $n-1$ 个未知数,$n-1$ 个方程。

最短路径问题满足 Bellman 等式,因此,直观地求最短路径问题的解的方法就是直接解 Bellman 方程。但是 Bellman 方程可能有多组解。如果所有的环都有正的权,那么最短路径问题的解是 Bellman 方程的唯一解。若所有的环都有非负的权,那么最短路径问题的解是 Bellman 方程的最大解。

6.4.3 Bellman-Ford 算法

解方程组 $x = F(x)$ 的最普遍做法是用迭代方法,这样解 Bellman 方程得到了 Bellman-Ford 算法。

设 $p_i(t)$ 是节点 i 到节点 n 最多经过 t 条边的最短路径的长度。对任何 t,$p_n(t)=0$,对所有的 $i \neq n$,$p_i(0)=\infty$。从节点 i 到节点 n 的最短路径至多需要 $t+1$ 条边,其中先从 i 到节点 k,再从 k 到 n 的最短路径至多需要 t 条边。因此有

$$p_i(t+1) = \min_{k \in O(i)} \{c_{ik} + p_k(t)\}, \quad i = 1,2,\cdots,n-1$$

这些等式定义了 Bellman-Ford 算法,计算中最多需要 n 次迭代。这种算法的计算复杂度是 $O(mn)$。

6.4.4 Dijkstra 算法

本算法由 Dijkstra 于 1959 年提出,可用于求解指定两点 v_s,v_t 间的最短路径,或从指定点 v_s 到其余各点的最短路径,目前被认为是求无负权网络最短路径问题的最好方法。算法的基本思路基于以下原理:若序列$\{v_s, v_1, \cdots, v_{n-1}, v_n\}$是从 v_s 到 v_n 的最短路径,则序列$\{v_s, v_1, \cdots, v_{n-1}\}$必为从 v_s 到 v_{n-1} 的最短路径。

下面给出 Dijkstra 算法基本步骤,采用标号法。标号法是实际中非常有效的解决最短路径问题的算法。它与 Bellman-Ford 算法的精髓类似,但是更加灵活。可用两种标号:T 标号与 P 标号。T 标号为试探性标号(tentative label),P 为永久性标号(permanent label)。给 v_i 点一个 P 标号表示从 v_s 到 v_i 点的最短路径权,v_i 点的标号不再改变。给 v_i 点一个 T 标号表示从 v_s 到 v_i 点的估计最短路径权的上界,是一种临时标号,凡没有得到 P 标号的点都有 T 标号。算法每一步都把某一点的 T 标号改为 P 标号,当终点 v_t 得到 P 标号时,全部计算结束。对于有 n 个顶点的图,最多经 $n-1$ 步就可以得到从始点到终点的最短路径。

步骤如下。

(1) 给 v_s 以 P 标号，$P(v_s)=0$，其余各点均给 T 标号，$T(v_i)=+\infty$。

(2) 若 v_i 点为刚得到 P 标号的点，考虑这样的点 v_j：(v_i,v_j) 属于 E，且 v_j 为 T 标号。对 v_j 的 T 标号进行以下更改：

$$T(v_j)=\min[T(v_j),P(v_i)+l_{ij}]$$

(3) 比较所有具有 T 标号的点，把最小者改为 P 标号，即

$$P(\bar{v}_i)=\min[T(v_i)]$$

当存在两个以上最小者时，可同时改为 P 标号。若全部点均为 P 标号则停止。否则用 $\bar{v}_i$ 代替 v_i 转回步骤(2)。

例 6-3 用 Dijkstra 算法求图 6-10 中 v_1 点到 v_6 点的最短路径。

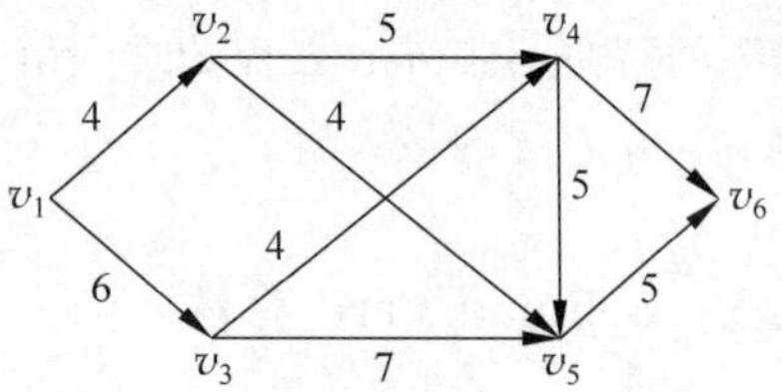

图 6-10 例 6-3 中需要求最短路径的图形

解：(1) 首先给 v_1 以 P 标号，$P(v_1)=0$，给其余所有点 T 标号，有

$$T(v_i)=+\infty \quad (i=2,3,\cdots,6)$$

(2) 由于 (v_1,v_2)，(v_1,v_3) 边属于 E，且 v_2，v_3 为 T 标号，所以修改这两个点的标号

$$T(v_2)=\min[T(v_2),P(v_1)+l_{12}]=\min[+\infty,0+4]=4$$

$$T(v_3)=\min[T(v_3),P(v_1)+l_{13}]=\min[+\infty,0+6]=6$$

(3) 比较所有 T 标号，$T(v_2)$ 最小，所以令 $P(v_2)=4$。并记录路径 (v_1,v_2)。

(4) v_2 为刚得到 P 标号的点，考查边 (v_2,v_4)，(v_2,v_5) 的端点 v_4，v_5，有

$$T(v_4)=\min[T(v_4),P(v_2)+l_{24}]=\min[+\infty,4+5]=9$$

$$T(v_5)=\min[T(v_5),P(v_2)+l_{25}]=\min[+\infty,4+4]=8$$

(5) 比较所有 T 标号，$T(v_3)$ 最小，所以令 $P(v_3)=6$。并记录路径 (v_1,v_3)。

(6) 考虑点 v_3，有

$$T(v_4)=\min[T(v_4),P(v_3)+l_{34}]=\min[9,6+4]=9$$

$$T(v_5)=\min[T(v_5),P(v_3)+l_{35}]=\min[8,6+7]=8$$

(7) 全部 T 标号中，$T(v_5)$ 最小，令 $P(v_5)=8$，记录路径 (v_2,v_5)。

(8) 考查 v_5，有

$$T(v_6)=\min[T(v_6),P(v_5)+l_{56}]=\min[+\infty,8+5]=13$$

(9) 全部 T 标号中，$T(v_4)$ 最小，令 $P(v_4)=9$，记录路径 (v_2,v_4)。

(10) 考查 v_4，有

$$T(v_6)=\min[T(v_6),P(v_4)+l_{46}]=\min[13,9+7]=13$$

(11) 全部 T 标号中，$T(v_6)$ 最小，令 $P(v_6)=13$，记录路径 (v_5,v_6)，计算结束。

全部计算结果见图 6-11，v_1 到 v_6 之最短路径为 $v_1 \to v_2 \to v_5 \to v_6$，路长 $P(v_6)=13$，同时得到 v_1 点到其余各点的最短路径，如图 6-11 中粗线所示。

需要注意的是，这个算法只适用于全部权为非负的情况，如果某边上权为负的，算法失

效。这从一个简单例子就可以看到，图 6-12 中，我们按 Dijkstra 算法得 $P(v_1)=5$ 为从 $v_s \to v_1$ 的最短路径长显然是错误的，从 $v_s \to v_2 \to v_1$ 只有 3。

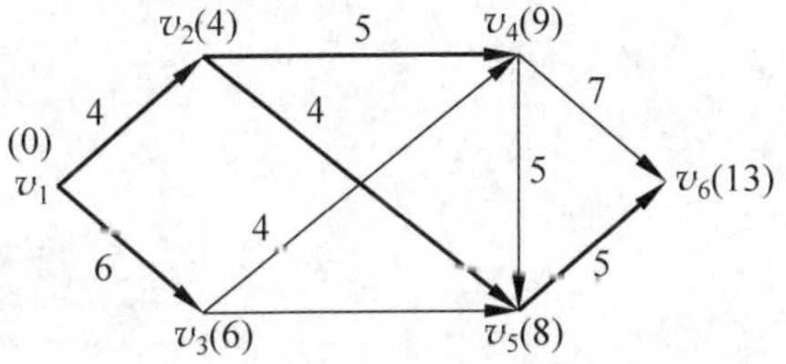

图 6-11　例 6-3 的计算结果

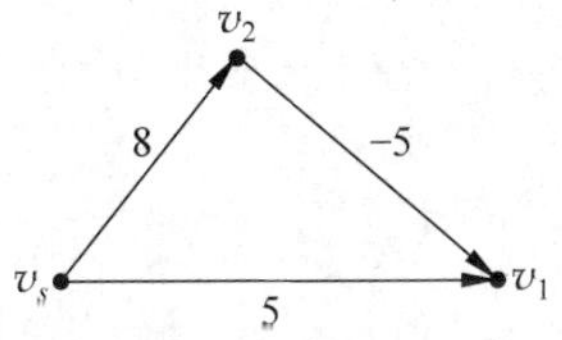

图 6-12　权为负的情况

最短路径问题在图论应用中处于很重要的地位，下面以设备更新和选址为例说明其实际应用。

例 6-4　某连锁企业在某地区有 6 个销售点，已知该地区的交通网络如图 6-13 所示，其中点代表销售点，边表示公路，l_{ij} 为销售点间公路距离，问仓库应建在哪个小区，可使离仓库最远的销售点到仓库的路程最近？

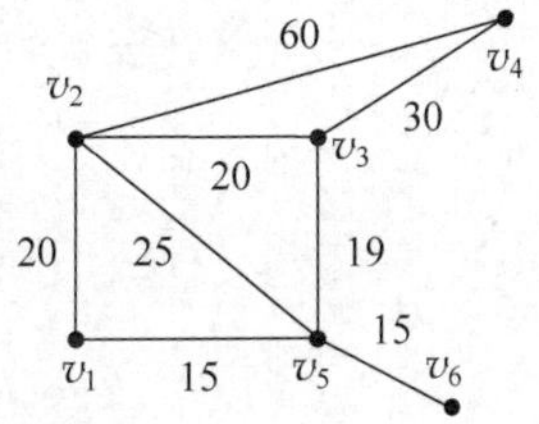

图 6-13　某地区的交通网络

解：这是个选址问题，实际需要求出图的中心，可以转换为一系列求最短路径问题。先求出 v_1 到其他各点的最短路径长 d_j，令 $D(v_1)=\max(d_1,d_2,\cdots,d_6)$，表示若仓库建在 v_1，则离仓库最远的销售点距离为 $D(v_1)$。再依次计算 v_2、v_3、…、v_6 到其余各点的最短路径，类似求出 $D(v_2)$、$D(v_3)$、…、$D(v_6)$。$D(v_i)(i=1,2,\cdots,6)$中最小者即为所求，计算结果见表 6-1。

表 6-1　例 6-4 的计算结果

销售点	v_1	v_2	v_3	v_4	v_5	v_6	$D(v_i)$
v_1	0	20	33	63	15	30	63
v_2	20	0	20	50	25	40	50
v_3	33	20	0	30	18	33	33
v_4	63	50	30	0	48	63	63
v_5	15	25	18	48	0	15	48
v_6	30	40	33	63	15	0	63

由于 $D(v_3)=33$ 最小，所以仓库应建在 v_3，此时离仓库最远的销售点（v_1 和 v_6）距离为 33。

6.4.5　Dijkstra 算法的 MATLAB 实现

Dijkstra 算法的代码如下：

```
%%Dijkstra 算法 MATLAB 程序
%Dijkstra 算法
```

```
%输入带权矩阵 W
[m,n]=size(W);
%赋初值
%l(v)——顶点 v 的标号,表示从顶点 u0 到 v 的一条路的权值
%z(v)——顶点 v 的父节点标号,用以确定短路的路线
n=size(W,1);
for i=1:n
   l(i)=W(1,i);
   z(i)=0;
end
i=1;
while i<=n
   for j=1:n
      if l(i)>l(j)+W(j,i)
         l(i)=l(j)+W(j,i);
         z(i)=j-1;
         if j<i
            i=j-1;
         end
      end
   end
   i=i+1;
end
z=z+1;
z
l
%输出向量 z 为最短路径
%输出向量 l 为最短路径长
```

例 6-5　设备更新问题。

某工厂使用一台设备,每年年初工厂都要作出决定,如果继续使用旧设备,要付较多维修费;若购买一台新设备,要付更新费。试制订一个 5 年的更新计划,使总支出最少。该设备在不同役龄的年效益、维修费与更新费如表 6-2 所示。

表 6-2　该设备在不同役龄的年效益、维修费与更新费

项　目	役龄					
	0	1	2	3	4	5
年效益 $r_k(t)$	5	4.5	4	3.75	3	2.5
维修费 $u_k(t)$	0.5	1	1.5	2	2.5	3
更新费 $c_k(t)$	—	1.5	2.2	2.5	3	3.5

解:把这个问题转换为最长路径问题。

用点 v_i 表示第 i 年年初购进一台新设备,虚设一个点 v_6,表示第五年年底。

边(v_i, v_j)表示第 i 年初购进的设备一直使用到第 j 年年初(即第 $j-1$ 年年底)。

边(v_i, v_j)上的数字表示第 i 年初购进设备,一直使用到第 j 年初的累计效益减去累计维修费及$(j-1)$年末更新费用后的净收益。注意第五年年末时设备不再更新(可由表 6-2 计算得到)。例如,(v_1, v_4)边上的数字 8.0 为役龄分别为 0,1,2 时的 3 年效益$(5+4.5+4=13.5)$减去这 3 年相应的维修费用$(0.5+1+1=2.5)$,再减去役龄为 3 时的更新费用 2.5 得到,见图 6-14。

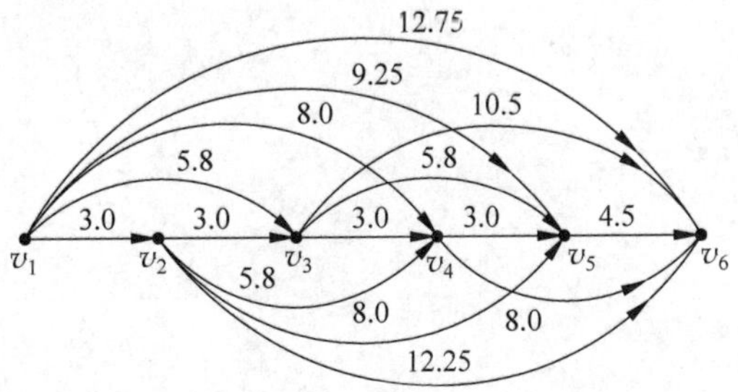

图 6-14 净收益

这样设备更新问题就变为求从 v_1 到 v_6 的最长路径问题,计算结果表明:$v_1 \to v_2 \to v_3 \to v_4 \to v_6$ 为最长路径,路径长为 17。即在第一年、第二年、第三年年末设备各更新一次,再用到第五年年末为最优决策。这时 5 年的总收益为 17 万元。

管理实践中,常遇到选址问题,如有若干销售点的物流网络中,要选择一个地方设置仓库,就是寻求网络的中心或重心问题。所谓网络的中心,是指在 n 个点的网络中,已知各点间的距离,选择某个点,使其余各点中到该点的距离最远的点距离最近,也就是使最大运输距离达到最小。这个点称为该网络的中心。

6.4.6 Floyd 算法

某些问题中,要求网络上任意两点间的最短路径,如例 6-4。这类问题可以用 Dijkstra 算法依次改变起点的办法计算,但比较烦琐。使用 Floyd 方法可直接求出网络中任意两点间的最短路径。

为计算方便,令网络的权矩阵为 $\boldsymbol{D}=(d_{ij})_{n\times n}$,$l_{ij}$ 为 v_i 到 v_j 的距离。

其中,
$$d_{ij}=\begin{cases} l_{ij}, & (v_i, v_j)\in E \\ \infty, & \text{其他} \end{cases}$$

算法基本步骤如下。

(1) 输入权矩阵 $\boldsymbol{D}^{(0)}=\boldsymbol{D}$。

(2) 计算 $\boldsymbol{D}^{(k)}=(d_{ij}^{(k)})_{n\times n}(k=1,2,3,\cdots,n)$。其中,$d_{ij}^{(k)}=\min[d_{ij}^{(k-1)}, d_{ik}^{(k-1)}+d_{kj}^{(k-1)}]$。

(3) $\boldsymbol{D}^{(n)}=(d_{ij}^{(n)})_{n\times n}$ 中元素 $d_{ij}^{(n)}$ 就是 v_i 到 v_j 的最短路径。

6.4.7 Floyd 算法的 MATLAB 实现

Floyd 算法代码如下：

```
%%floyd算法的 MATLAB 程序
%输入权矩阵 D
n=size(D,1);
d=D;
for i=1:n
   for j=1:n
      r(i,j)=j;
   end
end
r;
for k=1:n
   for i=1:n
      for j=1:n
         if d(i,k)+d(k,j)<d(i,j)
            d(i,j)=d(i,k)+d(k,j);
            r(i,j)=r(i,k);
         end
      end
   end
end
r
d
%输出矩阵 d 中元素 d(i,j)即为从 vi 到 vj 的最短路径长度
%r 矩阵储存最短路径,从 vi 到 vj 的最短路径是 vi 先到 r(i,j)再到 vj
```

例 6-6 求图 6-13 中任意两点间的最短路径。

解：由图 6-13 得到

$$\boldsymbol{D}=\begin{bmatrix}0&20&\infty&\infty&15&\infty\\20&0&20&60&25&\infty\\\infty&20&0&30&18&\infty\\\infty&60&30&0&\infty&\infty\\15&25&18&\infty&0&15\\\infty&\infty&\infty&\infty&15&0\end{bmatrix}\begin{matrix}v_1\\v_2\\v_3\\v_4\\v_5\\v_6\end{matrix}$$

$$\begin{matrix}v_1&v_2&v_3&v_4&v_5&v_6\end{matrix}$$

$$\boldsymbol{D}^{(1)}=\boldsymbol{D}^{(0)}$$

$$
\boldsymbol{D}^{(2)}=\begin{bmatrix}0 & 20 & & & 15 & \infty\\ 20 & 0 & 20 & 60 & 25 & \infty\\ & 20 & 0 & 30 & 18 & \infty\\ & 60 & 30 & 0 & & \infty\\ 15 & 25 & 18 & & 0 & 15\\ \infty & \infty & \infty & \infty & 15 & 0\end{bmatrix}\quad \boldsymbol{D}^{(3)}=\begin{bmatrix}0 & 20 & 40 & & 15 & \infty\\ 20 & 0 & 20 & & 25 & \infty\\ 40 & 20 & 0 & 30 & 18 & \infty\\ & & 30 & 0 & & \infty\\ 15 & 25 & 18 & & 0 & 15\\ \infty & \infty & \infty & \infty & 15 & 0\end{bmatrix}
$$

矩阵中 $d_{ij}^{(1)}=\min[d_{ij}^{(0)},d_{il}^{(0)}+d_{lj}^{(0)}]$ 表示从 v_i 点到 v_j 点或直接有边或经 v_1 为中间点时的最短路径长，$d_{ij}^{(2)}$、$d_{ij}^{(3)}$ 分别表示从 v_i 到 v_j，最多经中间点 v_1、v_2 与 v_1、v_2、v_3 的最短路径长。圆圈中数字为更新元。

$$
\boldsymbol{D}^{(4)}=\boldsymbol{D}^{(3)},\quad \boldsymbol{D}^{(5)}=\begin{bmatrix}0 & 20 & & & 15 & \\ 20 & 0 & 20 & 50 & 25 & \\ & 20 & 0 & 30 & 18 & \\ & 50 & 30 & 0 & 48 & \\ 15 & 25 & 18 & 48 & 0 & 15\\ & & & & 15 & 0\end{bmatrix},\quad \boldsymbol{D}^{(6)}=\boldsymbol{D}^{(5)}
$$

由于 $d_{ij}^{(6)}$ 表示从 v_i 点到 v_j 点，最多经由中间点 $v_1,v_2,\cdots,v_6$ 的所有路中的最短路径长，所以 $\boldsymbol{D}^{(6)}$ 就给出了任意两点间不论几步到达的最短路径长。

如果希望计算结果不仅给出任意两点的最短路径长，而且给出具体的最短路径，则在运算过程中要保留下标信息，即 $d_{ik}+d_{kj}=d_{ikj}$ 等。

如在例 6-6 中 $\boldsymbol{D}^{(2)}$ 的 $d_{45}^{(2)}=85$，是 $d_{42}^{(1)}+d_{25}^{(1)}=60+25$ 得到的，所以 $d_{45}^{(2)}$ 可写成 85_{425}，又如 $d_{46}^{(5)}$ 是由 $d_{43}^{(4)}+d_{35}^{(4)}+d_{56}^{(4)}=30+18+15=63$ 得到的，所以 $d_{46}^{(5)}$ 可写为 63_{4356} 等。

由此，可得

$$
\boldsymbol{D}^{(6)}=\begin{bmatrix}0 & 20 & 33_{153} & 63_{1534} & 15 & 30_{156}\\ 20 & 0 & 20 & 50_{234} & 25 & 40_{256}\\ 33_{351} & 20 & 0 & 30 & 18 & 33_{356}\\ 63_{4351} & 50_{432} & 30 & 0 & 48_{435} & 63_{4356}\\ 15 & 25 & 18 & 48_{534} & 0 & 15\\ 30_{651} & 40_{652} & 33_{653} & 63_{6534} & 15 & 0\end{bmatrix}
$$

6.5 最大流问题

定义 6-13 容量网络 G，若 μ 为网络中从 v_s 到 v_t 的一条链，给 μ 定向为从 v_s 到 v_t，μ 上的边凡与 μ 同向称为前向边，凡与 μ 反向称为后向边，其集合分别用 μ^+ 和 μ^- 表示，f 是一个可行流，如果满足

$$\begin{cases} 0 \leqslant f_{ij} \leqslant c_{ij}, & (v_i, v_j) \in \mu^+ \\ c_{ij} \geqslant f_{ij} > 0, & (v_i, v_j) \in \mu^- \end{cases}$$

则称 μ 为从 v_s 到 v_t 的(关于 f 的)可增广链。

推论 可行流 f 是最大流的充要条件是不存在从 v_s 到 v_t 的(关于 f 的)可增广链。

可增广链的实际意义是：沿着这条链从 v_s 到 v_t 输送的流，还有潜力可挖，只需按照定理证明中的调整方法，就可以把流量提高，调整后的流，在各点仍满足平衡条件及容量限制条件，即仍为可行流。这样就得到了一个寻求最大流的方法：从一个可行流开始，寻求关于这个可行流的可增广链，若存在，则可以经过调整，得到一个新的可行流，其流量比原来的可行流要大，重复这个过程，直到不存在关于该流的可增广链时就得到了最大流。

Ford-Fulkerson 算法步骤如下。

(1) 从一个可行流开始。

(2) 找一条增广链。

(3) 若没有增广链，算法终止。

(4) 如果找到增广链 P，那么①若 $\delta(P)<\infty$，在该可行流中增加 $\delta(P)$，并回到步骤(2)；②若 $\delta(P)=\infty$，算法终止。

6.5.1 标号法

设已有一个可行流 f，标号的方法可分为两步：第一步是标号过程，通过标号来寻找可增广链；第二步是调整过程，沿可增广链调整 f 以增加流量。

1. 标号过程

(1) 给发点以标号$(\Delta,+\infty)$。

(2) 选择一个已标号的顶点 v_i，对于 v_i 的所有未给标号的邻接点 v_j 按下列规则处理。

若边$(v_j,v_i)\in E$，且 $f_{ij}>0$，则令 $\delta_j=\min(f_{ji},\delta_i)$，并给 v_j 以标号$(-v_i,\delta_j)$。

若边$(v_i,v_j)\in E$，且 $f_{ij}<c_{ij}$ 时，令 $\delta_j=\min(c_{ij}-f_{ij},\delta_i)$，并给 v_j 以标号$(+v_i,\delta_j)$。

(3) 重复(2)直到收点 v_t 被标号或不再有顶点可标号时为止。

若 v_t 得到标号，说明存在一条可增广链，转(第二步)调整过程。若 v_t 未获得标号，标号过程已无法进行时，说明 f 已是最大流。

2. 调整过程

(1) 令 $f'_{ij}=\begin{cases} f_{ij}+\delta_t, & 若(v_i,v_j)是可增广链上的前向边 \\ f_{ij}-\delta_t, & 若(v_i,v_j)是可增广链上的后向边 \\ f_{ij}, & 若(v_i,v_j)不在可增广链上 \end{cases}$

(2) 去掉所有标号，回到第一步，对可行流 f' 重新标号。

例 6-7 图 6-15 表明一个网络及初始可行流,每条边上的有序数表示(c_{ij},f_{ij}),求这个网络的最大流。

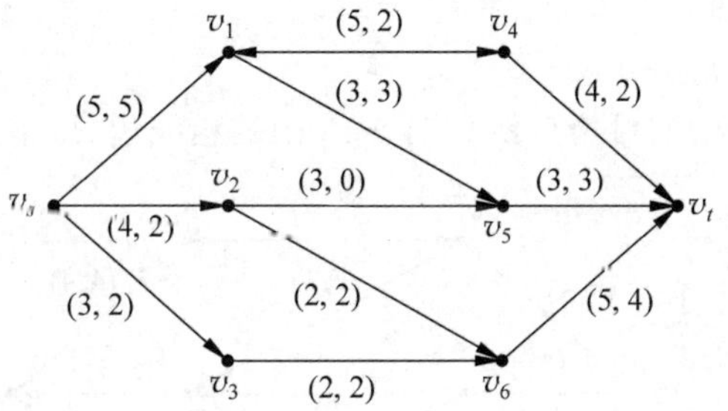

图 6-15 初始可行流

解:先给 v_s 标以(Δ,+∞)。

检查 v_s 的邻接点 v_1,v_2,v_3,发现 v_2 点满足(v_s,v_2)∈E,且 $f_{s2}=2<c_{s2}=4$,令 $\delta_{v_2}=\min[2,+\infty]=2$,给 v_2 以标号[$+v_s$,2]。同理给 v_3 点以标号[$+v_s$,1]。

检查 v_2 点的尚未标号的邻接点 v_5,v_6,发现 v_5 满足(v_2,v_5)∈E,且 $f_{25}=0<c_{25}=3$,令 $\delta_{v_5}=\min[3,2]=2$,给 v_5 以标号[$+v_2$,2]。

检查与 v_5 点邻接的未标号点有 v_1,v_t,发现 v_1 点满足(v_1,v_5)∈E,且 $f_{15}=3>0$,令 $\partial_{v_1}=\min[3,2]=2$,则给 v_1 点以标号[$-v_5$,2]。

v_4 点未标号,与 v_1 邻接,边(v_1,v_4)∈E,且 $f_{14}=2<c_{14}=5$,所以令 $\delta_{v_4}=\min[3,2]=2$,给 v_4 以标号[$+v_1$,2]。

v_t 步骤类似,可由 v_4 得到标号[$+v_4$,2]。

由于 v_t 已得到标号,说明存在可增广链,所以标号过程结束,见图 6-16,增广链为 $v_5\to v_2\to v_5\to v_1\to v_4\to v_t$。

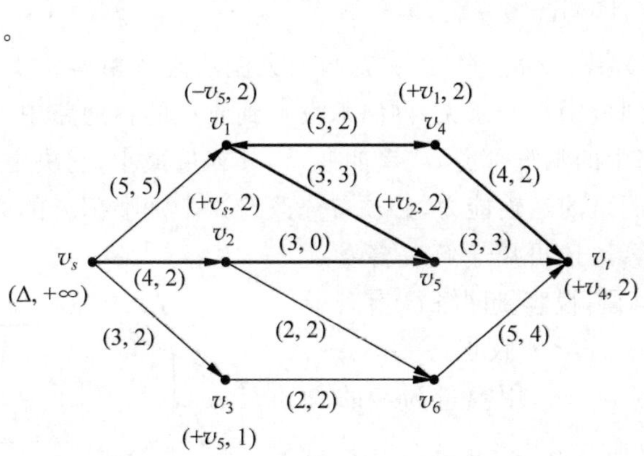

图 6-16 通过标号寻找可增广链

转入调整过程,令 $\delta=\delta_{v_t}=2$ 为调整量,从 v_t 点开始,由逆可增广链方向按标号[$+v_4$,2]找到点 v_4,令 $f'_{4t}=f_{4t}+2$。

再由 v_4 点标号$[+v_1,2]$找到前一个点 v_1，并令 $f'_{14}=f_{14}+2$。按 v_1 点标号找到点 v_5。

由于标号为$-v_5$，(v_5,v_1)为反向边，令 $f'_{15}=f_{15}-2$。

由 v_5 点的标号再找到 v_2，令 $f'_{25}=f_{25}+2$。

由 v_2 点找到 v_s，令 $f'_{s2}=f_{s2}+2$。

调整过程结束，调整中的可增广链见图 6-16 中的粗线边，调整后的可行流见图 6-17。

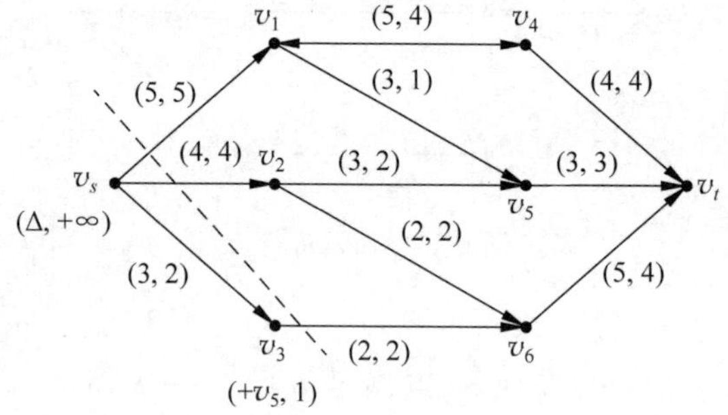

图 6-17　调整后的可行流

重新开始标号过程，寻找可增广链，当标到 v_3 点为$[+v_s,1]$以后，与 v_s、v_3 点邻接的点 v_1、v_2、v_6 都不满足标号条件，所以标号过程无法再继续，而 v_t 点并未得到标号，如图 6-17 所示。

这时 $W=f_{s1}+f_{s2}+f_{s3}=f_{4t}+f_{5t}+f_{6t}=11$，即为最大流的流量，算法结束。

用标号法在得到最大流的同时，可得到一个最小割。即如图 6-17 中虚线所示。

标号点集合为 S，即 $S=\{v_s,v_3\}$；

未标号点集合为 $\bar{S}=\{v_1,v_2,v_4,v_5,v_6,v_t\}$；

此时割集$(S,\bar{S})=\{(v_s,v_1),(v_s,v_2),(v_3,v_6)\}$；

割集容量 $C(S,\bar{S})=c_{s1}+c_{s2}+c_{36}=11$，与最大流的流量相等。

由此也可以体会到最小割的意义，网络从发点到收点的各通路中，由容量决定其通过能力，最小割则是这些路中的咽喉部分，或者叫瓶口，其容量最小，它决定了整个网络的最大通过能力。要提高整个网络的运输能力，必须首先改造这个咽喉部分的通过能力。

求最大流的标号算法还可用于解决多发点多收点网络的最大流问题，设容量网络 G 有若干个发点 x_1、x_2、…、x_m；若干个收点 y_1、y_2、…、y_n，可以添加两个新点 v_s、v_t，用容量为∞的有向边分别连接 v_s 与 x_1、x_2、…、x_m，y_1、y_2、…、y_n 与 v_t，得到新的网络 G'，G'为只有一个发点 v_s，一个收点 v_t 的网络，求解 G'的最大流问题即可得到 G 的解，如图 6-18 所示。

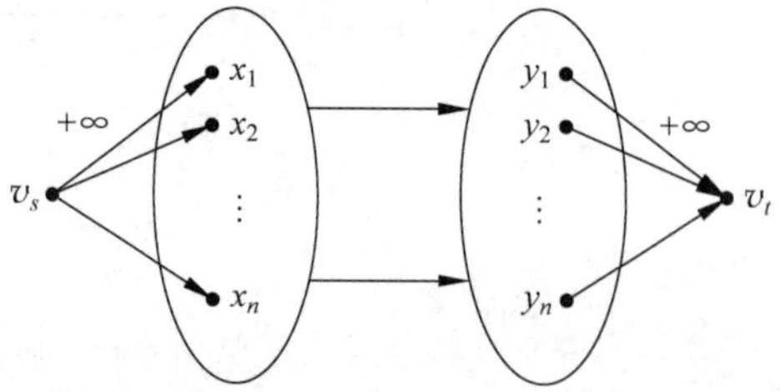

图 6-18　多发点多收点网络

6.5.2 最大流最小割定理

定义 6-14 容量网络$G=(V,E,C)$，v_s、v_t为发、收点，若有边集E'为E的子集，将G分为两个子图G_1和G_2，其顶点集合分别记为S、$\bar{S}$，$S\cup\bar{S}=V$，$S\cap\bar{S}=\varnothing$，v_s、v_t分属S、$\bar{S}$，满足：①$G(V,E-E')$不连通；②E''为E'的真子集，而$G(V,E-E'')$仍连通，则称E'为G的割集，记$E'=(S,\bar{S})$。

割集$(S,\bar{S})$中所有始点在S，终点在$\bar{S}$的边的容量之和，称为$(S,\bar{S})$的割集容量，记为$\boldsymbol{C}(S,\bar{S})$。如图 6-16 所示，边集$\{(v_s,v_t),(v_1,v_3),(v_2,v_3),(v_3,v_t),(v_4,v_t)\}$和边集$\{(v_s,v_1),(v_s,v_3),(v_s,v_4)\}$都是$G$的割集，它们的割集容量分别为 9 和 11。容量网络G的割集有多个，其中割集容量最小者称为网络G的最小割集容量(简称最小割)。

由割集的定义不难看出，在容量网络中割集是由v_s到v_t的必经之路，无论拿掉哪个割集，v_s到v_t便不再相通，所以任何一个可行流的流量不会超过任一割集的容量，也即网络的最大流与最小割容量(最小割)满足下面定理。

定理 6-6 设f为网络$G=(V,E,C)$的任一可行流，流量为W，$(S,\bar{S})$是分离v_s和v_t的任一割集，则有$W\leqslant C(S,\bar{S})$。(证明略)

由此可知，若能找到一个可行流f^*，一个割集$(S^*,\bar{S}^*)$，使得f^*的流量$W^*=\boldsymbol{C}(S^*,\bar{S}^*)$，则$f^*$一定是最大流，而$(S^*,\bar{S}^*)$就是所有割集中容量最小的一个。下面证明最大流-最小割定理，定理的证明也给出了寻求最大流的方法。

定理 6-7 (最大流最小割定理)任一个网络G中，从v_s到v_t的最大流的流量等于分离v_s、v_t的最小割的容量。

证明：设f^*是一个最大流，流量为W，用以下方法定义点集S^*：令$v_s\in S^*$；若点$v_i\in S^*$，且$f_{ij}^*<c_{ij}$，则令$v_j\in S^*$，若点$v_i\in S^*$，且$f_{ij}^*>0$，则令$v_j\in S^*$。

在这种定义下，v_t一定不属于S^*，若否，$v_t\in S^*$，则得到一条从v_s到v_t的链μ，规定v_s到v_t为链μ的方向，链上与μ方向一致的边叫前向边，与μ方向相反的边称为后向边，即如图 6-19 中(v_1,v_2)为前向边，(v_3,v_2)为后向边。

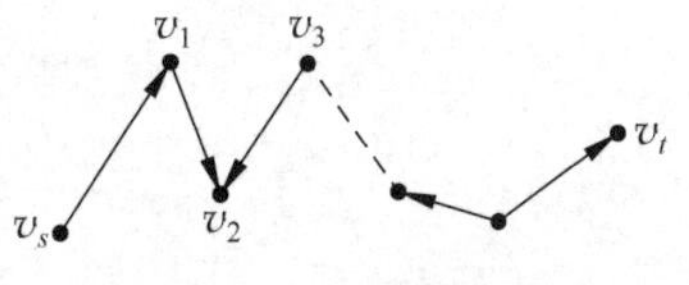

图 6-19 前向边、后向边

根据S^*的定义，μ中的前向边(v_i,v_j)上必有$f_{ij}^*<c_{ij}$，后向边上必有$f_{ij}^*>0$。

令
$$\delta_{ij}=\begin{cases}c_{ij}-f_{ij}^*, & (v_i,v_j)\text{为前向边}\\ f_{ij}^*, & (v_i,v_j)\text{为后向边}\end{cases}$$

取
$$\delta=\min\{\delta_{ij}\}，\text{显然 }\delta>0。$$

把f^*修改为f_1^*：

$$f_1^* = \begin{cases} f_{ij}^* + \delta, & (v_i, v_j) \text{ 为 } \mu \text{ 上前向边} \\ f_{ij}^* - \delta, & (v_i, v_j) \text{ 为 } \mu \text{ 上后向边} \\ f_{ij}^*, & \text{其他} \end{cases}$$

不难验证 f_1^* 仍为可行流(即满足容量限制条件与平衡条件),但是 f_1^* 的总流量等于 f^* 的流量加 δ,这与 f^* 为最大流矛盾,所以 v_t 不属于 S^*。

令 $\bar{S}^* = V \backslash S^*$,则 $v_t \in \bar{S}^*$。

于是得到一个割集$(S^*, \bar{S}^*)$,对割集中的边(v_i, v_j)显然有

$$f_{ij}^* = \begin{cases} c_{ij} & v_i \in S^*, v_j \in \bar{S}^* \\ 0 & v_j \in S^*, v_i \in \bar{S}^* \end{cases}$$

但流量 W 又满足

$$W = \sum_{v_i \in S^*, v_i \in \bar{S}^*} [f_{ij}^* - f_{ji}^*] = \sum_{v_i \in S^*, v_j \in \bar{S}^*} c_{ij} = c(S^*, \bar{S}^*)$$

所以最大流的流量等于最小割的容量,定理得到证明。

6.5.3 Ford-Fulkerson 算法的 MATLAB 实现

Ford-Fulkerson 算法的 MATLAB 代码如下:

```
%%Ford-Fulkerson 算法的 MATLAB 程序
%Ford-Fulkerson 算法
%输入 C
function [f w] = Fordful(C,f0)
%输入:C 为容量,f0 为当前流量,若不给出则认为 f0 = 0
%输出:f 为最大流,w 为最大流量
n = length(C);
if nargin == 1;
   f = zeros(n,n);
else
   f = f0;
end
Z1 = zeros(1,n);
d = zeros(1,n);
while (1)
    Z1(1) = n + 1;
    d(1) = inf;
    while (1)
        pp = 1;
        for i = 1:n
```

```
            if (Z1(i))
                for j = 1:n
                    if Z1(j) == 0&f(i,j)< C(i,j)
                        Z1(j) = i;
                        d(j) = C(i,j) - f(i,j);
                        pp = 0;
                        if d(j)> d(i)
                            d(j) = d(i);
                        end
                    elseif Z1(j) == 0&f(i,j)> 0
                        Z1(j) = - i;
                        d(j) = f(i,j);
                        pp = 0;
                        if d(j)> d(i)
                            d(j) = d(i);
                        end
                    end
                end
            end
        end
        if Z1(n)|pp
            break
        end
    end
    if(pp)
        break
    end
    dvt = d(n);
    t = n;
    while (1)
        if Z1(t)> 0
            f(Z1(t),t) = f(Z1(t),t) + dvt;
        elseif Z1(t)< 0
            f(Z1(t),t) = f(Z1(t),t) - dvt;
        end
        if Z1(t) == 1
            for i = 1:n
                Z1(i) = 0;
                d(i) = 0;
            end
            break
        end
        t = Z1(t);
    end
end
```

```
w = 0;
for j = 1:n
    w = w + f(1,j);
end
f
w
```

6.6 最小费用流问题

6.5 节讨论的寻求网络最大流问题，只考虑了流的数量，没有考虑流的费用。实际上许多问题要考虑流的费用最小问题。

最小费用流问题的一般提法：已知容量网络 $G=(V,E,C)$，每条边 (v_i,v_j) 除了已给出容量 c_{ij} 外，还给出了单位流量的费用 $d_{ij}(\geqslant 0)$，记 $G=(V,E,C,d)$。求 G 的一个可行流量 $f=\{f_{ij}\}$，使得流量 $W(f)=v$，且总费用最小，即

$$d(f)=\sum_{(v_i,v_j)\in E} d_{ij}f_{ij}$$

特别地，当要求 f 为最大流时，此问题即为最小费用最大流问题。

最小费用流问题的常用算法有原始算法和对偶算法。下面只介绍第二种算法，本算法是有效算法。

定义 6-15 已知网络 $G=(V,E,C,d)$，f 是 G 上的一个可行流，μ 为从 v_s 到 v_t 的(关于 f 的) 可增广链，$d(\mu)=\sum_{\mu^+} d_{ij}-\sum_{\mu^-} d_{ij}$ 称为链 μ 的费用。

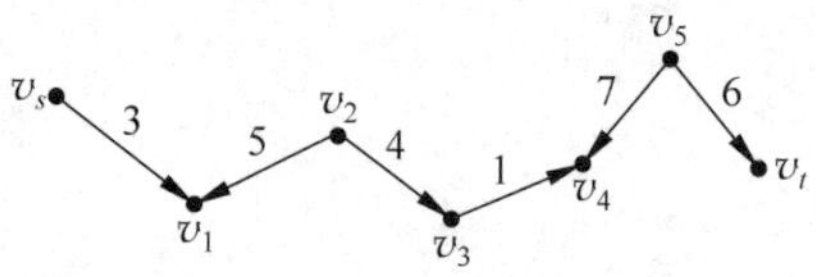

图 6-20 定义 6-15 对应的可增广链

如图 6-20 所示的可增广链 μ 中

$$\mu^+:\{(v_s,v_1),(v_2,v_3),(v_3,v_4),(v_5,v_t)\}$$

$$\mu^-:\{(v_2,v_1),(v_5,v_4)\}$$

边上权为费用 d_{ij}，则链 μ 的费用 $d(\mu)=(3+4+1+6)-(5+7)=2$。

若 μ^* 是从 v_s 到 v_t 所有可增广链中费用最小的链，则称 μ^* 为最小费用可增广链。

对偶算法的基本思路如下。先找一个流量为 $W(f^{(0)})<v$ 的最小费用流 $f^{(0)}$，然后寻找从 v_s 到 v_t 可增广链 μ，用最大流方法将 $f^{(0)}$ 调整到 $f^{(1)}$，使 $f^{(1)}$ 流量为 $W(f^{(0)})+\theta$，且保证 $f^{(1)}$ 是在 $W(f^{(0)})+\theta$ 流量下的最小费用流，不断进行到 $W(f^{(k)})=v$ 为止。

定理 6-8 若 f 是流量为 $W(f)$ 的最小费用流，μ 是关于 f 的从 v_s 到 v_t 的一条最小费用可增广链，则 f 经过 μ 调整流量 θ 得到新可行流 f'(记为 $f'=f_\mu\theta$)，一定是流量为 $W(f)+\theta$ 的可行流中的最小费用流(证明略)。

由于 $d_{ij}\geqslant 0$，$f=\{0\}$ 就是流量为 0 的最小费用流，所以初始最小费用流可以取 $f^{(0)}=\{0\}$，余下的问题是如何寻找关于 f 的最小费用可增广链。为了计算方便，可以构造长度网络。

定义 6-16 对网络 $G=(V,E,C,d)$，有可行流 f，保持原网络各点，每条边用两条方向相反的有向边代替，各边的权 l_{ij} 按以下规则。

(1) 当边$(v_i,v_j)\in E$，令

$$l_{ij}=\begin{cases}d_{ij}, & f_{ij}<c_{ij}\\ +\infty, & f_{ij}=c_{ij}\end{cases}$$

其中，$+\infty$的意义是：这条边已饱和，不能再增大流量，否则要花费很高的代价，实际无法实现，因此权为$+\infty$的边可从网络中去掉。

(2) 当边(v_i,v_j)为原来 G 中边(v_i,v_j)的反向边，令

$$l_{ij}=\begin{cases}-d_{ij}, & f_{ij}>0\\ +\infty, & f_{ij}=0\end{cases}$$

这里$+\infty$的意义是此边流量已减少到 0，不能再减少，权为$+\infty$的边也可以去掉。

这样得到的网络 $L(f)$称为长度网络（将费用看成长度）。

显然在 G 中求关于 f 的最小费用可增广链等价于在长度网络 $L(f)$中求从 v_s 到 v_t 的最短路径。

对偶算法的基本步骤如下。

(1) 取零流为初始可行流，即 $f^{(0)}=\{0\}$。

(2) 若有 $f^{(k-1)}$，流量为 $W(f^{(k-1)})<v$，构造长度网络 $L(f^{(k-1)})$。

(3) 在长度网络 $L(f^{(k-1)})$中求从 v_s 到 v_t 的最短路径。若不存在最短路径，则 $f^{(k-1)}$ 已为最大流，不存在流量等于 v 的流，停止；否则转向步骤(4)。

(4) 在 G 中与这条最短路径相应的可增广链 μ 上，做 $f^{(k)}=f_{\mu}^{(k-1)}\theta$。

其中，$\theta=\min\{\min\limits_{\mu^+}(c_{ij}-f_{ij}^{(k-1)}),\min\limits_{\mu^-}f_{ij}^{(k-1)}\}$。

此时 $f^{(k)}$ 的流量为 $W(f^{(k-1)})+\theta$，若 $W(f^{(k-1)})+\theta=v$ 则停止，否则令 $f^{(k)}$ 代替 $f^{(k-1)}$ 返回步骤(2)。

例 6-8 在图 6-21(a)所示运输网络上，求流量 v 为 10 的最小费用流，边上括号内为(c_{ij},d_{ij})。

解：从 $f^{(0)}=\{0\}$开始，作 $L(f^{(0)})$，如图 6-21(b)所示，用 Dijkstra 算法求得 $L(f^{(0)})$网络中最短路径为 $v_s\to v_2\to v_1\to v_t$，在网络 G 中相应的可增广链 $\mu_1=\{v_s,v_2,v_1,v_t\}$上用最大流算法进行流的调整，有

$$\mu_1^+=\{(v_s,v_2),(v_2,v_1),(v_1,v_t)\}$$

$$\mu_1^-=\phi$$

$$\theta_1=\min\{8,5,7\}=5$$

$$f^{(1)}=\begin{cases}f_{ij}^{(0)}+5, & (v_i,v_j)\in\mu^+\\ f_{ij}^{(0)}, & \text{其他}\end{cases}$$

$$W(f^{(1)})=5$$

$$d(f^{(1)})=5\times1+5\times2+5\times1=20$$

结果见图 6-21(c)。

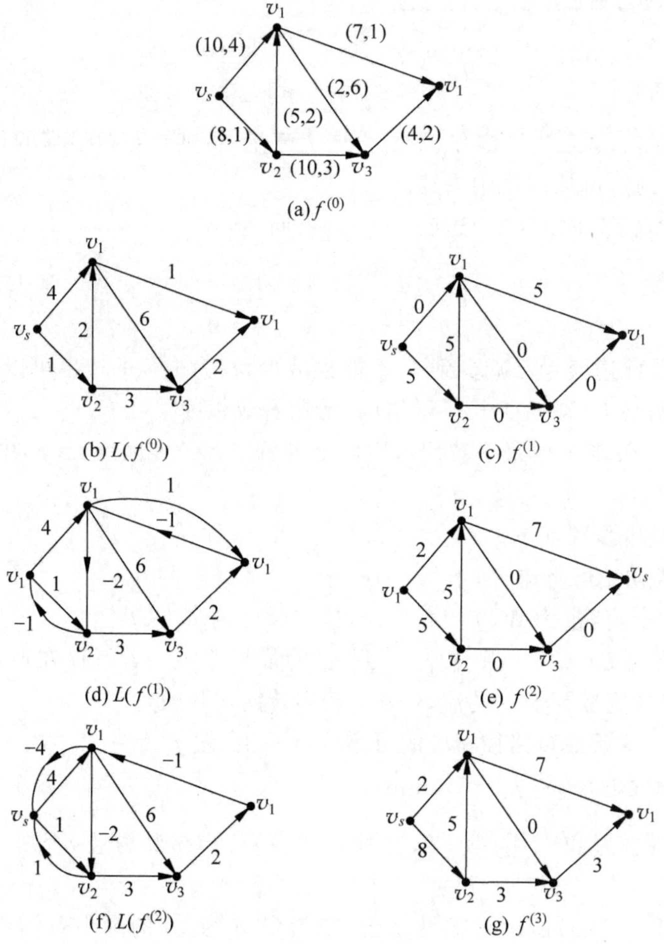

图 6-21　求最小费用流的过程

作 $L(f^{(1)})$，如图 6-21(d)所示，由于边上有负权，所以求最短路径不能用 Dijkstra 算法，可用逐次逼近法。最短路径为 $v_s \to v_1 \to v_t$，在网络 G 内相应的可增广链上进行调整，如图 6-21(e)所示，得流 $f^{(2)}$：

$$W(f^{(2)})=7,$$

$$d(f^{(2)})=4\times2+5\times1+5\times2+7\times1=30$$

作 $L(f^{(2)})$，如图 6-21(f)所示，得到从 v_s 到 v_t 的最短路径为 $v_s \to v_2 \to v_3 \to v_t$，在网络 G 内调整，如图 6-21(g)所示，得流 $f^{(3)}$：

$$W(f^{(3)})=10=v$$

$$d(f^{(3)})=2\times4+8\times1+5\times2+3\times3+3\times2+7\times1=48$$

$f^{(3)}$ 即为所求的最小费用流。

6.7 最小生成树问题

定理 6-9 图 $G=(V,E)$有生成树的充分必要条件为 G 是连通图。(证明略)

定理 6-9 的证明是构造性证明,给出了寻求图的生成树的方法。这种方法就是在已给出的图 G 中,每一步选出一条边使它与已选边不构成圈,直到选够 $n-1$ 条边为止。这种方法可称为"避圈法"或"加边法"。

按照边的选法不同,找图中生成树的方法可分为两种。

1. 深探法

步骤如下(用标号法)。

(1) 在点集 V 中任取一点 v,给 v 以标号 0。

(2) 若某点 u 已得标号 i,检查一端点为 u 的各边,另一端点是否均已标号。

若有边(u,ω)的 ω 未标号,则给 ω 以标号 $i+1$,记下边(u,ω)。令 ω 代 u,重复步骤(2)。

若这样的边的另一端点均已有标号,就退到标号为 $i-1$ 的 r 点,以 r 代 u,重复步骤(2)。直到全部点得到标号为止。

图 6-22 的(a)为标号过程,粗线边即为生成树,图 6-22(b)即为生成树,也显示了标号过程。

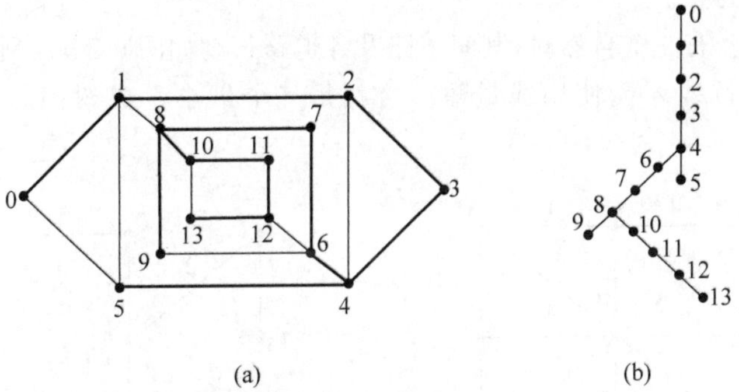

图 6-22 深探法

2. 广探法

步骤如下。

(1) 在点集 V 中任取一点 v,给 v 以标号 0。

(2) 令所有标号为 i 的点集为 V_i,检查$[V_i,V\backslash V_i]$中的边端点是否均已标号。对所有未标号之点均标以 $i+1$,记下这些边。

(3) 对标号 $i+1$ 的点重复步骤(2),直到全部点得到标号为止。

如图 6-23(a)中粗线边就是用广探法生成的树,也可表示为图 6-23(b)。

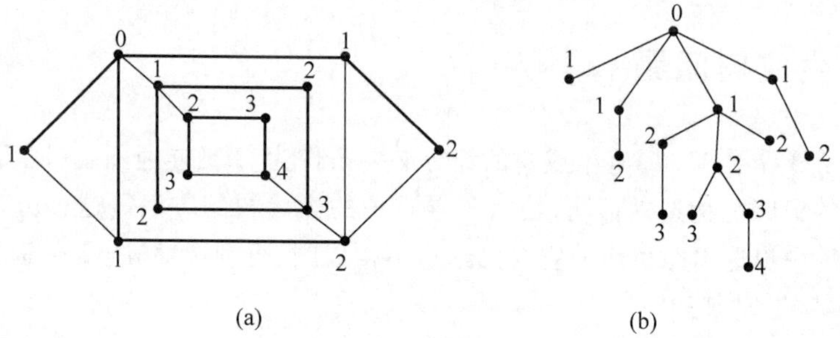

图 6-23　广探法

显然,图的生成树不唯一。

与避圈法相对应,还有一种求生成树的方法叫破圈法。这种方法是在图 G 中任意取一个圈,从圈上任意舍弃一条边,将这个圈破掉。重复这个步骤直到图 G 中没有圈为止。

下面介绍最小树的两种算法。

6.7.1　算法 1(Kruskal 算法)

这个方法类似于求生成树的"避圈法",基本步骤如下。

每步从未选的边中选取边 e,使它与已选边不构成圈,且 e 是未选边中的最小权边,直到选够 $n-1$ 条边为止。

例 6-9　一个乡有 9 个自然村,其间道路及各道路长度如图 6-24(a)所示,各边上的数字表示距离,问如何拉线才能使用线最短。这就是一个最小生成树问题,用 Kruskal 算法实现。

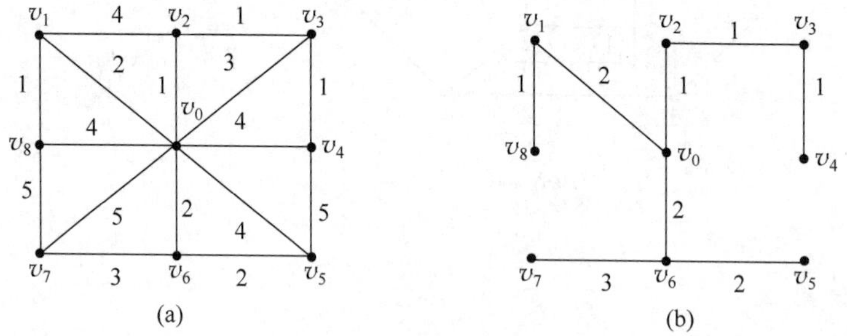

图 6-24　Kruskal 算法的结果

解:先将(a)中边按大小顺序由小至大排列,有

$(v_0,v_2)=1$　$(v_2,v_3)=1$　$(v_3,v_4)=1$　$(v_1,v_8)=1$　$(v_0,v_1)=2$

$(v_0,v_6)=2$　$(v_5,v_6)=2$　$(v_0,v_3)=3$　$(v_6,v_7)=3$　$(v_0,v_4)=4$

$(v_0,v_5)=4$　$(v_0,v_8)=4$　$(v_1,v_2)=4$　$(v_0,v_7)=5$　$(v_7,v_8)=5$

$(v_4,v_5)=5$

然后按照边的排列顺序，取定

$$e_1=(v_0,v_2)\quad e_2=(v_2,v_3)\quad e_3=(v_3,v_4)$$
$$e_4=(v_1,v_8)\quad e_5=(v_0,v_1)\quad e_6=(v_0,v_6)$$
$$e_7=(v_5,v_6)$$

由于下一个未选边中的最小权边(v_0,v_3)与已选边 e_1、e_2 构成圈，所以排除。选 $e_8=(v_6,v_7)$。得到图 6-24(b)就是图 G 的一棵最小树，它的权是 13。

定理 6-10 用 Kruskal 算法得到的子图 $T^*=(e_1,e_2,\cdots,e_{n-1})$是一棵最小树。(证明略)

6.7.2 Kruskal 算法的 MATLAB 实现

在 MathWorks 网站上面提供了 Kruskal 算法的相关程序，读者可以下载使用。

Kruskal 算法的 MATLAB 代码的输入、输出以及例子如下：

```
function [w_st, ST, X_st] = kruskal(X, w)
% function [w_st, ST, X_st] = kruskal(X, w)
%
% This function finds the minimum spanning tree of the graph where each
% edge has a specified weight using the Kruskal's algorithm.
%
% Assumptions
% -----------
%     N:  1x1  scalar       -  Number of nodes (vertices) of the graph
%    Ne:  1x1  scalar       -  Number of edges of the graph
%   Nst:  1x1  scalar       -  Number of edges of the minimum spanning tree
%
% We further assume that the graph is labeled consecutively. That is, if
% there are N nodes, then nodes will be labeled from 1 to N.
%
% INPUT
%
%     X:  NxN logical       -  Adjacency matrix
%              matrix             If X(i,j) = 1, this means there is directed edge
%                               starting from node i and ending in node j.
%                               Each element takes values 0 or 1.
%                               If X symmetric, graph is undirected.
%
%   or    Nex2 double       -  Neighbors' matrix
%               matrix          Each row represents an edge.
%                               Column 1 indicates the source node, while
%                               column 2 the target node.
%
%     w:  NxN double        -  Weight matrix in adjacency form
```

```
%              matrix            If X symmetric (undirected graph), w has to
%                                be symmetric.
%
%   or     Nex1 double       -   Weight matrix in neighbors' form
%               matrix           Each element represents the weight of that
%                                edge.
%
%
% OUTPUT
%
%   w_st:     1x1 scalar      -   Total weight of minimum spanning tree
%     ST:   Nstx2 double      -   Neighbors' matrix of minimum spanning tree
%                  matrix
%   X_st:   NstxNst logical   -   Adjacency matrix of minimum spanning tree
%                  matrix         If X_st symmetric, tree is undirected.
%
% EXAMPLES
%
% Undirected graph
% ------------
% Assume the undirected graph with adjacency matrix X and weights w:
%
%          1
%        /   \
%       2     3
%      / \
%     4 - 5
%
% X = [0 1 1 0 0;
%      1 0 0 1 1;
%      1 0 0 0 0;
%      0 1 0 0 1;
%      0 1 0 1 0];
%
% w = [0 1 2 0 0;
%      1 0 0 2 1;
%      2 0 0 0 0;
%      0 2 0 0 3;
%      0 1 0 3 0];
%
% [w_st, ST, X_st] = kruskal(X, w);
% The above function gives us the minimum spanning tree.
%
%
% Directed graph
```

```
% ------------
% Assume the directed graph with adjacency matrix X and weights w:
%
%         1
%        /^\
%       //   \
%      v       v
%       2 ---> 3
%
% X = [0 1 1
%      1 0 1
%      0 0 0];
%
% w = [0 1 4;
%      2 0 1;
%      0 0 0];
%
% [w_st, ST, X_st] = kruskal(X, w);
% The above function gives us the minimum directed spanning tree.
%
%
% Author: Georgios Papachristoudis
% Copyright 2013 Georgios Papachristoudis
% Date: 2013/05/26 12:25:18
```

6.7.3 算法2(破圈法)

基本步骤如下。

(1) 从图 G 中任选一棵树 T_1。

(2) 加上一条弦 e_1,T_1+e_1 中立即生成一个圈。去掉此圈中最大权边,得到新树 T_2。以 T_2 代 T_1,重复步骤(2)再检查剩余的弦,直到全部弦检查完毕为止。

仍用例6-9,先求出图 G 的一棵生成树,如图6-25(a)所示,加以弦(v_1,v_2),得圈$\{v_1v_2v_0v_1\}$,去掉最大权边(v_1,v_2);再加上弦(v_2,v_3),得圈$\{v_2v_3v_0v_2\}$,依此类推,直到全部弦均已试过,图6-25(b)即为所求。

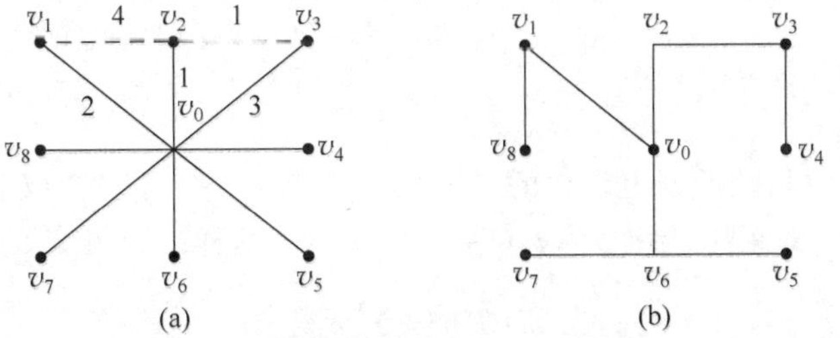

图6-25 破圈法的结果

算法 2 的根据为下述定理。

定理 6-11 图 G 的生成树 T 为最小树，当且仅当对任一弦 e 来说，e 是 $T+e$ 中与之对应的圈 μ_e 中的最大权边。（证明略）

6.7.4 根树及其应用

前面几节讨论的树都是无向树，本节讨论有向树。有向树中的根树在计算机科学、决策论中有重要应用。

定义 6-17 若一个有向图在不考虑边的方向时是一棵树，则称这个有向图为有向树。

定义 6-18 有向树 T，恰有一个节点入次为 0，其余各点入次均为 1，则称 T 为根树（又称外向树）。

根树中入次为 0 的点称为根。根树中出次为 0 的点称为叶，其他顶点称为分枝点。由根到某一顶点 v_i 的道路长度（设每边长度为 1），称为 v_i 点的层次。

如图 6-26 所示的树是根树，其中 v_1 为根，v_1、v_2、v_3、v_4、v_8 为分枝点，其余各点为叶，顶点 v_2、v_3、v_4 的层次为 1，顶点 v_{11} 的层次为 3。

根树有广泛的应用，如用于表示一个系统的传递关系，指挥系统的上、下级关系，机关中各级领导与被领导关系以及社会中一个家族各辈之间的关系等。在计算机科学中应用根树时，还常借用家族中的各种称呼，如图 6-26 所示，称 v_2、v_3、v_4 为 v_1 的儿子，v_5、v_6 为 v_2 的儿子，而 v_2、v_3、v_4 互为兄弟等。

定义 6-19 在根树中，若每个顶点的出次小于或等于 m，称这棵树为 m 叉树。若每个顶点的出次恰好等于 m 或零，则称这棵树为完全 m 叉树。当 $m=2$ 时，称为二叉树、完全二叉树。

例如图 6-27(a)所示为完全三叉树、图 6-27(b)所示为四叉树。

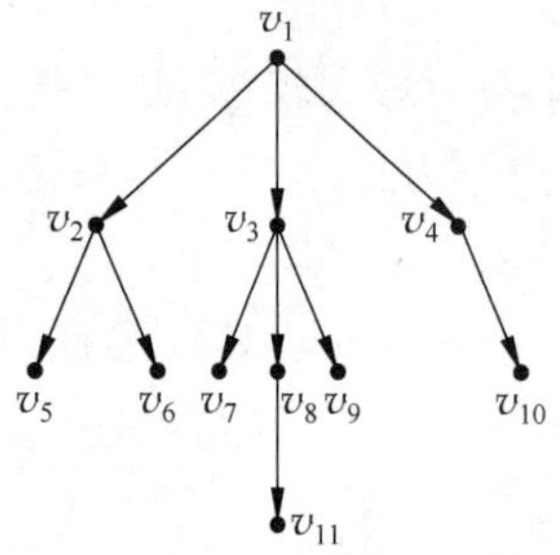

图 6-26 根树

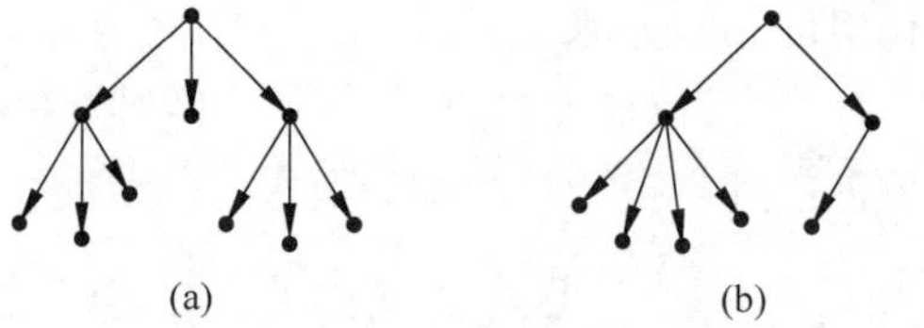

图 6-27 完全三叉树和四叉树

在实际问题中常讨论叶子上带权的二叉树。令有 s 个叶子的二叉树 T 各叶子的权分别为 p_i，根到各叶子的距离（层次）为 $l_i(i=1,2,\cdots,s)$，这样二叉树 T 的总权数为

$$m(T)=\sum_{i=1}^{s}p_il_i$$

满足总权最小的二叉树称为最优二叉树。霍夫曼(D. A. Huffman)给出了一个求最优二叉树的算法,所以又称霍夫曼树。

算法步骤如下。

(1) 将 s 个叶子按权由小至大排序,不失一般性,设 $p_1 \leqslant p_2 \leqslant \cdots \leqslant p_s$。

(2) 将二个具有最小权的叶子合并成一个分支点,其权为 $p_1 + p_2$,将新的分支点作为一个叶子。令 $s \leftarrow s-1$,若 $s=1$ 则停止,否则转向步骤(1)。

例 6-10 $s=6$,其权分别为 4、3、3、2、2、1,求最优二叉树。

解:该树构造过程见图 6-28。总权为

$$1 \times 4 + 2 \times 4 + 2 \times 3 + 3 \times 2 + 3 \times 2 + 3 \times 2 + 4 \times 2 = 38$$

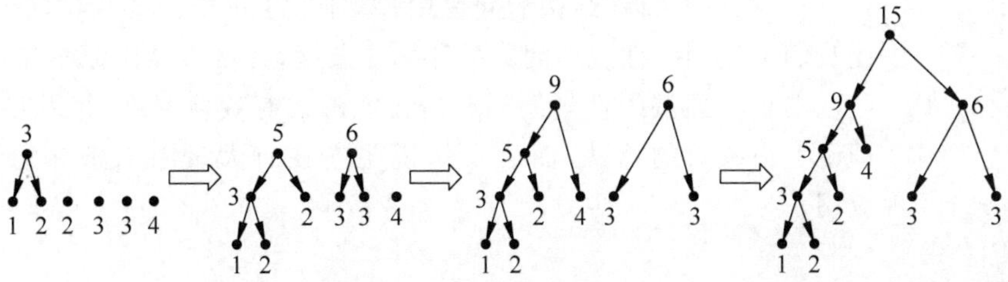

图 6-28 树的构造过程

可以证明此算法得到的树为最优二叉树,直观意义为:叶子的距离是依权的递减而增加,所以总权最小。最优二叉树有广泛的应用。

第7章 线性规划的复杂度和椭球法

在前面的章节中，介绍了单纯形法是有效地解决线性问题的方法之一，但是在一些特殊结构的问题中，单纯形法可能需要指数次的迭代，这让我们关注到线性规划问题的计算复杂度，并希望寻找更加有效的算法。

本章将强调线性规划问题是否能够被有效地解决，并说明椭球法是理论上很有效的算法，而后举例说明它在有大量限制条件的问题中的应用。

7.1 本章内容

本章主要介绍以下内容。

(1) 有效算法的计算复杂度。

(2) 椭球法。

(3) 线性规划的多项式算法。

椭球法不能够给出一个实际的解决线性规划问题的算法，但是它说明了从理论上来说线性规划问题是可以被有效地解决的。这是非常重要的，因为如果一个问题能够被有效地解决，就有可能出现有效的具体算法。

本章旨在通过介绍椭球法，为读者提供提高算法计算效率的线性规划方法的新思路，理解椭球法如何用非线性规划的思想来解决线性规划问题。

7.2 有效算法及其复杂度

在之前的章节介绍的单纯形法解决线性规划问题中，一般来说，对于一个有 m 个限制条件的问题，需要 $O(m)$ 次迭代，则可以称单纯形法是一个有效的算法吗？更一般地，评判一个算法是否是好算法的准则又是什么呢？

这里采用 Edmonds 提出的好算法的概念来评判一个算法是否是有效的算法。

定义 7-1 一个问题的规模指的是其数据的多少，如一个线性方程组的变量数和方程数、一个图的顶点和边数等。更确切地说，一个问题的规模是指将该问题输入计算机时，将所必需的语句转换成二元代码的序列长度。

解一个问题的运行时间与其规模有关。对于一个规模为 n 的问题，设算法在最坏情况下的运行时间为 $T(n)$，若存在一个整数 k 使得 $T(n)=O(n^k)$，则称这个算法是具有多项式时间的算法。多项式时间的算法是有效算法。

单纯形法一般只需要 $O(m)$ 次迭代，看起来是一个有效算法。但是，有反例说明，在最坏的情形下单纯形法需要遍历完可行解集才能找到最优解，即迭代步数可能是基解的数目 $C_n^m=O(n^m)$。由此可知，单纯形法最坏的情况下是指数的，不是一个有效算法。不过它在实际计算中仍然一般表现出良好的性态。

7.3 椭球法背后的关键几何结果

本节为介绍椭球法奠定基础。

椭球法可以用来决定一个多边形 $P=\{\boldsymbol{x}\in\mathbf{R}^n \mid \boldsymbol{Ax}\geqslant\boldsymbol{b}\}$ 是否是空的。后面将介绍一种延伸来解决问题

$$\min \boldsymbol{c}'\boldsymbol{x}$$

使得

$$\boldsymbol{Ax}\geqslant\boldsymbol{b}$$

首先给出一些定义。

定义 7-2 一个 $n\times n$ 矩阵 $\boldsymbol{D}$ 是正定的，如果对所有的非零向量 $\boldsymbol{x}\in\mathbf{R}^n$，$\boldsymbol{x}'\boldsymbol{Dx}>0$。

定义 7-3 $\mathbf{R}^n$ 中向量的集合 E

$$E=E(\boldsymbol{z},\boldsymbol{D})=\{\boldsymbol{x}\in\mathbf{R}^n \mid (\boldsymbol{x}-\boldsymbol{z})'\boldsymbol{D}^{-1}(\boldsymbol{x}-\boldsymbol{z})\leqslant 1\}$$

其中，$\boldsymbol{D}$ 是一个 $n\times n$ 的正定对称阵，成为有中心 $\boldsymbol{z}\in\mathbf{R}^n$ 的椭球。

对于任意 $r>0$，椭球

$$E(\boldsymbol{z},r^2\boldsymbol{I})=\{\boldsymbol{x}\in\mathbf{R}^n \mid (\boldsymbol{x}-\boldsymbol{z})'(\boldsymbol{x}-\boldsymbol{z})\leqslant r^2\}=\{\boldsymbol{x}\in\mathbf{R}^n \| \mid \boldsymbol{x}-\boldsymbol{z}\|\leqslant r\}$$

成为以 $\boldsymbol{z}$ 为中心，半径为 r 的球。

定义 7-4 若 $\boldsymbol{D}$ 是一个 $n\times n$ 奇异阵，$\boldsymbol{b}\in\mathbf{R}^n$，则由 $S(\boldsymbol{x})=\boldsymbol{Dx}+\boldsymbol{b}$ 定义的映射 $S:\mathbf{R}^n\to\mathbf{R}^n$ 叫作一个仿射变换。

因为 $\boldsymbol{D}$ 是奇异的，仿射变换一般是可逆的。若 L 为 $\mathbf{R}^n$ 的一个子集，定义仿射变换 $S(.)$ 下的 L 的像为

$$S(L)=\{y\in\mathbf{R}^n \mid y=\boldsymbol{D}x+b, x\in L\}$$

集合 $L\subset\mathbf{R}^n$ 的容量为

$$\mathrm{Vol}(L)=\int_{x\in L}\mathrm{d}x$$

记作 Vol(L)。

之后将用到仿射变换的如下性质。

引理 若 $S(\boldsymbol{x})=\boldsymbol{D}\boldsymbol{x}+\boldsymbol{b}$，则 $\mathrm{Vol}(S(L))=|\det(\boldsymbol{D})|\mathrm{Vol}(L)$。

证明略。

定理 7-1 设 $E=E(\boldsymbol{z},\boldsymbol{D})$ 是 $\mathbf{R}^n$ 中的椭球，设 $\boldsymbol{a}$ 为一个非零 n 维向量。考虑 $H=\{\boldsymbol{x}\in\mathbf{R}^n \mid \boldsymbol{a}'\boldsymbol{x}\geqslant\boldsymbol{a}'\boldsymbol{z}\}$ 并令

$$\bar{\boldsymbol{z}}=\boldsymbol{z}+\frac{1}{n+1}\frac{\boldsymbol{D}\boldsymbol{a}}{\sqrt{\boldsymbol{a}'\boldsymbol{D}\boldsymbol{a}}}$$

$$\bar{\boldsymbol{D}}=\frac{n^2}{n^2-1}\left(\boldsymbol{D}-\frac{2}{n+1}\frac{\boldsymbol{D}\boldsymbol{a}\boldsymbol{a}'\boldsymbol{D}}{\boldsymbol{a}'\boldsymbol{D}\boldsymbol{a}}\right)$$

矩阵 $\bar{\boldsymbol{D}}$ 是正定对称阵，这样 $E'=E(\bar{\boldsymbol{z}},\bar{\boldsymbol{D}})$ 是一个椭球。并且，$E\cap H\subset E'$，$\mathrm{Vol}(E')<\mathrm{e}^{-\frac{1}{2(n+1)}}\mathrm{Vol}(E)$。

证明：

(1) 首先证明 $\boldsymbol{z}=0$，$\boldsymbol{D}=\boldsymbol{I}$，$\boldsymbol{a}=\boldsymbol{e}_1=(1,0,\cdots,0)$ 的特殊情形。此时，椭球 E 是单位球 $E_0=\{\boldsymbol{x}\in\mathbf{R}^n \mid \boldsymbol{x}'\boldsymbol{x}\leqslant 1\}$，半空间 H 变为 $H_0=\{\boldsymbol{x}\in\mathbf{R}^n \mid x_1\geqslant 0\}$，如图 7-1 所示。

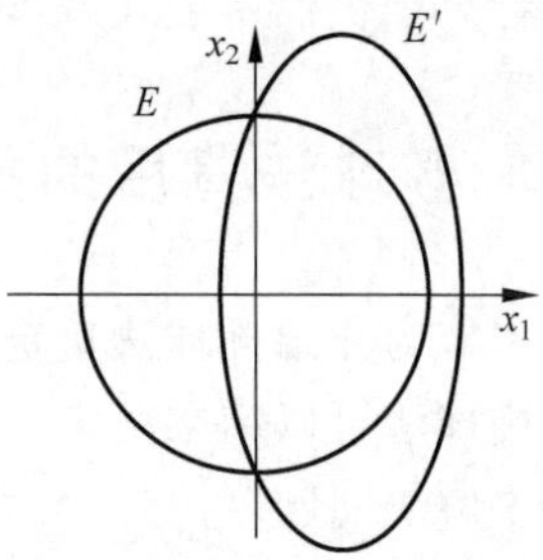

图 7-1 椭球 E 是单位球的情形

在这种情形下，E' 变为

$$E_0'=E\left[\frac{\boldsymbol{e}_1}{n+1},\frac{n^2}{n^2-1}\left(I-\frac{2}{n+1}\boldsymbol{e}_1\boldsymbol{e}_1'\right)\right]$$

椭球 E_0' 可以被写为

$$E_0'=\left\{\boldsymbol{x}\in\mathbf{R}^n \,\middle|\, \left(\frac{n+1}{n}\right)^2\left(x_1-\frac{1}{n+1}\right)^2+\frac{n^2-1}{n^2}\sum_{i=2}^{n}x_i^2\leqslant 1\right\}$$

整理得到

$$E_0'=\left\{\boldsymbol{x}\in\mathbf{R}^n \,\middle|\, \frac{n^2-1}{n^2}\sum_{i=1}^{n}x_i^2+\frac{2(n+1)}{n^2}x_1^2+\left(\frac{n+1}{n}\right)^2\left(-\frac{2x_1}{n+1}+\frac{1}{(n+1)^2}\right)\leqslant 1\right\}$$

$$=\left\{\frac{n^2-1}{n^2}\sum_{i=1}^{n}x_i^2+\frac{1}{n^2}+\frac{2(n+1)}{n^2}x_1(x_1-1)\leqslant 1\right\}$$

令 $\boldsymbol{x}\in E_0\cap H_0$，则 $0\leqslant x_1\leqslant 1$，因此 $x_1(x_1-1)\leqslant 0$。因为 $\boldsymbol{x}\in E_0$，所以

$$\sum_{i=1}^{n}x_i^2\leqslant 1$$

因此

$$\frac{n^2-1}{n^2}\sum_{i=1}^{n}x_i^2+\frac{1}{n^2}+\frac{2(n+1)}{n^2}x_1(x_1-1)\leqslant\frac{n^2-1}{n^2}+\frac{1}{n^2}=1$$

故有 $\boldsymbol{x}\in E_0'$，这就证明了 $E_0\cap H_0\subset E_0'$。

接下来证明一般情况。

构造一个仿射变换 $T(\cdot)$ 满足

$$T(E)=E_0,\quad T(H)=H_0,\quad T(E')=E_0'$$

仿射变换保持集合的包含关系,若 $A\subset B\subset \mathbf{R}^n$,则有 $T(A)\subset T(B)$。

给定椭球 $E=E(\boldsymbol{z},\boldsymbol{D})$,考虑仿射变换

$$S(\boldsymbol{x})=\boldsymbol{D}^{-\frac{1}{2}}(\boldsymbol{x}-\boldsymbol{z})$$

其中,$\boldsymbol{D}^{\frac{1}{2}}$ 是一个对称阵且满足 $\boldsymbol{D}^{\frac{1}{2}}\boldsymbol{D}^{\frac{1}{2}}=\boldsymbol{D}$,$\boldsymbol{D}^{-\frac{1}{2}}$ 是可逆的。$\boldsymbol{D}^{\frac{1}{2}}$ 和 $\boldsymbol{D}^{-\frac{1}{2}}$ 都是一定存在的,可以是正定的。可知 $S(E)=E_0$,但 $S(H)\neq H_0$,$S(E')\neq E'_0$。所以对仿射变换 $S(\cdot)$ 做如下改进。

已知对于任何一个向量 $\boldsymbol{u}$

$$RR'=I,\quad Ru=\|\boldsymbol{u}\|e_1$$

那么对于向量 $\boldsymbol{u}=\boldsymbol{D}^{\frac{1}{2}}\boldsymbol{a}$,存在旋转矩阵 $\boldsymbol{R}$,使得

$$\boldsymbol{RR}'=\boldsymbol{I},\quad \boldsymbol{RD}^{\frac{1}{2}}\boldsymbol{a}=\|\boldsymbol{D}^{\frac{1}{2}}\boldsymbol{a}\|e_1$$

仿射变换

$$T(\boldsymbol{x})=\boldsymbol{R}S(x)=\boldsymbol{RD}^{\frac{1}{2}}(\boldsymbol{x}-\boldsymbol{z})$$

可知

$$\begin{aligned}\boldsymbol{x}\in E&\Leftrightarrow(\boldsymbol{x}-\boldsymbol{z})'\boldsymbol{D}^{-1}(\boldsymbol{x}-\boldsymbol{z})\leqslant 1\\&\Leftrightarrow(\boldsymbol{x}-\boldsymbol{z})'\boldsymbol{D}^{-\frac{1}{2}}\boldsymbol{R}'\boldsymbol{RD}^{-\frac{1}{2}}(\boldsymbol{x}-\boldsymbol{z})\leqslant 1\\&\Leftrightarrow\boldsymbol{RD}^{-\frac{1}{2}}(\boldsymbol{x}-\boldsymbol{z})\in E_0\\&\Leftrightarrow T(\boldsymbol{x})\in E_0\end{aligned}$$

同样地,有

$$\begin{aligned}\boldsymbol{x}\in H&\Leftrightarrow\boldsymbol{a}'(\boldsymbol{x}-\boldsymbol{z})\geqslant 0\\&\Leftrightarrow\boldsymbol{a}'\boldsymbol{D}^{-\frac{1}{2}}\boldsymbol{R}'\boldsymbol{RD}^{-\frac{1}{2}}(\boldsymbol{x}-\boldsymbol{z})\geqslant 0\\&\Leftrightarrow\|\boldsymbol{D}^{\frac{1}{2}}\boldsymbol{a}\|e'_1T(\boldsymbol{x})\geqslant 0\\&\Leftrightarrow e'_1T(\boldsymbol{x})\geqslant 0\\&\Leftrightarrow T(\boldsymbol{x})\in H_0\end{aligned}$$

意味着

$$T(H)=H_0$$
$$T(E')=E'_0$$

且矩阵 $\bar{\boldsymbol{D}}$ 是正定的。前面证明了 $E_0\cap H_0\subset E'_0$,即 $T(E)\cap T(H)\subset T(E')$。仿射变换保持包含关系,因此我们得到 $E\cap H\subset E'$。证明了定理的前半部分。

(2) 由引理,得到

$$\frac{\mathrm{Vol}(E')}{\mathrm{Vol}(E)}=\frac{\mathrm{Vol}(T(E'))}{\mathrm{Vol}(T(E))}=\frac{\mathrm{Vol}(E'_0)}{\mathrm{Vol}(E_0)}$$

其中

$$E_0' = E\left(\frac{\boldsymbol{e}_1}{n+1}, \frac{n^2}{n^2-1}\left(I - \frac{2}{n+1}\boldsymbol{e}_1\boldsymbol{e}_1'\right)\right)$$

引入仿射变换

$$F(x) = \left(\frac{n^2}{n^2-1}\left(I - \frac{2}{n+1}\boldsymbol{e}_1\boldsymbol{e}_1'\right)\right)^{\frac{1}{2}}\left(x - \frac{\boldsymbol{e}_1}{n+1}\right)$$

能够看出

$$F(E_0') = E_0$$

运用引理,可以得到

$$\mathrm{Vol}(E_0) = \left|\det\left(\left(\frac{n^2}{n^2-1}\left(I - \frac{2}{n+1}\boldsymbol{e}_1\boldsymbol{e}_1'\right)\right)^{\frac{1}{2}}\right)\right|\mathrm{Vol}(E_0')$$

因此,使用性质

$$\left|\det\left(\boldsymbol{D}^{-\frac{1}{2}}\right)\right| = \frac{1}{\sqrt{|\det(\boldsymbol{D})|}}$$

有

$$\mathrm{Vol}(E_0') = \sqrt{\det\left(\left(\frac{n^2}{n^2-1}\left(I - \frac{2}{n+1}\boldsymbol{e}_1\boldsymbol{e}_1'\right)\right)^{\frac{1}{2}}\right)}\,\mathrm{Vol}(E_0)$$

因此

$$\begin{aligned}
\frac{\mathrm{Vol}(E')}{\mathrm{Vol}(E)} &= \left(\frac{n^2}{n^2-1}\right)^{\frac{n}{2}}\left(1 - \frac{2}{n+1}\right)^{\frac{1}{2}} \\
&= \frac{n}{n+1}\left(\frac{n^2}{n^2-1}\right)^{\frac{n-1}{2}} \\
&= \left(1 - \frac{1}{n+1}\right)\left(1 + \frac{1}{n^2-1}\right)^{\frac{n-1}{2}} \\
&< \mathrm{e}^{-\frac{1}{n+1}}\left(\mathrm{e}^{\frac{1}{n^2-1}}\right)^{\frac{n-1}{2}} \\
&= \mathrm{e}^{-\frac{1}{2(n+1)}}
\end{aligned}$$

两次运用不等式 $1+a<\mathrm{e}^a$,得到

$$\frac{\mathrm{Vol}(E')}{\mathrm{Vol}(E)} < \mathrm{e}^{-\frac{1}{2(n+1)}}$$

证毕。

用可行性问题的椭球法可以得到一个多面体

$$P = \{\boldsymbol{x} \in \mathbf{R}^n \mid \boldsymbol{A}\boldsymbol{x} \geqslant \boldsymbol{b}\}$$

该多面体是否是空的。下面给出对于全尺寸多面体的算法。

定义 7-5 全尺寸多面体是容量为正的多面体，如图 7-2 所示。

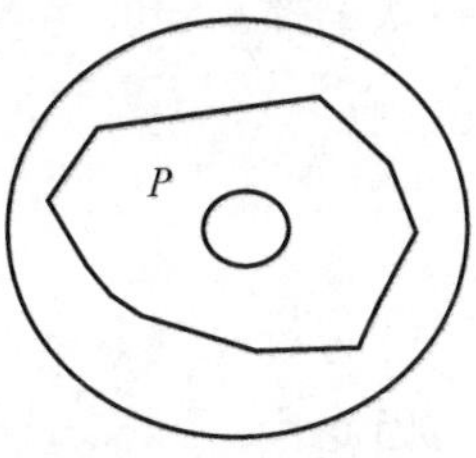

图 7-2 全尺寸多面体

使用椭球法。输入如下。

(1) 矩阵 $\boldsymbol{A}$ 和向量 $\boldsymbol{b}$ 来定义多边形 $P=\{\boldsymbol{x}\in\mathbf{R}^n \mid \boldsymbol{a}'_i\boldsymbol{x}\geqslant b_i, i=1,2,\cdots,m\}$。

(2) 数字 v，满足 P 是空的或 $\mathrm{Vol}(P)>v$。

(3) 一个容量至多为 V 的球 $E_0=E(\boldsymbol{x}_0,r^2\boldsymbol{I})$，满足 $P\subset E_0$。

输出如下：若 P 非空，一个可行解 $x^*\in P$，或者一个 P 非空的表述。

算法如下：

(1) 开始。

令 $t^*=\left\lceil 2(n+1)\ln\left(\frac{V}{v}\right)\right\rceil$；$E_0=E(\boldsymbol{x}_0,r^2I)$；$\boldsymbol{D}_0=r^2\boldsymbol{I}$；$t=0$。

(2) 主要迭代。

- 若 $t=t^*$，则停止，P 是空的。
- 若 $x_t\in P$，则停止，P 是非空的。
- 若 $x_t\notin P$，有一个限制条件不符合，找一个 i 使得 $a'_ix_t<b_i$。
- 令 $H_t=\{x\in\mathbf{R}^n \mid a'_ix\geqslant a'_ix_t\}$。运用定理 7-1 得到椭球 E_{t+1} 包含 $E_t\cap H_t$。令 $E_{t+1}=E(x_{t+1},D_{t+1})$，且有

$$x_{t+1}=x_t+\frac{1}{n+1}\frac{D_ta_i}{\sqrt{a'_iD_ta_i}}$$

$$D_{t+1}=\frac{n^2}{n^2-1}\left(D_t-\frac{2}{n+1}\frac{D_ta_ia'_iD_t}{a'_iD_ta_i}\right)$$

- $t:=t+1$。

下面证明算法的正确性。

定理 7-2 令 P 为一个有界的多面体，它是空的，或者全尺寸的。$\boldsymbol{x}_0$、r、v、V 是已知的。椭球法能够正确地判断 P 是否是空的。当 $\boldsymbol{x}_{t^*-1}\notin P$ 时，P 是空的。

证明：对于 $t<t^*$，若 $\boldsymbol{x}_t\in P$，那么这个算法正确地判断了 P 是非空的。现在假定 $\boldsymbol{x}_0,\boldsymbol{x}_1,\cdots,\boldsymbol{x}_{t^*-1}\notin P$。下面证明 P 是空的。对 $P\subset E_k,k=0,1,\cdots,t^*$ 的 k 进行归纳。由算法的假设条件 $P\subset E_0$ 开始归纳。

假定对于某个 $k<t^*$ 有 $P\subset E_k$。因为 $\boldsymbol{x}_k\notin P$，所以存在不符合的限制条件，$\boldsymbol{a}'_{i(k)}\boldsymbol{x}_k<b_{i(k)}$，其中 $\boldsymbol{x}_k$ 是椭球 E_k 的中心。对于任意的 $\boldsymbol{x}\in P$，有

$$\boldsymbol{a}'_{i(k)}\boldsymbol{x}\geqslant b_{i(k)}\geqslant\boldsymbol{a}'_{i(k)}\boldsymbol{x}_k$$

因此，当 H_k 是半空间 $H_k=\{\boldsymbol{x}\in\mathbf{R}^n \mid \boldsymbol{a}'_{i(k)}\boldsymbol{x}\geqslant\boldsymbol{a}'_{i(k)}\boldsymbol{x}_k\}$ 时，$P\subset H_k$。因此，$P\subset E_k\cap H_k$。

新的椭球 E_{k+1} 由定理 7-1 构造。从定理 7-1 得到 $E_k\cap H_k\subset E_{k+1}$。因此 $P\subset E_{k+1}$，归纳结束。

从定理 7-2 知

$$\frac{\mathrm{Vol}(E_{t+1})}{\mathrm{Vol}(E_t)} < \mathrm{e}^{-\frac{1}{2(n+1)}}$$

$$\frac{\mathrm{Vol}(E_{t^*})}{\mathrm{Vol}(E_0)} < \mathrm{e}^{-\frac{t^*}{2(n+1)}}$$

因此

$$\mathrm{Vol}(E_{t^*}) < V\mathrm{e}^{-\frac{2(n+1)\ln\left(\frac{V}{v}\right)}{2(n+1)}} \leqslant V\mathrm{e}^{-\ln\left(\frac{V}{v}\right)} = v$$

如果椭球法在 t^* 次迭代后仍没有结束，那么 $\mathrm{Vol}(P) \leqslant \mathrm{Vol}(E_t^*) \leqslant v$。根据算法的假设，意味着 P 是空的。

证毕。

7.4 线性规划的多项式时间算法

1979 年，苏联数学家哈奇扬发表了椭球算法，并证明了该算法是一个多项式时间算法。虽然椭球算法在应用上没有很强的实用性，但是这说明了多项式时间的算法是存在的。对后来的投影尺度法、内点法的研究具有启发作用。

7.4.1 椭球法

得到判定线性不等式组 $\boldsymbol{AX} \leqslant \boldsymbol{A}_0$ 相容性的算法，$S = \{\boldsymbol{X} \mid \boldsymbol{AX} \leqslant \boldsymbol{A}_0\}$ 为解集合（修订解集合 $\widetilde{S}$，算法并不增加复杂性）。

算法开始时，令 $\boldsymbol{X}^0 = \boldsymbol{0}, \boldsymbol{Q}^0 = 2^{2L}\boldsymbol{I}$。

一般地，对 $\boldsymbol{X}^k$ 及 $\boldsymbol{Q}^k$ 进行以下操作：

(1) 若 $\boldsymbol{X}^k \in S$，则终止；否则取 i_k，使得 $\boldsymbol{A}^{i_k}\boldsymbol{X}^k - \boldsymbol{b}_{i_k} = \max\limits_{1 \leqslant i \leqslant m}(\boldsymbol{A}^i\boldsymbol{X}^k - \boldsymbol{b}_i) > 0$，令 $\boldsymbol{C}' = -\boldsymbol{A}^{(i_k)}$。

(2) 令

$$\boldsymbol{X}^{k+1} = \boldsymbol{X}^k + \frac{1}{n+1}\frac{\boldsymbol{Q}^k\boldsymbol{C}}{\sqrt{\boldsymbol{C}'\boldsymbol{Q}^k\boldsymbol{C}}}$$

$$\boldsymbol{Q}^{k+1} = \frac{n^2}{n^2-1}\left(\boldsymbol{Q}^k - \frac{2}{n+1}\frac{(\boldsymbol{Q}^k\boldsymbol{C})(\boldsymbol{Q}^k\boldsymbol{C})'}{\boldsymbol{C}'\boldsymbol{Q}^k\boldsymbol{C}}\right)$$

令 $k := k+1$ 转回第一步。

这就是哈奇扬的切割椭球法。

7.4.2 算法分析

下面说明上述算法是多项式时间算法。不妨认为算法中的解集合就是修订的解集 $\widetilde{S}=\{X \mid \boldsymbol{A}^i\boldsymbol{X}\leqslant b_i+2^{-L},1\leqslant i\leqslant m\}$。

定理 7-3

$$\frac{\mu(E^{k+1})}{\mu(E^h)}<\mathrm{e}^{-\frac{1}{2(n+1)}}<1$$

证明：由于从原欧几里得空间变换到度量 G 的内积空间(即从 X-坐标系到 Z-坐标系的仿射变换)，体积的比值不变，所以可用 E^k 和 E^{k+1} 的标准化方程来计算体积，即

$$\mathrm{Vol}(E^k)=\kappa(n)$$

$$\mathrm{Vol}(E^{k+1})=\kappa(n)\left(\frac{n}{n+1}\right)\left(\frac{n}{\sqrt{n^2-1}}\right)^{n-1}$$

故

$$\begin{aligned}\frac{\mathrm{Vol}(E^{k+1})}{\mu(E^k)}&=\left(\frac{n}{n+1}\right)\left(\frac{n}{\sqrt{n^2-1}}\right)^{n-1}\\&=\left(1-\frac{1}{n+1}\right)\left(1+\frac{1}{n^2-1}\right)^{\frac{n-1}{2}}\\&<\mathrm{e}^{-\frac{1}{n+1}}\left(\mathrm{e}^{\frac{1}{n^2-1}}\right)^{\frac{(n-1)}{2}}\\&=\mathrm{e}^{-\frac{1}{2(n+1)}}\end{aligned}$$

这里用到不等式

$$\mathrm{e}^x>1+x$$

定理 7-4 至多进行 $6(n+1)^2L$ 步，椭球法必结束于下述两种情况：

(1) 存在 $\boldsymbol{X}^k\in S$；

(2) 断定 $S=\phi$。

证明：假定 $S\neq\phi$，算法对修订解集合 $\widetilde{S}$ 进行操作，经过 k 步之后，有

$$\mathrm{Vol}(E^k)<\mathrm{Vol}(E^0)\mathrm{e}^{-\frac{k}{2(n+1)}}<\mathrm{Vol}(E^0)2^{-\frac{k}{2(n-1)}}$$

由于半径为 2^L 的球可以装入棱长为 2×2^L 的立方体内，所以

$$\mathrm{Vol}(E^0)<(2\times2^L)^n=2^{n(L+1)}$$

因此

$$\mathrm{Vol}(E^k)<2^{n(L+1)-\frac{k}{2(n+1)}}$$

当 $k\geqslant6(n+1)^2L$ 时，有

$$\mathrm{Vol}(E^k) < 2^{n(L+1)-3(n+1)L} < 2^{2n(L-1)}$$

如果直至第 k 步都有 $\boldsymbol{X}^k \notin \tilde{S}$，上式便与 $\mathrm{Vol}(E^k) \geqslant \mathrm{Vol}(\tilde{S} \cap E^0) > 2^{2n(L-1)}$ 相矛盾。故若算法进行到第 $6(n+1)^2L$ 步，始终有 $\boldsymbol{X}^k \notin \tilde{S}$，则可断定 $S=\phi$。

以上介绍的椭球法只是一个原则性算法，其目的是从理论上说明线性规划的确存在多项式时间算法，并未涉及算法实现方面的细节。其实，椭球法的计算实现仍需要完善，目前的实施情况不太理想。无论如何，椭球法开辟了线性规划的一个新的发展方向，这一方向的特征是强调几何方法，并引进非线性规划的技巧。1984 年印度裔青年数学家 Karniarkar 提出比椭球法更有效的多项式时间算法，可称为投影法。这个工作引起了很多数学家对内点算法的研究，在不断的改进中，一些新的、改进的内点算法相继出现。以后又相继出现了形形色色的新算法。

第二篇
全局优化算法

设想这样的场景：一群兔子想要寻找山的最高峰，为了找到真正的最高峰而不是停止在某个比较矮的山峰上，它们采取了不同的策略。

第一群兔子一边寻找一边繁殖，每隔一段时间，就淘汰那些所处位置不够高的兔子们，这是遗传算法。

从第二群兔子中找来一只兔子，它不一定总是往最高处跳，而是也有一定的概率往低处跳，这样它就有可能不在矮的山峰上停下。随着时间的演进，它逐渐更倾向于往高处跳，这是模拟退火算法。

第三群兔子在种群间互相交流信息，一只兔子找过的地方如果不够高，其他兔子就更倾向于避开，这是粒子群优化算法。

第四群兔子，不仅要找到最高峰，还想所用的时间尽量少，这就是多目标优化算法。

本书的第二部分将介绍这几种全局优化算法：遗传算法、模拟退火算法、粒子群优化算法和多目标优化算法。

第8章 遗传算法

遗传算法是最经典的全局优化算法，也是最优秀的智能仿生算法之一。本章将介绍遗传算法及其 MATLAB 的实现方法。

8.1 本章内容

本章主要介绍以下内容。

(1) 遗传算法的原理。

(2) 实现遗传算法的具体步骤。

(3) 实例及算法的 MATLAB 实现。

(4) 遗传算法的特点。

8.2 遗传算法的原理

遗传算法(genetic algorithms，GA)是一种基于自然选择和基因遗传学原理，借鉴了生物进化优胜劣汰的自然选择机理和生物界繁衍进化的基因重组、突变的遗传机制的全局自适应概率的搜索算法。遗传算法解决任何类型的约束，包括整数约束的光滑或非光滑优化问题。它是一种随机的、基于种群的算法，通过种群成员之间的变异和交叉随机搜索。

遗传算法是从一组随机产生的初始解(种群)开始的，这个种群由经过基因编码的一定数量的个体组成，每个个体实际上是染色体带有特征的实体。染色体作为遗传物质的主要载体，其内部表现(即基因型)是某种基因组合，它决定了个体的外部表现。因此，从一开始就需要实现从表现型到基因型的映射，即编码工作。初始种群产生后，按照优胜劣汰的原理，逐代演化产生出越来越好的近似解。在每代，根据问题域中个体的适应度大小选择个体，并借助于自然遗传学的遗传算子进行组合交叉和变异，产生出代表新的解集的种群。这个过程将导致种群像自然进化一样，后代种群比前代更加适应环境，末代种群中的最优个体经过解码，可以作为问题近似最优解。

计算开始时，将实际问题的变量进行编码形成染色体，随机产生一定数目的个体，即种群，并计算每个个体的适应度值，然后通过终止条件判断该初始解是否是最优解，若是，则停止计算输出结果；若不是，则通过遗传算子操作产生新的一代种群，回到计算群体中每个个体的适应度值的部分，然后转到终止条件判断。这一过程循环执行，直到满足优化准则，最终产生问题的最优解。图 8-1 所示为简单遗传算法的基本过程。

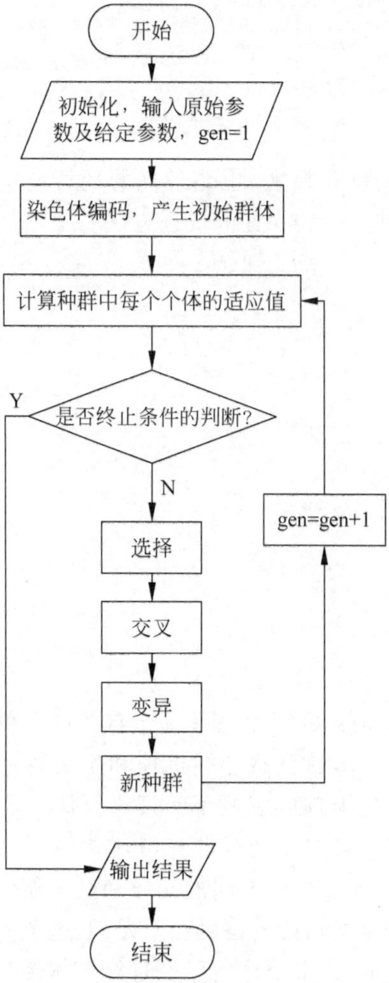

图 8-1 简单遗传算法的基本过程

8.3 遗传算法的步骤

8.3.1 初始参数

(1) 种群规模 n：种群数目影响遗传算法的有效性。种群数目太小，不能提供足够的采样点；种群规模太大，会增加计算量，使收敛时间增长。一般种群数目在 20～160 比较合适。

(2) 交叉概率 p_c：控制着交换操作的频率。p_c 太大，会使高适应值的结构很快被破坏掉；p_c 太小，会使搜索停滞不前，一般 p_c 取 0.5～1.0。

(3) 变异概率 P_m：是增大种群多样性的第二个因素。P_m 太小，不会产生新的基因块；P_m 太大，会使遗传算法变成随机搜索，一般 P_m 取 0.001～0.1。

(4) 进化代数 t：表示遗传算法运行结束的一个条件。一般取值范围为 100～1000。当个体编码较长时，进化代数要取小一些，否则会影响算法的运行效率。进化代数的选取，还可以采用某种判定准则，准则成立时即停止。

8.3.2 染色体编码

利用遗传算法进行问题求解时，必须在目标问题实际表示与染色体位串结构之间建立一个联系。对于给定的优化问题，由种群个体的表现型集合所组成的空间称为问题空间，由种群基因型个体所组成的空间称为编码空间。由问题空间向编码空间的映射称作编码，而由编码空间向问题空间的映射称作解码。

按照遗传算法的模式定理，De Jong 进一步提出了较为客观明确的编码评估准则，称为编码原理。具体可以概括为如下两条规则。

(1) 有意义积木块编码规则：编码应当易于生成与所求问题相关的且具有低阶、短定义长度模式的编码方案。

(2) 最小字符集编码规则：编码应使用能使问题得到自然表示或描述的具有最小编码字符集的编码方案。

常用的编码方式有两种：二进制编码和浮点数(实数)编码。

二进制编码是遗传算法中最常用的一种编码方式，它将问题空间的参数用字符集 {1,0} 构成染色体位串，符合最小字符集原则，便于用模式定理分析，但存在映射误差。

采用二进制编码，将决策变量编码为二进制，编码串长 m_i 取决于需要的精度。例如，x_i 的值域为 $[a_i, b_i]$，而需要的精度是小数点后 5 位，这要求将 x_i 的值域至少分为 $(b_i - a_i) \times 10^6$ 份。设 x_i 所需要的字串长为 m_i，则有

$$2^{m_i - 1} < (b_i - a_i) \times 10^6 < 2^{m_i}$$

那么二进制编码的编码精度为 $\delta = \dfrac{b_i - a_i}{2^{m_i} - 1}$，将 x_i 由二进制转换为十进制可按下式计算

$$x_i = a_i + \text{decimal}(\text{substring}_i) \times \delta$$

式中，$\text{decimal}(\text{substring}_i)$ 表示变量 x_i 的子串 substring_i 的十进制值。染色体编码的总串长 $m = \sum_{i=1}^{N} = m_i$。

若没有规定计算精度，那么可采用定长二进制编码，即 m_i 可以自己确定。

二进制编码方式的编码、解码简单易行，使得遗传算法的交叉、变异等操作实现方便。

但是,当连续函数离散化时,它存在映射误差。再者,当优化问题所求的精度越高时,如果必须保证解的精度,则会使得个体的二进制编码串很长,从而导致搜索空间急剧扩大,计算量也会增加,计算时间也相应地延长。

浮点数(实数)编码能够解决二进制编码的这些缺点。该方式中个体的每个基因都要用参数所给定区间范围内的某一浮点数来表示,而个体的编码长度则等于其决策变量的总数。遗传算法中交叉、变异等操作所产生的新个体的基因值也必须保证在参数指定区间范围内。当个体的基因值由多个基因组成时,交叉操作必须在两个基因之间的分界字节处进行,而不是在某一基因内的中间字节分隔处进行。

8.3.3 适应度函数

适应度函数是用来衡量个体优劣,度量个体适应度的函数。适应度函数值越大的个体越好,反之,适应值越小的个体越差。在遗传算法中,根据适应值对个体进行选择,以保证适应性能好的个体有更多的机会繁殖后代,使优良特性得以遗传。一般而言,适应度函数是由目标函数变换而来的。由于在遗传算法中根据适应度排序的情况来计算选择概率,这就要求适应度函数计算出的函数值(适应度)不能小于零。因此,在某些情况下,将目标函数转换成最大化问题形式而且函数值非负的适应度函数是必要的,并且在任何情况下总是希望越大越好,但是许多实际问题中,目标函数有正有负,所以经常用到从目标函数到适应度函数的变换。

考虑如下的数学规划问题:

$$\min f(x)$$

使得

$$g(x)=0$$
$$h_{\min} \leqslant h(x) \leqslant h_{\max}$$

1. 变换方法一

(1) 对于最小化问题,建立适应度函数 $F(x)$和目标函数 $f(x)$的映射关系:

$$F(x)=\begin{cases}C_{\max}, & f(x)<C_{\max}\\ 0, & f(x)\geqslant C_{\max}\end{cases}$$

式中,$C_{\max}$ 既可以是特定的输入值,也可以是选取到目前为止所得到的目标函数 $f(x)$的最大值。

(2) 对于最大化问题,一般采用如下方法:

$$F(x)=\begin{cases}f(x)-C_{\min}, & f(x)>C_{\min}\\ 0, & f(x)\leqslant C_{\min}\end{cases}$$

式中,$C_{\min}$ 既可以是特定的输入值,也可以是选取到目前为止所得到的目标函数 $f(x)$的最小值。

2. 变换方法二

(1) 对于最小化问题,建立适应度函数 $f(x)$和目标函数 $f(x)$的映射关系:

$$F(x)=\frac{1}{1+c+f(x)},\quad c\geqslant 0,\quad c+f(x)\geqslant 0$$

(2) 对于最大化问题,一般采用如下方法:

$$F(x)=\frac{1}{1+c-f(x)},\quad c\geqslant 0,\quad c-f(x)\geqslant 0$$

式中,c 为目标函数界限的保守估计值。

8.3.4 约束函数的处理

在遗传算法中必须对约束条件进行处理,但目前尚无处理各种约束条件的一般方法,根据具体问题可选择三种方法,即罚函数法、搜索空间限定法和可行解变换法。

1. 罚函数法

罚函数法的基本思想是对在解空间中无对应可行解的个体计划其适应度时,处以一个罚函数,从而降低该个体的适应度,使该个体被遗传到下一代群体中的概率减小。可以用下式对个体的适应度进行调整:

$$F'(x)=\begin{cases}F(x), & x\in U\\ F(x)-P(x), & x\notin U\end{cases}$$

式中,$F(x)$为原适应度函数;$F'(x)$为调整后的新的适应度函数;$P(x)$为罚函数,U 为约束条件组成的集合。

如何确定合理的罚函数是这种处理方法的难点,在考虑罚函数时,既要度量解对约束条件不满足的程度,又要考虑计算效率。

2. 搜索空间限定法

搜索空间限定法的基本思想是对遗传算法的搜索空间的大小加以限制,使得搜索空间中表示一个个体的点与解空间中的表示一个可行解的点有一一对应的关系。对一些比较简单的约束条件通过适当编码使搜索空间与解空间一一对应,限定搜索空间能够提高遗传算法的效率。在使用搜索空间限定法时必须保证交叉、变异之后的解个体在解空间中有对应解。

3. 可行解变换法

可行解变换法的基本思想是在由个体基因型到个体表现型的变换中,增加使其满足约束条件的处理过程,其寻找个体基因型与个体表现型的多对一变换关系,扩大了搜索空间,使进化过程中所产生的个体总能通过这个变换而转换成解空间中满足约束条件的一个可行解。可行解变换法对个体的编码方式、交叉运算、变异运算等无特殊要求，但运行效果下降。

8.3.5 遗传算法算子

遗传算法中包含四个模拟生物基因遗传操作的遗传算子：选择(复制)、交叉(重组)、变异(突变)和倒位操作。遗传算法利用遗传算子产生新一代群体来实现群体进化，算子的设计是遗传策略的主要组成部分，也是调整和控制进化过程的基本工具。

1. 选择操作

遗传算法中的选择操作就是用来确定如何从父代群体中按某种方法选取哪些个体遗传到下一代群体中的一种遗传运算。遗传算法使用选择(复制)算子对群体中的个体进行优胜劣汰操作：适应度较高的个体被遗传到下一代群体中的概率较大；适应度较低的个体被遗传到下一代群体中的概率较小。选择操作建立在对个体适应度进行评价的基础之上。选择操作的主要目的是避免基因缺失、提高全局收敛性和计算效率。常用的选择方法有轮盘赌法、排序选择法和锦标赛选择法。

1) 轮盘赌法

简单的选择方法为轮盘赌法：通常以第 i 个个体入选种群的概率以及群体规模的上限来确定其生存与淘汰，这种方法称为轮盘赌法。轮盘赌法是一种正比选择策略，能够根据与适应函数值成正比的概率选出新的种群。轮盘赌法由如下 5 步骤构成。

(1) 计算各染色体 v_k 的适应值 $F(v_k)$。

(2) 计算种群中所有染色体的适应值的和，即

$$\text{Fall}=\sum_{k=1}^{n}F(v_k)$$

(3) 计算各染色体 v_k 的选择概率 p_k，即

$$p_k=\frac{\text{eval}(v_k)}{\text{Fall}},\quad k=1,2,\cdots,n$$

(4) 计算各染色体 v_k 的累计概率 q_k，即

$$q_k=\sum_{j=1}^{k}p_j,\quad k=1,2,\cdots,n$$

(5) 在[0,1]区间内产生一个均匀分布的伪随机数 r，若 $r\leqslant q_1$，则选择第一个染色体 v_1；否则，选择第 k 个染色体，使得 $q_{k-1}\leqslant r\leqslant q_k$ 成立。

2) 排序选择法

排序选择法的主要思想：对群体中的所有个体按其适应度大小进行排序，基于这个排序来分配各个个体被选中的概率。排序选择法的具体操作过程如下。

(1) 对群体中的所有个体按其适应度大小进行降序排列。

(2) 根据具体求解问题，设计一个概率分配表，将各个概率值按上述排列次序分配给各

个个体。

(3) 以各个个体所分配到的概率值作为其能够被遗传到下一代的概率,基于这些概率值用轮盘赌法来产生下一代群体。

3) 锦标赛选择法

锦标赛选择法的基本做法是:在选择时先随机地在种群中选择 k 个个体进行锦标赛式的比较,从中选出适应值最好的个体进入下一代,复用这种方法直到下一代个体数为种群规模时为止。这种方法也使得适应值好的个体在下一代具有较大的“生存”机会,同时它只能使用适应值的相对值作为选择的标准,而与适应值的数值大小不成比例,所以,它能较好地避免超级个体的影响,一定程度地避免过早收敛现象和停滞现象。

2. 交叉操作

在遗传算法中,交叉操作是起核心作用的遗传操作,它是生成新个体的主要方式。交叉操作的基本思想是通过对两个个体之间进行某部分基因的互换来实现产生新个体的目的。常用交叉算子有:单点交叉算子、两点交叉算子、多点交叉算子和均匀交叉算子等。

1) 单点交叉算子

单点交叉算子的交叉过程分两个步骤:首先对配对库中的个体进行随机配对;其次,在配对个体中随机设定交叉位置,配对个体彼此交换部分信息,单点交叉过程如图 8-2 所示。

2) 两点交叉算子

两点交叉算子的具体操作是随机设定两个交叉点,互换两个父代在这两点间的基因串,分别生成两个新个体。

3) 多点交叉算子

多点交叉的思想源于控制个体特定行为的染色体表示信息的部分无须包含在邻近的子串中。多点交叉的破坏性可以促进解空间的搜索,而不是促进过早地收敛。

4) 均匀交叉算子

均匀交叉是指通过设定屏蔽字来决定新个体的基因继承两个个体中哪个个体的对应基因,当屏蔽字中的位为 0 时,新个体 A′继承旧个体 A 中对应的基因,当屏蔽字位为 1 时,新个体 A′继承旧个体 B 中对应的基因,由此可生成一个完整的新个体 A′,同理可生成新个体 B′,整个过程如图 8-3 所示。

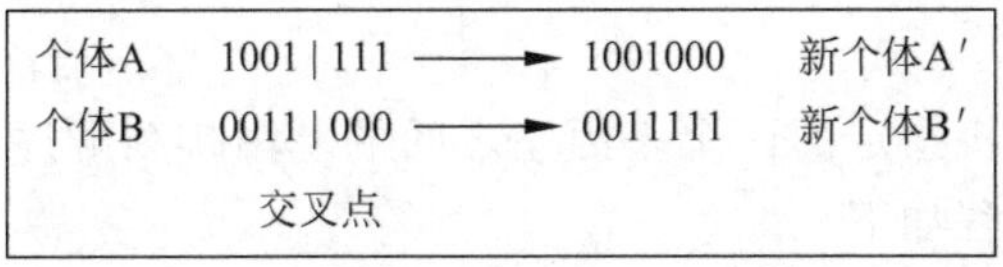

图 8-2 单点交叉过程

旧个体A 001111
旧个体B 111100
屏蔽字 010101
新个体A′ 011110
新个体B′ 101101

图 8-3 均匀交叉示意图

3. 变异操作

变异操作是指将个体染色体编码串中的某些基因座的基因值用该基因座的其他等位基因来替代,从而形成一个新的个体。变异运算是产生新个体的辅助方法,它和选择、交叉算子结合在一起,保证了遗传算法的有效性,使遗传算法具有局部的随机搜索能力,提高遗传算法的搜索效率;同时使遗传算法保持种群的多样性,以防止出现早熟收敛。在变异操作中,为了保证个体变异后不会与其父体产生太大的差异,保证种群发展的稳定性,变异率不能取太大,如果变异率大于0.5,遗传算法就变为随机搜索,遗传算法的一些重要的数学特性和搜索能力也就不存在了。变异算子的设计包括确定变异点的位置和进行基因值替换。变异操作的方法有基本位变异、均匀变异等。

1) 基本位变异

基本位变异操作是指对个体编码串中以变异概率 p_m 随机指定的某一位或某几位基因做变异运算,所以其发挥的作用比较慢,作用的效果也不明显。基本位变异算子的具体执行过程如下。

(1) 对个体的每个基因座,依变异概率 p_m 指定其为变异点。

(2) 对每个指定的变异点,对其基因值做取反运算或用其他等位基因值代替,从而产生出一个新个体。

2) 均匀变异

均匀变异操作是指分别用符合某个范围内均匀分布的随机数,以某个较小的概率来替换个体编码串中各个基因座上的原有基因值。均匀变异的具体操作过程如下。

(1) 依次指定个体编码串中的每个基因座为变异点。

(2) 对每个变异点,以变异概率 p_m 从对应基因的取值范围内取一随机数来替代原有基因值。

假设有一个个体为 $\boldsymbol{v}_k=[v_1,v_2,\cdots,v_k,\cdots,v_m]$,若 v_k 为变异点,其取值范围为 $[v_{k,\min},v_{k,\max}]$,在该点对个体 v_k 进行均匀变异操作后,可得到一个新的个体:$\boldsymbol{v}_k=[v_1,v_2,\cdots,v'_k,\cdots,v_m]$,其中变异点的新基因值是

$$v'_k=v_{k,\min}+r(v_{k,\max}-v_{k,\min})$$

式中,r 为[0,1]内符合均匀概率分布的一个随机数。均匀变异操作特别适合应用于遗传算法的初期运行阶段,它使得搜索点可以在整个搜索空间内自由地移动,从而可以增加群体的多样性。

4. 倒位操作

倒位操作是指颠倒个体编码串中随机指定的两个基因座之间的基因排列顺序,从而形成一个新的染色体。倒位操作的具体过程如下。

(1) 在个体编码串中随机指定两个基因座作为倒位点。

(2) 以倒位概率颠倒这两个倒位点之间的基因排列顺序。

8.3.6 搜索终止条件

遗传算法的终止条件有如下两个，满足任何一个条件搜索就结束。

(1) 遗传操作中连续多次前后两代群体中最优个体的适应度相差在某个任意小的正数 ε 所确定的范围内，即满足

$$0 < |F_{new} - F_{old}| < \varepsilon$$

式中，F_{new} 为新产生的群体中最优个体的适应度；F_{old} 为前代群体中最优个体的适应度。

(2) 达到遗传操作的最大进化代数 t。

8.4 遗传算法实例

MATLAB 中可以用 ga 这个函数来实现遗传算法。

```
x = ga(fun,nvars,A,b,Aeq,beq,lb,ub,nonlcon)
```

函数 ga 的输入如下。

fun：目标函数，ga 求目标函数的最小值。

nvars：变量数目。

A,b：线性不等式限制条件，A 为实矩阵，b 为实向量，限制条件为 $Ax \leqslant b$。

Aeq,beq：线性等式限制条件，Aeq 为实矩阵，beq 为实向量，限制条件为 Aeq * x=beq。

lb,ub：lb 为上限，ub 为下限。

nonlcon：非线性限制条件，nonlcon 包含两个向量或数组 c(x)、ceq(x)，非线性不等限制条件满足 $c(x) \leqslant 0$，非线性等式限制条件满足 ceq(x)=0。

输出如下。

x：解。

fval：目标函数在解处的值。

我们考虑如下的一个例子。

适应函数

$$f(x) = 100(x_1^2 - x_2)^2 + (1 - x_1)^2$$

在(1,1)点取到最小值 0。由于函数比较陡，绘制函数 $\ln(1+f(x))$ 可以更加清晰直观地观察函数的变化。代码如下：

```
fsurf(@(x,y)ln(1 + 100 * (x.^2 - y).^2 + (1 - x).^2),[0,2])
title('ln(1 + 100 * (x(1)^2 - x(2))^2 + (1 - x(1))^2)')
view( - 13,78)
hold on
```

```
h1 = plot3(1,1,0.1,'r*','MarkerSize',12);
legend(h1,'Minimum','Location','best');
hold off
```

函数图像如图 8-4 所示。

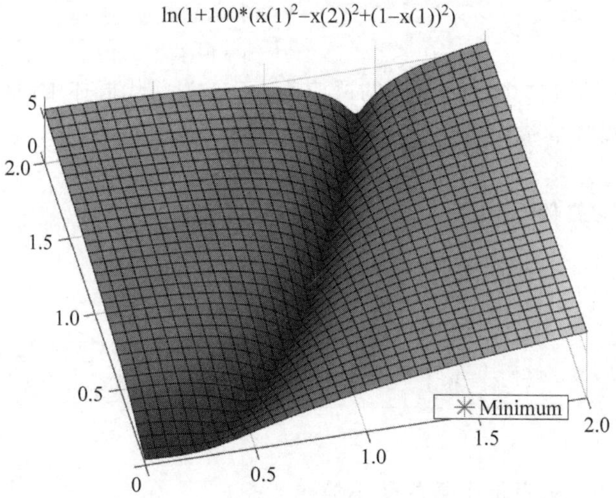

图 8-4　$\ln(1+f(x))$的图像

接下来用 ga 算法求适应函数的最小值。

首先,用 MATLAB 编写一个命名为 simple_fitness. m 的函数,代码如下:

```
function y = simple_fitness(x)
y = 100 * (x(1)^2 - x(2)) ^2 + (1 - x(1))^2;
```

按照观察的大致情况给函数最小值问题设置上下限,ga 算法是随机算法,也可以为了重复度设置随机数流。在此例中,直接使用 ga 函数,代码如下:

```
FitnessFunction = @simple_fitness;
numberOfVariables = 2;
lb = [-3,-3];
ub = [3,3];
[x,fval] = ga(FitnessFunction,numberOfVariables,[],[],[],[],lb,ub)
```

输出结果如下:

```
x =
   1.3198    1.7434
```

```
fval =
   0.1025
```

下面求解一个决策变量为 x_1 和 x_2 的优化问题。

$$\min f(x) = 100(x_1^2 - x_2)^2 + (1 - x_1)^2$$

满足如下两个非线性约束条件和限制条件：

$$x_1 x_2 + x_1 - x_2 + 1.5 \leqslant 0$$
$$10 - x_1 x_2 \leqslant 0$$
$$0 \leqslant x_1 \leqslant 1$$
$$0 \leqslant x_2 \leqslant 13$$

尝试用遗传算法求解这个优化问题。首先，用 MATLAB 编写一个命名为 simple_fitness.m 的函数，代码如下：

```
function y = simple_fitness(x)
y = 100 * (x(1)^2 - x(2)) ^2 + (1 - x(1))^2;
```

MATLAB 中用函数 ga 求解遗传算法问题，ga 函数中假设目标函数中的输入变量的个数与决策变量的个数一致，其返回值为对某组输入按照目标函数的形式进行计算而得到的数值。

对于约束条件，同样可以创建一个命名为 simple_constraint.m 的函数表示，其代码如下：

```
function [c, ceq] = simple_constraint(x)
c = [1.5 + x(1) * x(2) + x(1) - x(2);
-x(1) * x(2) + 10];
ceq = [];
```

这些约束条件也是假设输入的变量个数等于所有决策变量的个数，然后计算所有约束函数中不等式两边的值，并返回给向量 c 和 ceq。

为了减小遗传算法的搜索空间，所以尽量给每个决策变量指定它们各自的定义域，在 ga 函数中，是通过设置它们的上、下限来实现的，也就是 UB 和 LB。

通过前面的设置，下面可以直接调用 ga 函数实现用遗传算法对上述优化问题的求解，代码如下：

```
ObjectiveFunction = @simple_fitness;
nvars = 2;      % Number of variables
LB = [0 0];     % Lower bound
UB = [1 13];    % Upper bound
```

```
ConstraintFunction = @simple_constraint;
[x,fval] = ga(ObjectiveFunction,nvars,[],[],[],[],LB,UB, ConstraintFunction)
```

执行上述函数可以得到如下结果：

```
x =
    0.8122    12.3122
fval =
    1.3578e+04
```

8.5 全局和局部极小值

在一些情况下，问题的目标是寻找一个函数的全局最小值或最大值，即全局优化。但是一些优化算法会输出局部极小值，遗传算法则是一个全局优化算法，可以通过一些参数的正确设置来克服这个缺点。

例 8-1 考虑以下函数

$$f(x)=\begin{cases}-\exp\left(-\left(\dfrac{x}{100}\right)^2\right), & x\leqslant 100\\ -\exp(-1)+(x-100)(x-102), & x>100\end{cases}$$

这个函数的图像如图 8-5 所示。

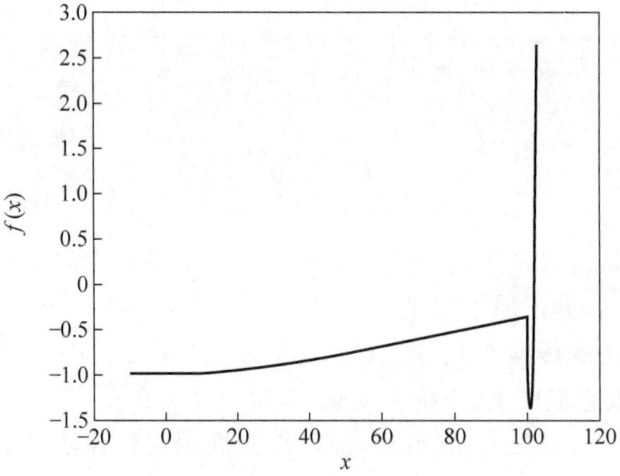

图 8-5 例 8-1 中函数的图像

这个函数有两个极小值：一个在 $x=0$ 处，函数值为 -1，另一个在 $x=101$ 处，函数值为 $-1-\dfrac{1}{e}$。因为后者函数值较小，所以全局最小值在 $x=101$ 处。

在这个例子上运用遗传算法。

(1) 在 MATLAB 中输入以下代码,保存为文件 two_min. m。

```
function y = two_min(x)
if x <= 100
   y = - exp( - (x/100).^2);
else
   y = - exp( - 1) + (x - 100) * (x - 102);
end
```

(2) 在 Optimization app 中,设置适应度函数为@two_min,设置变量数为 1,单击“开始”按钮,遗传算法得到的极小值的点很接近 $x=0$ 处的局部极小值,如图 8-6 所示。

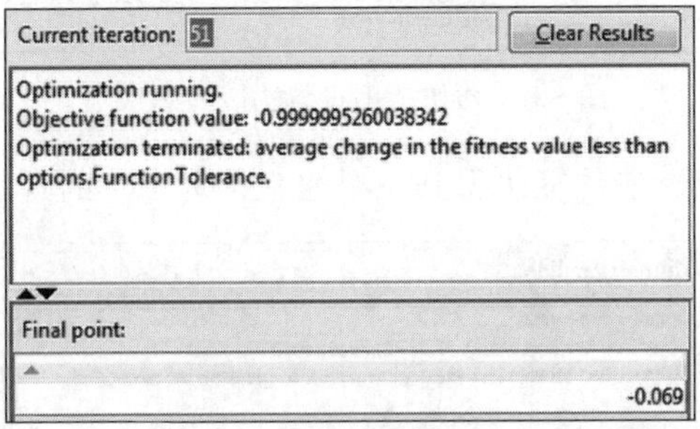

图 8-6　得到局部极小值

下面的自定义图显示了为什么算法会找到局部最小值而不是全局最小值,如图 8-7 所示,图中显示了每代个体的范围和总体均值。

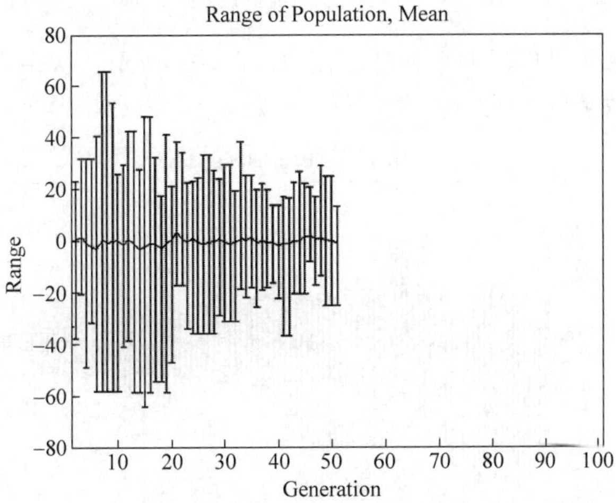

图 8-7　每代个体的范围和总体均值

所有个体的年龄都在 $-70\sim70$,从来没有达到 $x=101$ 这个全局最小值附近的点。

让遗传算法探索更大范围的点的一种方法是增加种群的多样性,即增加初始范围。初始范围不必包含 $x=101$ 点,但必须足够大,以便算法生成 $x=101$ 附近的个体。将初始范围设置为[−10,90],如图 8-8 所示。

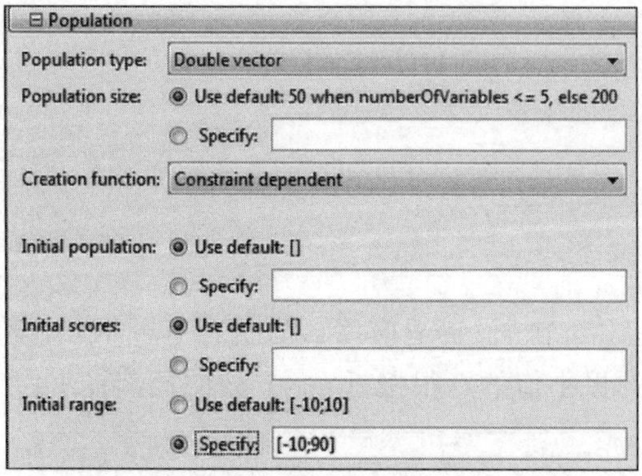

图 8-8　初始范围设置为[−10,90]

然后单击“开始”按钮。遗传算法得到一个非常接近 101 的点,如图 8-9 所示。

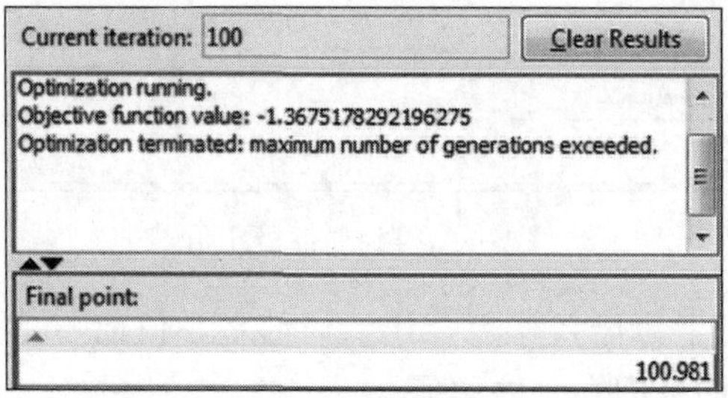

图 8-9　得到一个非常接近 101 的点

这一次,图中显示了更广泛的个体的范围,如图 8-10 所示。从一开始就有接近 101 的个体,总体均值开始收敛到 101。

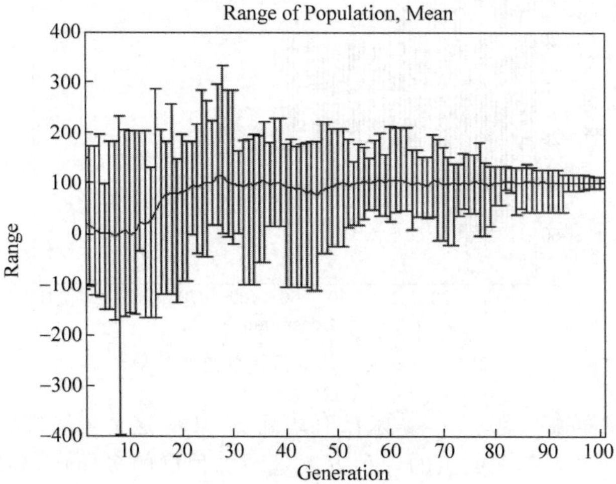

图 8-10　更广泛的个体的范围

8.6 遗传算法的特点

1. 遗传算法的优点

遗传算法具有十分强的稳健性，比起传统优化方法，遗传算法有如下优点。

(1) 遗传算法以控制变量的编码作为运算对象。传统的优化算法往往直接利用控制变量的实际值的本身进行优化运算，但遗传算法不是直接以控制变量的值，而是以控制变量的特定形式的编码为运算对象。这种对控制变量的编码处理方式，可以模仿自然界中生物的遗传和进化等机理，也使得分析人员可以方便地处理各种变量和应用遗传操作算子。

(2) 遗传算法具有内在的本质并行性。它的并行性表现在两个方面。一是遗传算法的外在并行性，最简单的方式是让多台计算机各自进行独立种群的演化计算，最后选择最优个体。可以说，遗传算法适合在目前所有的并行机或分布式系统上进行并行计算处理。二是遗传算法的内在并行性，由于遗传算法采用种群的方式组织搜索，因而可同时搜索解空间内的多个区域，并相互交流信息。这样就使得搜索效率更高，也避免了使搜索过程陷于局部最优解。

(3) 遗传算法直接以目标函数值作为搜索信息。在简单遗传算法中，基本上不用搜索空间的知识和其他辅助信息，而仅用目标函数，即适应度函数来评估个体解的优劣，且适应度函数不受连续可微的约束，对该函数和控制变量的约束极少。对适应度函数唯一的要求就是对于输入能够计算出可比较的输出。

(4) 遗传算法是采用概率的变迁规则来指导它的搜索方向，其搜索过程朝着搜索空间更优化的解区域移动，它的方向性使得它的效率远远高于一般的随机算法。遗传算法在解空间内进行充分的搜索，但不是盲目的穷举或试探，因为选择操作以适应度为依据，因此它的搜索性能往往优于其他优化算法。

(5)原理简单，操作方便，占用内存少，适用于计算机进行大规模计算，尤其适合处理传统搜索方法难以解决的大规模、非线性组合复杂优化问题。

(6) 由于遗传基因串码的不连续性，所以遗传算法处理非连续混合整数规划时有其独特的优越性，而且使得遗传算法对某些病态结构问题具有很好的处理能力。

(7) 遗传算法同其他算法有较好的兼容性，如可以用其他算法求初始解；在每一代种群，可以用其他的方法求解下一代新种群。

2. 遗传算法的缺点

但是，遗传算法也存在如下缺点。

(1) 遗传算法是一类随机搜索型算法，而非确定性迭代过程描述，这种方式必然会导致较低的计算效率。

(2) 对简单遗传算法的数值试验表明，算法经常出现过早收敛现象。

(3) 遗传和变异的完全随机性虽然保证了进化的搜索功能，但是这种随机变化也使得好的优良个体的形态被过早破坏，降低了各代的平均适应值。

第9章 模拟退火算法

模拟退火算法是比较经典的全局优化算法，也是一种向自然学习得到的算法。

美国物理学家 N. Metropolis 和同事在 1953 年发表研究复杂系统、计算其中能量分布的文章，他们使用蒙特卡罗模拟计算多分子系统中分子的能量分布。美国 IBM 公司物理学家 S. Kirkpatrick、C. D. Gelatt 和 M. P. Vecchi 于 1983 年在《科学》期刊上发表了一篇颇具影响力的文章：《以模拟退火法进行最优化》(*Optimization by Simulated Annealing*)。他们借用了 Metropolis 等的方法探讨一种旋转玻璃态系统(spin glass system)时，发觉其物理系统的能量和一些组合最优(combinatorial optimization)问题[著名的旅行商问题(TSP)即是一个代表例子]的成本函数相当类似：寻求最低成本即类似寻求最低能量。由此，他们开发出以 Metropolis 方法为基础的一套算法，并用它来解决组合问题的最优解。

几乎同时，欧洲物理学家 V. Carny 也发表了几乎相同的成果，但两者是各自独立发现的。只是 Carny“运气不佳”，当时没什么人注意到他的大作。或许可以说，《科学》期刊行销全球，“曝光度”很高，素负盛名，而 Carny 却在另外一本发行量很小的学术期刊 *Journal of Optimization Theory and Applications* 发表其成果因而未引起应有的关注。

Kirkpatrick 等受到 Metropolis 等用蒙特卡罗模拟的启发而发明了“模拟退火”这个名词，因为它和物体退火过程相类似。寻找问题的最优解(最值)即类似寻找系统的最低能量。因此系统降温时，能量也逐渐下降，而同样地，问题的解也“下降”到最值。

本章将具体介绍模拟退火算法的原理、步骤及 MATLAB 实现过程。

9.1 本章内容

本章主要介绍以下内容。

(1) 模拟退火算法的物理原理。

(2) 模型及其 MATLAB 实现。

(3) 应用模拟退火算法解决 TSP 问题。

(4) simulannealbnd 工具箱的使用。

9.2 退火过程的物理原理

模拟退火(simulated annealing,SA)算法的思想借鉴了固体的退火原理：当固体的温度很高的时候,内能比较大,固体的内部粒子处于快速无序运动；在温度慢慢降低的过程中,固体的内能减小,粒子慢慢趋于有序；最终,当固体处于常温时,内能达到最小,此时,粒子最为稳定。模拟退火算法便是基于这样的原理设计而成。

材料的统计力学研究结果表明,不同温度下粒子有自己的能量状态。高温时粒子比较活泼,容易在不同状态下转移；随着温度的降低,一方面粒子能量水平趋向于降低,另一方面粒子逐渐变得稳定,能量水平也变得不易改变。如果从高温开始,足够缓慢地降低温度,使得粒子在每个温度下达到稳定的能量水平,那么就可以期待系统被完全冷却时得到的是最低能态的晶体。在上述过程中,"能量"是"状态"的函数(读者可能会困惑："能量"看似与温度有关。接下来我们会具体解释温度对"能量"的作用方式)。在现实的优化问题中,如果把"状态"等同于"选择策略","能量"等同于"优化结果",就可以利用上述物理原理求解最小化问题。

9.2.1 固定温度下粒子的转移原则

在某个给定温度 T 下,假设粒子有两个可能的状态 i 和 j,对应的能量为 $E(i)$ 和 $E(j)$,当前粒子位于 i 状态。粒子是否"愿意"转移到 j 状态呢?

当 j 状态的能量 $E(j)<E(i)$,该状态转移一定会被接受；但是 $E(j)>E(i)$ 并不意味着粒子一定会保持原来的状态。事实上,粒子仍有

$$p=\mathrm{e}^{\frac{E(i)-E(j)}{KT}}$$

的概率转移到能量较高的状态。

p 的表达式告诉我们,当两种状态能量差相同时,温度越高,转移发生的概率越大。当 T 无穷大时,转移一定会发生；当 T 趋近于 0 时,转移一定不发生(当然这只是假想的情况)。

事实上,正是能量升高的状态也可能被接受这个事实使得模拟退火算法有机会跳出局部最优解。

9.2.2 温度对粒子能量分布的影响

在每个温度 T 下,当粒子状态经过足够多次转移之后,会趋于稳定。这时粒子处于状态 i 的概率满足玻耳兹曼分布

$$P_T(i)=\frac{e^{-\frac{E(i)}{KT}}}{\sum_{j\in S}e^{-\frac{E(j)}{KT}}},\quad S\text{ 为全部可能状态}$$

将 $P_T(i)$ 视为 T 的函数，考虑 T 的两种极限情况：

(1) $\lim_{T\to\infty}\frac{e^{-\frac{E(i)}{KT}}}{\sum_{j\in S}e^{-\frac{E(j)}{KT}}}=\frac{1}{|S|}$

(2) $\lim_{T\to 0}\frac{e^{-\frac{E(i)}{KT}}}{\sum_{j\in S}e^{-\frac{E(j)}{KT}}}=\lim_{T\to 0}\frac{e^{-\frac{E(i)-E_{\min}}{KT}}}{\sum_{j\in S_{\min}}e^{-\frac{E(j)-E_{\min}}{KT}}+\sum_{j\notin S_{\min}}e^{-\frac{E(j)-E_{\min}}{KT}}}=\lim_{T\to 0}\frac{e^{-\frac{E(i)-E_{\min}}{KT}}}{\sum_{j\in S_{\min}}e^{-\frac{E(j)-E_{\min}}{KT}}}$

$$=\begin{cases}\frac{1}{|S_{\min}|}, & i\in S_{\min}\\ 0, & i\notin S_{\min}\end{cases},\quad E_{\min}=\min_{j\in S}E(j),S_{\min}=\{i\,|\,E(i)=E_{\min}\}$$

这告诉我们，温度足够高时，所有状态会等概率地出现；当温度非常低，粒子则以很高的概率出现在最低能量处。

需要注意的是，能量是每个状态下粒子本身的属性，单个的“能量”是和温度无关的，温度对能量的影响是通过影响状态的变化产生的，就像第8章中的选择作用一样。

9.2.3 能量与粒子分布的关系

我们当然希望，同一温度下，粒子会以较高概率停留在能量小的状态，下面我们来验证这一点：

$$P\{E=E_1\}-P\{E=E_2\}=\frac{1}{\sum_{j\in S}e^{-\frac{E(j)}{KT}}}e^{-\frac{E_1}{KT}}\left[1-e^{-\frac{E_2-E_1}{KT}}\right]>0,\quad E_1<E_2$$

简而言之，粒子退火过程有以下比较好的性质。

(1) 同一温度下粒子倾向于最终稳定在一个较低的能量。

(2) 降低温度，粒子的能量会越来越倾向于稳定在最低能量。

借用退火过程的原理，可以求解最优化问题。

9.3 模拟退火的模型和步骤

借用退火过程的原理，本节将介绍模拟退火算法的具体模型和实现步骤。

9.3.1 参数的设定

模拟退火中，采用与上面同理的状态转移方法，只是不再需要 K（K 并不影响状态的性质，只是一个无关状态的常数）。除了状态与能量的函数关系外，还需要适当的初始温度、降温原则和状态产生方法，后面三者的产生方法如表 9-1 所示。

表 9-1 模拟退火参数或过程产生的方法

参数或过程	方　法
初始温度	理论上，得到初始温度有如下的方法： (1) 均匀抽样一组状态，以各状态目标值的方差为初始温度； (2) 随机产生一组状态，确定两两状态间的最大目标值差，根据差值，利用一定的函数确定初始温度，譬如 $t_0=-\dfrac{\Delta E}{\ln p_r}$，其中 p_r 为初始接受概率； (3) 利用经验公式确定。 但在实际操作过程中，以上的方法比较复杂。我们往往选择一个足够大的初始温度。实验表明，往往初始温度取得越大，得到比较好的解的概率就越大；但是将初始温度设定得过高又会影响计算效率。当初始温度难以确定时，可以选择改变初始温度多试几次，找到其中最好的
降温原则	退火过程中温度的降低要足够"缓慢"，常用的温度更新函数有以下两种： (1) $t_{k+1}=\alpha t_k$，$0<\alpha<1$：α 越接近 1，温度下降越慢，精度较高，但算法收敛速度降低，运用这个方法需要设定最终温度； (2) $t_k=\dfrac{K-k}{K}t_0$：其中 t_0 为初始温度，运用这个方法需要设定算法温度下降的总次数 K
状态产生	"状态"是一个比较依赖研究的问题的量，可能是简单的数字、向量，也可能是某个模式等，因此状态的产生方法难以严格地给出。当产生状态时，需要注意这样的原则：产生的候选解要尽可能地遍布整个解空间。根据研究的问题性质的差异，候选解可以在当前解的一个邻域内以均匀分布、正态分布、指数分布的概率方式产生

9.3.2 操作要求

参考退火过程的原理，模拟退火应当包括以下基本步骤。

(1) 给定初始温度、初始状态。

(2) 在当前温度下，经过足够多次的状态转变，使得能量函数的取值比较稳定。

(3) 比较当前温度是否足够低，如果够低，输出当前状态；否则，更新一个比较低的温度，重新进入步骤(2)。

在程序编码中，这显然需要循环结构来实现。另外，步骤(2)过程的状态转移与记录也是需要循环结构的。其中外循环需要"较慢地降温"，内循环需要"较稳定的状态"。这启发我们得到内、外循环的终止准则，如表 9-2 所示。

表 9-2　内、外循环的终止准则

循环类别	终止准则
内循环	(1) 检验目标函数的均值是否稳定； (2) 连续若干步的目标值变化较小； (3) 按一定的步数抽样
外循环	(1) 设置终止温度的阈值； (2) 设置外循环迭代次数； (3) 算法搜索到的最优值连续若干步保持不变

9.3.3　模拟退火的步骤

下面以程序的实现思路重述模拟退火的过程。

记 E=C(s)，以下()表示循环计数，{}表示向量下标。

```
T(0) = T0; %初始温度
s(0){1} = s0; %初始状态
p(k) = min(1,e^(-(E(k){i}-E(k){i-1})/T(k))); %状态转移概率
n; %内循环保留的数据数目
std1; %内循环的标准差
α: %降温系数
T; %终态温度
s_trans; %状态转移函数
circulation 1:
k(start) = 0
if T(k)<T:drop
        circulation 2:
i(start) = 1
                E(k){i} = C(s(k){i})
                update E(k) to the last 5 elements
                if std(E(k))< std1:drop
                else:i = i + 1
if random(0,1)< p(k): s(k){i + 1} = s_trans(s(k){i})
else: s(k){i + 1} = s(k){i}
k = k + 1
T(k) = αT(k + 1)
```

当所给方差足够小、初始温度足够高、终态温度足够低时，最终能量可以非常接近最小值。

9.4 模拟退火的 MATLAB 实现

9.4.1 MATLAB 实现模拟退火算法的代码

模拟退火关键函数 sa 的实现代码如下：

```
function [e_end,s_end] = sa(fe,t,s,n,std1,t_end,alpha,trans_s)
 % fe 为能量函数
 % t 为初始温度
 % s 为初始状态
 % n 为每个温度保留的状态数目
 % std1 为每个温度下的方差最大值
 % t_end 为最终温度
 % alpha 为降温系数
 % trans_s 为状态转移函数
e_end = inf;
while true
    if t < t_end
        break
    end
 % 外循环判断温度是否足够低
e_list = [];
    while true
        e_list = [e_list fe(s)];
        if length(e_list)> = n
            std_now = std(e_list(1,end - n + 1:end));
            if std_now < std1
                break
            end
        end
 % 判断在某一温度下状态是否稳定
        s_next = trans_s(s);
        p = min(1,exp((e_list(end) - fe(s_next))/t));
        if rand(1)< = p
            s = s_next;
        end
 % 以一定概率更新状态
        if fe(s)< e_end
             s_end = s;
             e_end = fe(s);
        end
    end
    t = alpha * t;
end
end
```

9.4.2 一个简单的应用

用上面的函数求函数 $y=x^4+3x^3+5x$ 的最小值。

这里状态转移函数采用 x 加上－0.5～0.5 的随机数。

```
f1 = @(x) x^4 + 3 * x^3 + 5 * x;
f2 = @(x) x + rand(1) - 0.5;
[a,b] = sa(f1,5,0,10,0.01,0.01,0.98,f2)
```

结果为

```
a = - 20.3321
b = - 2.4792
```

说明该函数在－2.47922 处取得最小值－20.3321。

9.5 用模拟退火算法解决 TSP 问题

9.5.1 TSP 问题概述与分析

TSP(travelling salesman problem,旅行商问题)是一个著名的数学问题,指的是一个旅行商要拜访 n 个城市并最终返回出发的城市,已知这些城市的坐标,求一个方案使得旅行商走的总路线最短。反映在图像上,就是求一个经过 n 个已知点的封闭回路,使得这个回路总长度最小。

在 TSP 中,“能量”对应总距离;“状态”对应选取路线的顺序,可以将初始状态选为任何一种排列,这里选择正序排列,状态转移函数是将随机的两个位置指标较小的位置前和指标较大的位置后所有数字整体调换;若两个随机位置恰好相同,则直接调换。

我们要求解的 TSP 的城市坐标信息如表 9-3 所示。

表 9-3 城市坐标信息

城市编号	X 坐标	Y 坐标	城市编号	X 坐标	Y 坐标	城市编号	X 坐标	Y 坐标
1	565	575	7	25	230	13	1465	200
2	25	185	8	525	1000	14	1530	5
3	345	750	9	580	1175	15	845	680
4	945	685	10	650	1130	16	725	370
5	845	655	11	1605	620	17	145	665
6	880	660	12	1220	580	18	415	635

续表

城市编号	X 坐标	Y 坐标	城市编号	X 坐标	Y 坐标	城市编号	X 坐标	Y 坐标
19	510	875	31	420	555	43	875	920
20	560	365	32	575	665	44	700	500
21	300	465	33	1150	1160	45	555	815
22	520	585	34	700	580	46	830	485
23	480	415	35	685	595	47	1170	65
24	835	625	36	685	610	48	830	610
25	975	580	37	770	610	49	605	625
26	1215	245	38	795	645	50	595	360
27	1320	315	39	720	635	51	1340	725
28	1250	400	40	760	650	52	1740	245
29	660	180	41	475	960			
30	410	250	42	95	260			

9.5.2 能量函数与状态转移函数

在能量函数中,我们给定城市信息的是一个 $n\times3$ 矩阵,第一列是城市编号,第二、三列分别是经、纬度。给定顺序的是一个向量,这个向量第 i 个位置是 j,表示第 i 个去的是 j 城市。

能量函数的实现代码如下:

```
function d = fe(l)
A = [
1    565.0    575.0;    2     25.0    185.0;    3    345.0    750.0;
4    945.0    685.0;    5    845.0    655.0;    6    880.0    660.0;
7     25.0    230.0;    8    525.0   1000.0;    9    580.0   1175.0;
10   650.0   1130.0;   11   1605.0    620.0;   12   1220.0    580.0;
13  1465.0    200.0;   14   1530.0      5.0;   15    845.0    680.0;
16   725.0    370.0;   17    145.0    665.0;   18    415.0    635.0;
19   510.0    875.0;   20    560.0    365.0;   21    300.0    465.0;
22   520.0    585.0;   23    480.0    415.0;   24    835.0    625.0;
25   975.0    580.0;   26   1215.0    245.0;   27   1320.0    315.0;
28  1250.0    400.0;   29    660.0    180.0;   30    410.0    250.0;
31   420.0    555.0;   32    575.0    665.0;   33   1150.0   1160.0;
34   700.0    580.0;   35    685.0    595.0;   36    685.0    610.0;
37   770.0    610.0;   38    795.0    645.0;   39    720.0    635.0;
40   760.0    650.0;   41    475.0    960.0;   42     95.0    260.0;
43   875.0    920.0;   44    700.0    500.0;   45    555.0    815.0;
```

```
46    830.0     485.0;    47    1170.0     65.0;    48    830.0     610.0;
49    605.0     625.0;    50     595.0    360.0;    51   1340.0     725.0;
52   1740.0     245.0;
];
c1 = A(l(1),2:3);
d0 = 0;
for i = 2:1:length(l)
    c2 = A(l(i),2:3);
    d0 = d0 + ((c1(1) - c2(1))^2 + (c1(2) - c2(2))^2)^(1/2);
    c1 = c2;
end
%前 n-1 个城市彼此距离
d = d0 + ((c1(1) - A(l(1),2))^2 + (c1(2) - A(l(1),3))^2)^(1/2);
%最后一个城市和第一个城市的距离
end
```

状态转移函数的实现代码如下：

```
function s_new = trans_s(s)
   a1 = ceil(rand(1) * length(s));
   a2 = ceil(rand(1) * length(s));
   if a1~ = a2
      a11 = min(a1,a2);
      a22 = max(a1,a2);
      l1 = s(1,a22:end);
      l2 = s(1,1:a11);
      l3 = s(1,a11 + 1:a22 - 1);
      s_new = [l1 l3 l2];
   else
      s_new = [s(1,a1:end) s(1,1:a1 - 1)];
   end
end
```

9.5.3　sa 函数的使用

选用正序为初值，调用 sa 函数求解上述问题：

```
A = [
1      565.0     575.0;    2      25.0     185.0;    3     345.0     750.0;
4      945.0     685.0;    5     845.0     655.0;    6     880.0     660.0;
7       25.0     230.0;    8     525.0    1000.0;    9     580.0    1175.0;
10     650.0    1130.0;    11   1605.0     620.0;    12   1220.0     580.0;
13    1465.0     200.0;    14   1530.0       5.0;    15    845.0     680.0;
16     725.0     370.0;    17    145.0     665.0;    18    415.0     635.0;
```

```
19      510.0      875.0;    20      560.0      365.0;    21      300.0      465.0;
22      520.0      585.0;    23      480.0      415.0;    24      835.0      625.0;
25      975.0      580.0;    26     1215.0      245.0;    27     1320.0      315.0;
28     1250.0      400.0;    29      660.0      180.0;    30      410.0      250.0;
31      420.0      555.0;    32      575.0      665.0;    33     1150.0     1160.0;
34      700.0      580.0;    35      685.0      595.0;    36      685.0      610.0;
37      770.0      610.0;    38      795.0      645.0;    39      720.0      635.0;
40      760.0      650.0;    41      475.0      960.0;    42       95.0      260.0;
43      875.0      920.0;    44      700.0      500.0;    45      555.0      815.0;
46      830.0      485.0;    47     1170.0       65.0;    48      830.0      610.0;
49      605.0      625.0;    50      595.0      360.0;    51     1340.0      725.0;
52     1740.0      245.0;
];
s = 1:1:size(A,1);
[e,s] = sa(@fe,200,s,100,1e-5,1e-5,0.99,@trans_s)
```

多运行几次，输出最好的结果：

```
e  =  7.5444e+03
s  =  1×52
15    6    4   25   12   28   27   26   47   13   14   52   11   51   33
43   10    9    8   41   19   45   32   49    1   22   31   18    3   17
21   42    7    2   30   23   20   50   29   16   46   44   34   35   36
39   40   37   38   48
```

9.5.4 设定上的一些问题

在求解旅行商问题时，当城市个数比较少，问题比较简单时，需要的初始温度无须太高，降温系数可以较小，终态温度可以较高，同一温度下保留的状态数目可以较少，就可以非常逼近最优解；随着问题的复杂，对参数精度的要求会进一步上升。

除了参数，状态转移函数的设计也是非常重要的。比如在上面的问题中，如果每次状态更新仅仅采取两轮换的方式，会更难得到最优解。

参数的选择越精确，得到的解往往会越好，但这会消耗大量的时间计算。在实际操作中，选择不那么大的精度，并且多做几次计算，可实现精确度与时间成本的协调。

9.6 模拟退火函数 simulannealbnd

前面四节介绍了模拟退火算法的原理和简单的程序代码。在实际处理问题时，随着函数规模等不同，各个参量的选择更加复杂多变。MATLAB 的全局优化工具箱中有内置的模拟退火函数 simulannealbnd，下面介绍这个函数的使用。

9.6.1 基本用法

MATLAB 中的 simulannealbnd 函数有默认的调节函数，在问题比较简单时，不需要用户选择和编写参量或调节函数，可以直接调用该函数。调用方法有以下几种：

```
x = simulannealbnd(fun,x0)
x = simulannealbnd(fun,x0,lb,ub)
x = simulannealbnd(fun,x0,lb,ub,options)
x = simulannealbnd(problem)
[x,fval] = simulannealbnd(___)
[x,fval,exitflag,output] = simulannealbnd(___)
```

其中各参数的含义如表 9-4 所示。

表 9-4　函数 simulannealbnd 中各参数的含义

参　量	含　　义
X	最优解
fval	最优解的函数值
fun	目标函数
x0	迭代起始点
lb	自变量下界。如果 x 是多维的，用向量形式分别声明每个分量的界，支持 −inf
ub	自变量上界。如果 x 是多维的，用向量形式分别声明每个分量的界，支持 inf
options	用于精确调整各个参量和调节函数
problem	一种声明问题的结构

9.6.2 options 选项

9.6.1 节中在使用模拟退火时采用了很多 MATLAB 默认的参量。当问题比较复杂时，使用这些默认的量可能会导致问题的求解陷入局部最优或者计算效率下降等问题。如果需要更加精确地调整模拟退火算法，需要对 options 选项进行更改。可供更改的选项及含义如表 9-5 所示。

表 9-5　函数 simulannealbnd 中 options 选项的含义及用法说明

选　　项	含　　义	用　　法
AcceptanceFcn	状态接收函数	函数句柄
AnnealingFcn	状态更新函数	自定义函数句柄： • 'annealingfast'：默认方式。更新步长参照温度，方向随机 • 'annealingboltz'：更新步长参照温度的平方根，方向随机
DataType	数据类型	'double'：默认。双精度浮点型 'custom'：其他。此时需给出退火函数

续表

选　项	含　义	用　法
Display	算法运行过程中输出行的显示方式	'off'：不显示 'iter'：每次迭代显示 'diagnose'：显示过程量和迭代过程中与默认值不同的量 'final'：默认。只显示最终量
DisplayInterval	显示间隔	正整数。默认为 10
FunctionTolerance	迭代精度差	正标量。默认为 10^{-6}
InitialTemperature	初始温度	正标量。默认为 100
MaxIterations	外循环最大迭代次数	正整数。默认为 inf
MaxStallIterations	内循环最大迭代次数	正整数。默认为 500 * 变量数
MaxTime	最大运行时间	正标量。默认为 inf
ObjectiveLimit	目标函数寻找下界	标量。默认为 −inf
OutputFcn	每次迭代输出的函数	函数句柄。默认为空
PlotFcn	在运行过程中作图	自定义函数 'saplotbestf'：当前最优函数值 'saplotbestx'：当前最优解 'saplotf'：当前解 'saplottemperature'：当前温度 默认为空
PlotInterval	作图间隔	正整数。默认为 1
TemperatureFcn	温度更新函数	自定义函数 'temperatureexp'：默认方式。初始温度 $\times 0.95^k$ 'temperaturefast'：初始温度/k 'temperatureboltz'：初始温度/ln(k)

在命令中 options 的设置方式如下：

```
options = optimoptions(@simulannealbnd,'OutputFcn',@myfun);
```

9.6.3 problem 结构

problem 是一种支持向其中输入参量的结构，其支持的输入参量及含义如表 9-6 所示。

表 9-6 problem 支持的输入参量及含义

输入参量	含　义	输入参量	含　义
objective	目标函数	solver	simulannealbnd
x0	迭代起始点	options	选项设置
lb	自变量下界	rngstate	随机变量产生域
ub	自变量上界		

problem 使用方法如下：

```
problem = createOptimProblem('fmincon',...
                        'objective',@(x) peaks(x(1),x(2)), ...
                        'nonlcon',@circularConstraint,...
                        'x0',[-1 -1],...
                        'lb',[-3 -3],...
                        'ub',[3 3],...
                        'options',optimset('OutputFcn',...
                                    @peaksPlotIterates))
```

改变声明：

```
problem.solver    = 'simulannealbnd';
problem.objective = @(x) x(1)^2 + x(2)^2 ;
```

这里用到的 circularConstraint 函数定义如下：

```
function [c,ceq] = circularConstraint(x)
% Nonlinear constraint definition

%   Copyright (c) 2010, The MathWorks, Inc.
%   All rights reserved.

% Define nonlinear equality constraint (none)
ceq = [];

% Define nonlinear inequality constraint
% circular region with radius 3: x1^2 + x^2 - 3^2 <= 0
c = x(:,1).^2 + x(:,2).^2 - 9;
```

这里用到的 peaksPlotIterates 函数定义如下：

```
function varargout = peaksPlotIterates(varargin)
% Output function that plots the iterates of the optimization algorithm.
%   Copyright (c) 2010, The MathWorks, Inc.
%   All rights reserved.
% Check if caller is from global or optimization toolbox
optimValues = varargin{2};
state = varargin{3};
if nargout > 1
    if isfield(optimValues,'x') % simulated annealing options,optimvalues,flag
        x = optimValues.x;
        varargout{1} = false;
        varargout{2} = x; % options field
        varargout{3} = false;
```

```
    else % pattern search optimvalues,options,flag,interval
        optimValues = varargin{1};
        state = varargin{3};
        if isfield(optimValues,'x')
            x = optimValues.x;
            varargout{1} = false;
            varargout{2} = x; % options field
            varargout{3} = false;
        else % gentic algorithm options,state,flag,interval
            x = varargin{2}.Population;
            optimValues.iteration = -1;
            varargout{1} = varargin{2};
            varargout{2} = varargin{1};
            varargout{3} = false;
        end
    end
else
    x = varargin{1};
    varargout{1} = false;
end
% Check for state
switch state
    case 'init'
        % Plot objective function surface
        PlotSurface(x,peaks(x(:,1),x(:,2)));
    case 'iter'
        if ~(optimValues.iteration == 0)
            % Update surface plot to show current solution
            PlotUpdate(x,peaks(x(:,1),x(:,2)));
        end
    case 'done'
        if ~(optimValues.iteration == 0)
            % After optimization, display solution in plot title
            DisplayTitle(x,peaks(x(:,1),x(:,2)))
        end
end
% ------------------------------------------------------------------------
% helper function PlotSurface
% ------------------------------------------------------------------------
function PlotSurface(x,z,varargin)

% Check to see if figure exists, if not create it
h = findobj('Tag','PlotIterates');
if isempty(h)
    h = figure('Tag','PlotIterates','Name','Plot of Iterates', ...
```

```
    'NumberTitle','off');

  % Plot the objective function
  [X,Y,Z] = peaks(100);
  zlower = -15;
  axis([-3 3 -3 3 zlower 10]);
  hold on
  surfc(gca,X,Y,Z,'EdgeColor','None','FaceColor','interp')
  xlabel('X'), ylabel('Y'), zlabel('Z')
  view([-45 30])
  shading interp
  lightangle(-45,30)
  set(findobj(gca,'type','surface'),...
      'FaceLighting','phong',...
      'AmbientStrength',.3,'DiffuseStrength',.8,...
      'SpecularStrength',.9,'SpecularExponent',25,...
      'BackFaceLighting','unlit');
  % Plot constraint on lower contour plot
  hc = 0; k = 0; r = 3; N = 256; % circle parameters
  t = (0:N) * 2 * pi/N;
  xc = r * cos(t) + hc;
  yc = r * sin(t) + k;
  % bounds
  ax = axis; %. * [1.1 1.1 1.1 1.1 1 1];
  xbound = ( ax(1):(ax(2) - ax(1))/N * 4:ax(2) )';
  ybound = ( ax(3):(ax(4) - ax(3))/N * 4:ax(4) )';
  len = length(xbound);
  xbox = [xbound;  xbound(end) * ones(len - 1,1);
        xbound(end - 1: - 1:1); xbound(1) * ones(len - 2,1)];
  ybox = [ybound(1) * ones(len,1); ybound(2:end);
        ybound(end) * ones(len - 1,1); ybound(end - 1: - 1:2)];

  boxCon = [(1:length(xbox) - 1)' (2:length(ybox))'; length(xbox) 1];
  cirCon = [(1:length(xc) - 1)' (2:length(yc))'; length(x) 1] + length(xbox);
  warning off
  DT = DelaunayTri([[xbox(:); xc(:)] [ybox(:); yc(:)]], [boxCon; cirCon]);
  warning on
  inside = inOutStatus(DT);
  cx = caxis;
  trisurf(DT(inside,:),DT.X(:,1),DT.X(:,2),...
        zlower * ones(size(DT.X(:,1))),'EdgeColor','none',...
        'FaceColor',[0.9 0.9 0.9]);
  caxis(cx)
  hold off
  % colors to use for multiple staring points
```

```
    ms.index = 1;
    ms.Colors = ['rgbcmyk'];
    set(h,'UserData',ms);
end

PlotUpdate(x,z)
if nargin > 2
    DisplayTitle(x,z,varargin{1})
else
    DisplayTitle(x,z,'Initial')
end
% ----------------------------------------------------------------------
% helper function PlotUpdate
% ----------------------------------------------------------------------
function PlotUpdate(x,z)
% Check to see if figure exists, if not, create
h = findobj('Tag','PlotIterates');
if isempty(h)
    PlotSurface(x,z,'Current')
    h = gcf;
end
% Update Plot with New Point
figure(h)
ms = get(h,'UserData');
hold on
spts = findobj('Tag','SurfacePoints');
if isempty(spts)
    spts = plot3(x(:,1),x(:,2),z*1.02,'MarkerFaceColor',ms.Colors(ms.index),...
        'MarkerSize',10,...
        'Marker','diamond',...
        'LineStyle','none',...
        'Color',ms.Colors(ms.index));
    set(spts,'Tag','SurfacePoints');
else
    set(spts, 'XData', [get(spts,'XData'),x(:,1)']);
    set(spts, 'YData', [get(spts,'YData'),x(:,2)']);
    set(spts, 'ZData', [get(spts,'ZData'),z']);
end

ax1 = findobj('Tag','LowerContour');
if isempty(ax1)
    if isvector(x)
        mk = '.-';
    else
        mk = '.';
```

```
        end
        ax1 = plot3(x(:,1),x(:,2),min(get(gca,'ZLim')) * ones(size(x(:,1))),...
            [ms.Colors(ms.index),mk],'MarkerSize',16);
        set(ax1,'Tag','LowerContour');
    else
        set(ax1, 'XData', [get(ax1,'XData'),x(:,1)']);
        set(ax1, 'YData', [get(ax1,'YData'),x(:,2)']);
        set(ax1, 'ZData', [get(ax1,'ZData'),...
                            min(get(gca,'ZLim')) * ones(size(x(:,1)'))]);
    end
    DisplayTitle(x,z,'Current')
    % ------------------------------------------------------------------
    % helper function DisplayTitle
    % ------------------------------------------------------------------
    function DisplayTitle(x,z,varargin)
    % colors to use for iterates
    % Check to see if figure exists, if not, create
    h = findobj('Tag','PlotIterates');
    if isempty(h)
        PlotUpdate(x,z)
        h = gcf;
    end
    % Update Plot Title
    if nargin < 3
        varargin{1} = 'Final';
    end
    ms = get(h,'UserData');
    [mz,indx] = min(z);
    switch lower(varargin{1})
        case 'current'
            str = 'Current';
        case 'initial'
            str = 'Initial';
            text(x(indx,1),x(indx,2),z(indx) * 1.1,'\bf Start','Color',...
                ms.Colors(ms.index))
        case 'final'
            str = 'Final';
            text(x(indx,1),x(indx,2),z(indx) * 1.1,'\bf End','Color',...
                ms.Colors(ms.index))
            ms.index = ms.index + 1;
            set(h,'UserData',ms);
            ax1 = findobj('Tag','LowerContour');
            set(ax1,'Tag',['LowerContour',num2str(ms.index)]);
            spts = findobj('Tag','SurfacePoints');
            set(spts,'Tag',['SurfacePoints',num2str(ms.index)]);
    end
```

```
str = sprintf('%s x = [%6.4f %6.4f]',str, x(indx,1),x(indx,2));
figure(h), title(str)
drawnow;
```

9.6.4 应用实例

下面将以 MATLAB 自带的 peaks 问题为例，进一步解释 simulannealbnd 函数的使用方法。

这个问题的求解程序有 3 个文件。

(1) circularConstraint 是一个约束函数。

(2) peaksPlotIterates 是一个适用于多种优化工具箱的 OutputFcn 函数，能够绘制出迭代中产生的点及其在等高面上的分布。

(3) SA1_PeaksExample 中用 problem 结构调用 peaksPlotIterates 函数，实现了最优解的寻找及图像绘制。

其中的关键代码及含义如表 9-7 所示。

表 9-7 关键代码及含义

关键代码	含义

`%% |peaks| Minimization with Simmulated Annealing`
`% Copyright (c) 2010, The MathWorks, Inc.`
`% All rights reserved.`
`%% Objective Function`
`% We wish find the minimum of the |peaks| function`
`clc, clear, close all`
`peaks`
 	
`%% Nonlinear Constraint Function`
`% Subject to a nonlinear constraint defined by a circular`
`% region of radius`
`% three around the origin`
`% type circularConstraint`
	peaks 是 MATLAB 自带的函数，本质上是二元高斯分布的概率密度函数。这里读者只需知道其可绘制为有极值的曲面即可
	希望找到其在非线性约束条件 $x^2+y^2\leqslant 9$ 下的最小值

`%% Define Optimization Problem`
`problem = createOptimProblem('fmincon',...`
`'objective',@(x) peaks(x(1),x(2)), ...`
`'nonlcon',@circularConstraint,...`
`'x0',[-1 -1],...`
`'lb',[-3 -3],...`
`'ub',[3 3],...`
`'options',optimset('OutputFcn',...`
`@peaksPlotIterates))`
 	
`%% Run the solver |fmincon| from the inital point`
`% We can see the solution is not the global minimum`
`[x,f] = fmincon(problem)`
	这里使用 fmincon 函数求解
	首先声明问题。需要注意的是 fmincon 函数可以直接调用非线性约束条件
	运行结果如图 9-1 所示。可以看到，这里陷入了局部最优解而没有达到全局最优

续表

关键代码	含　义
% % Use Simmulated Annealing to Find the Global Minimum	现在使用模拟退火算法
% Solve the problem using simmulated annealing. Note that % simmulated % annealing does not support nonlinear so we need to account % for this in % the objective function.	为了保证非线性约束条件，在原目标函数后加上 x(1)^2+x(2)^2−9，以保证取得最优解时，x 没有超出范围
problem.solver = 'simulannealbnd'; problem.objective = @(x) peaks(x(1),x(2)) + (x(1)^2 + x(2)^2 - 9); problem.options = saoptimset('OutputFcn',@peaksPlotIterates,... 'Display','iter',... 'InitialTemperature',10,... 'MaxIter',300)	改变 problem 结构的 solver 和 objective，并将 options 选项中的 OutputFcn 设置为 peaksPlotIterates，设定每次迭代均显示、初始温度和最大迭代次数
[x,f] = simulannealbnd(problem) % f = peaks(x(1),x(2))	运行结果如图 9-2 所示，虽然相比 fmincon 函数计算时间有所增长，但是可以看到，模拟退火算法有效跳出了局部最优解

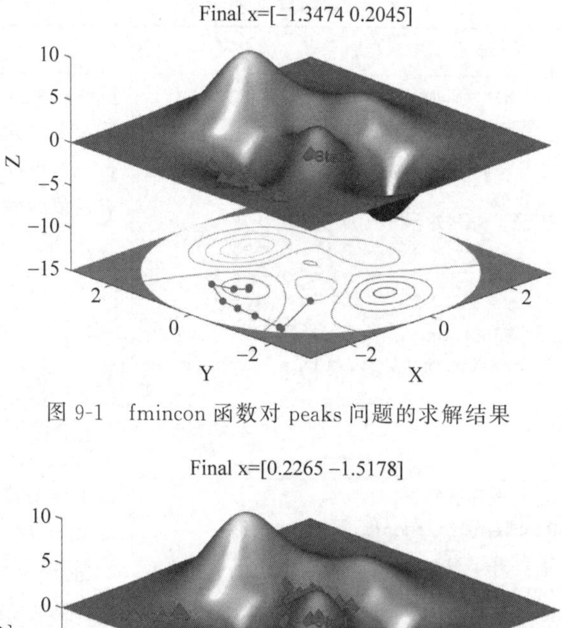

图 9-1　fmincon 函数对 peaks 问题的求解结果

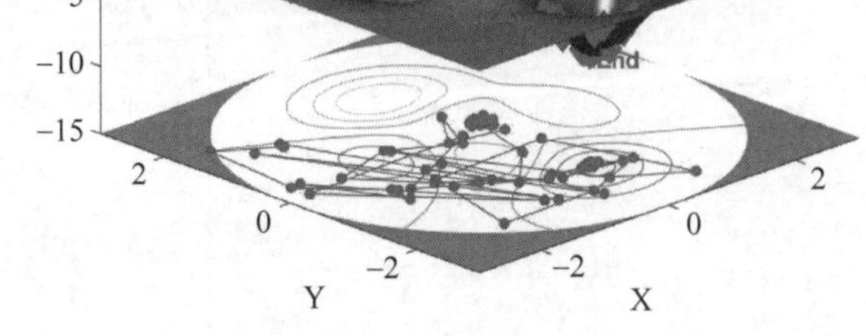

图 9-2　simulannealbnd 函数对 peaks 问题的求解结果

第10章 粒子群优化算法

粒子群优化(particle swarm optimization,PSO)算法是计算智能领域中的一种生物启发式方法,也是一种优秀的全局优化算法,属于群体智能优化算法的一种。

常见的群体智能优化算法主要有如下几类。

(1) 蚁群优化(ant colony optimization,ACO)算法,1992 年提出。

(2) 粒子群优化(particle swarm optimization,PSO)算法,1995 年提出。简单易于实现,也是目前应用最为广泛的群体智能优化算法。

(3) 菌群优化(bacterial foraging optimization,BFO)算法,2002 年提出。

(4) 蛙跳算法(shuffled frog leading algorithm,SFLA),2003 年提出。

(5) 人工蜂群(artificial bee colony,ABC)算法,2005 年提出。

除了上述几种常见的群体智能算法以外,还有一些并不是广泛应用的群体智能算法,比如萤火虫算法、布谷鸟算法、蝙蝠算法以及磷虾群算法等。其中粒子群优化(PSO)算法源于对鸟类捕食行为的研究,鸟类捕食时,找到食物最简单有效的策略就是搜寻当前距离食物最近的鸟的周围(如图 10-1 所示)。本章将详细介绍粒子群优化算法的原理、步骤及 MATLAB 实现过程。

图 10-1　鸟群觅食示意图

10.1 本章内容

本章主要介绍以下内容。

(1) 粒子群优化算法概述及其原理。

(2) MATLAB实现粒子群优化算法。

(3) particleswarm 工具箱的使用。

(4) 粒子群优化算法的收敛机制及比较。

10.2 粒子群优化算法的原理

10.2.1 种群的信息共享

PSO算法模拟的是鸟群的捕食行为。设想这样一个场景：一群鸟在随机搜索食物，在这个区域内只有一块食物，所有的鸟都不知道食物在哪里，但是它们知道自己当前的位置离食物还有多远。那么找到食物的最优策略是什么呢？最简单有效的就是搜寻目前离食物最近的鸟的周围区域。鸟群在搜寻过程中，相互传递信息，让其他鸟知道自己的位置，通过这样的协作，判断自己找到的是不是最优解，同时也将最优解的信息传递给整个鸟群（如图10-2所示）。最终，整个鸟群都能聚集在食物源周围，即找到最优解。

图10-2 PSO算法思想示意图

如果每只鸟都仅仅记住自己找过的地方，那么种群的搜索速度仅仅是每只鸟速度的简单加倍，种群的优势并没有被体现出来。这是因为，一只鸟搜索过的地方以相同的概率被其他鸟再次搜索，造成了时间上的浪费。若种群之间进行信息共享，减少重复搜索，而是向着种群中的个体都没有检测过的地方飞行，就能有效提高效率。粒子群优化算法正是采用了这种“信息共享”的策略。我们从解空间初始化一些点作为种群的“个体”，每个点按分量作为矩阵的一行。在每次迭代时，对每行分别进行改进，改进项为粒子自身记忆的“更好”方向与种群整体的“更好”方向的加权和。

PSO算法中，每个优化问题的解都是搜索空间中的一只鸟，称为“粒子”。所有的粒子都有一个由被优化的函数决定的适应值(fitness value)，每个粒子还有一个速度决定其飞翔的方向和距离。然后粒子们就追随当前的最优粒子在解空间中搜索。PSO算法初始化为一群随机粒子(随机解)。然后通过迭代找到最优解。在每次迭代中，粒子通过跟踪两个“极值”来更新自己：一个就是粒子本身所找到的最优解，这个解叫作个体极值；另一个极值是整个种群目前找到的最优解，这个极值是全局极值。另外也可以不用整个种群而只是用其中一部分作为粒子的邻居，那么在所有邻居中的极值就是局部极值。

10.2.2 粒子群优化算法的数学表达

在一个n维空间中，每个粒子的当前位置可以表示成如下的行向量

$$\boldsymbol{X}_i=(x_{i1},x_{i2},\cdots,x_{in})$$

同样，当前的带权搜索方向(速度)也可以表示成一个行向量

$$\boldsymbol{V}_i=(v_{i1},v_{i2},\cdots,v_{in})$$

我们要做的是寻找一个适应度最好的解。在每一次迭代开始时，粒子自身和种群都有一个“历史最优解”，分别记为

$$\boldsymbol{p}_{\text{best}}=(p_{i1},p_{i2},\cdots,p_{in})$$

$$\boldsymbol{g}_{\text{best}}=(p_{g1},p_{g2},\cdots,p_{gn})$$

按照PSO算法的思想，每次迭代时，速度应当在当前方向的基础上增加$\boldsymbol{p}_{\text{best}}$与$\boldsymbol{g}_{\text{best}}$的加权和，具体地说，每个分量要进行这样的更改

$$v_{ij}=w*v_{ij}+c_1r_1(p_{ij}-x_{ij})+c_2r_2(p_{gj}-x_{ij})$$

此处，参数及其含义如表10-1所示。

表10-1 参数及其含义

参数	含义
w	惯性权重，表示粒子维持当前搜索方向的能力
c_i	学习因子，表示粒子将速度向自身最优和全局最优方向更改的能力
r_i	用来调制的0～1的随机数

更新式的第一项为惯性，反映粒子维持当前方向的能力；第二项是自身记忆项，反映粒子向自身历史最优解靠近的倾向；第三项是社会记忆项，反映粒子向种群历史最优解靠近的倾向。

10.3 粒子群优化算法的 MATLAB 实现

10.3.1 初始参数

为了实现粒子群优化算法，需要设置一些初始参数，初始参数及含义如表 10-2 所示。

表 10-2 初始参数及含义

初始参数	含　义	初始参数	含　义
N	初始种群数目	w	惯性权重
D	解空间维数	c_1	学习因子 1
M	“寻找”次数(迭代次数)	c_2	学习因子 2

在迭代的开始，让粒子在解空间随机分布，之后每次迭代，记录该粒子和种群的当前最优值，并根据这两个最优值和学习因子、惯性权重，在解空间内找到新位置。随着迭代次数的增加，整个种群会越来越向着全局最优的方向“飞行”。

10.3.2 MATLAB 实现

以下代码实现的是适应度函数最小值的求解(如果需要求解的是最大值，只需要对目标函数取反即可)：

```
function[xm,fv] = PSO(fitness,N,c1,c2,w,M,D)
%参数的意义如表 10 - 2 所示
for i = 1:1:N
    for j = 1:1:D
        x(i,j) = randn;
        v(i,j) = randn;
    end
end
%根据正态分布随机得到粒子的初始位置和速度
for i = 1:1:N
    p(i) = fitness(x(i,:));
    y(i,:) = x(i,:);
end
pg = x(N,:);
for i = 1:1:N-1
    if fitness(x(i,:))< fitness(pg)
        pg = x(i,:);
    end
end
```

```
%初始化个体最优和全局最优
for t = 1:1:M
    for i = 1:1:N
        v(i,:) = w * v(i,:) + c1 * rand * (y(i,:) - x(i,:)) + c2 * rand * (pg - x(1,:));
        %更新速度
        x(i,:) = x(i,:) + v(i,:);
         %更新位置
        if fitness(x(i,:))< p(i)
            p(i) = fitness(x(i,:));
            y(i,:) = x(i,:);
              %更新个体最优
        end
        if p(i)< fitness(pg)
            pg = y(i,:);
              %更新全局最优
        end
    end
    pbest(t) = fitness(pg);
end
xm = pg;
fv = fitness(pg);
```

10.3.3 一个简单的例子

下面以一个简单的函数为例,示范如何使用这个算法。

示例:求

$$y = \sum_{i=1}^{10} x^2 + \cos x$$

的最小值。

(1) 建立适应度函数:

```
function F = fitness(x)
F = 0;
for i = 1:1:length(x)
    F = F + x(i)^2 + cos(x(i));
end
```

(2) 适当选取参数,循环多次执行粒子群优化算法找到最优解:

```
fvmin = inf;
for i = 1:1:20
```

```
    [xm,fv] = PSO(@fitness,200,1.5,2,0.35,100,10);
    if fv < fvmin
        fvmin = fv;
    end
end
disp(fvmin)
```

输出结果如下：

```
fvmin = 10.0565
```

运用多元函数的有关数学知识，容易知道此题的解析最优解是 10，可以看到粒子群优化算法的误差已经很小了。

关于参数如何选取以及为什么要循环多次执行，将在 10.4 节中加以探讨。

10.4 粒子群优化算法的进一步说明

10.4.1 为什么要重复多次执行算法

粒子群优化算法(事实上，所有类似的进化算法)本质上都是随机算法。随机性体现在两个层面：第一，我们至多知道这个算法可以靠近最优解，但是能靠近到什么地步我们并不能知道。第二，即使给定完全相同的初始参数和适应度函数，在每次迭代中依然会得到不同的结果。

只要适应度函数是适当的，我们总可以期待算法收敛。但是收敛的速度依赖算法的设计和某次具体执行的随机性。重复多次执行，就是为了尽可能减少随机性的影响，达到给定初始参数下相对好的结果。

10.4.2 初始参数如何设定

依然使用 10.3 节最后的例子，将粒子群优化算法的迭代次数改为 200，所得到的结果是 10.0658，这个结果甚至比 100 次迭代时更差了(当然，读者可能会得到更好一些的结果，这与算法的随机性有关)。这是因为 100 次迭代时已经距离最优解非常相近了，额外增加的迭代并不会带来精度上的改进，也就是说，并不是迭代次数越大结果就越精确。

同样地，粒子群的规模也有相似的结果。也就是说，迭代次数和初始粒子规模只需要适当地大就可以了，具体数值需要根据具体问题进行尝试。

那么，学习因子和惯性权重应该如何设定呢？笔者的经验是，惯性权重不宜超过 0.5，两个学习因子都比 0.5 大，并且彼此相差不大时效果会比较好。

需要说明的是，以上初始参数的设定原则都是经验的结果，根据具体问题的不同可能会产生差异。如果结果不佳,就需要进行一定的调整。

10.5 粒子群优化算法函数 particleswarm

10.5.1 基本用法

MATLAB 全局优化工具箱中有一个专门的 PSO 算法函数 particleswarm,该函数可以更方便地实现用 PSO 算法对全局优化问题的求解。具体使用方式是:

```
x = particleswarm(fun,nvars)
x = particleswarm(fun,nvars,lb,ub)
x = particleswarm(fun,nvars,lb,ub,options)
x = particleswarm(problem)
[x,fval,exitflag,output] = particleswarm(____)
```

其中的参数及含义如表 10-3 所示。

表 10-3 函数 particleswarm 中的参数及含义

参数	含义	参数	含义
fun	适应度函数	x	最优解
nars	解空间维数	fval	最小值
lb	自变量下界,当多维时写成向量	options	求解选项,便于调整参数
lu	自变量上界,当多维时写成向量	exitflag、output	表征解的状态

10.5.2 应用实例

以下面的问题为例说明如何使用这个函数,以及了解给解设定范围的意义。

考虑以下的二元函数

$$y = x_1 e^{-(x_1^2 + x_2^2)}$$

使用以下命令作出该函数的图像(如图 10-3 所示):

```
fsurf(@(x,y)x. * exp( - (x.^2 + y.^2)))
```

由图 10-3 可以大致看出最小值出现的位置。首先不设置边界,使用粒子群优化算法求该函数的最小值:

```
fun = @(x)x(1) * exp( - norm(x)^2);
nvars = 2;
x = particleswarm(fun,nvars)
```

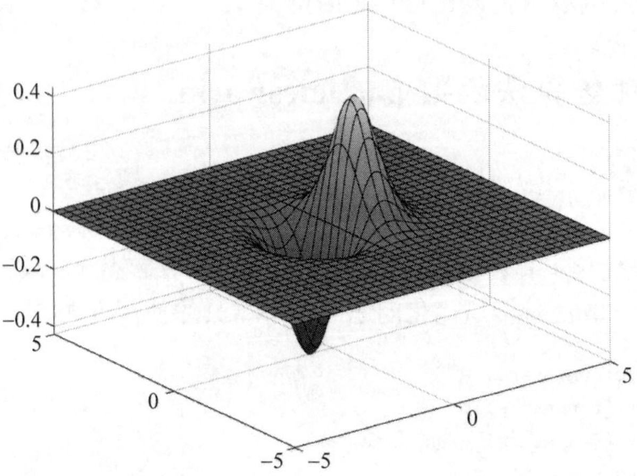

图 10-3　函数 $y=x_1 e^{-(x_1^2+x_2^2)}$ 的图像

运行结果如下：

```
x = 629.4474   311.4814
```

这显然不是我们想要的。接下来对 x 设置边界：

```
fun = @(x)x(1) * exp( - norm(x)^2);
nvars = 2;
lb = [ - 10, - 15];
ub = [15,20];
x = particleswarm(fun,nvars,lb,ub)
```

运行结果如下：

```
x =  - 0.7071    - 0.0000
```

这是我们实际想要得到的最小值解。

从上面的例子可以看到如何使用 PSO 算法求解实际的优化问题。另外，结合图像和数学上的分析，适当地增加边界对找到全局最优解是很有帮助的。

10.5.3　options 的使用

在 options 中，可以改变种群大小、运行时间等参数。还是以求函数 $y=x_1 e^{-(x_1^2+x_2^2)}$ 的最小值为例，演示如何使用 options 修改算法中的种群数量和最小值寻找方法：

```
fun = @(x)x(1) * exp( - norm(x)^2);
lb = [ - 10, - 15];
ub = [15,20];
options = optimoptions('particleswarm','SwarmSize',100,'HybridFcn',@fmincon);
nvars = 2;
x = particleswarm(fun,nvars,lb,ub,options)
```

得到的结果如下：

```
x =  - 0.7071    0.0000
```

10.6 粒子群优化算法的收敛机制及优点和缺点讨论

粒子群优化算法是如何收敛的呢？要回答这个问题，需要回顾每次迭代的更新准则。对于每个粒子而言，更新只和前一次结果中的自身最优和种群最优有关，其他非种群最优的粒子处于什么状态，它并不关心。前面曾经讲过遗传算法，遗传算法的“染色体”之间会交流信息，这表示每一个个体不仅关心当前种群最优的状态是什么，也关心其他没有达到种群最优状态的个体。这两种算法使用的都是种群进化的思路，但是信息交流手段是不同的。这种信息交流方式的不同造成了粒子群优化算法和遗传算法的收敛机制有所差异。粒子群优化算法可能比遗传算法收敛得更快，但在具体问题中哪个算法表现得更好很难断言。另外，在选择全局优化算法的时候，需要结合问题自身的机理，选择一个算法机理与问题机理更接近的算法往往效果更好，相当于用算法去仿真问题。从这个角度讲 PSO 算法更适合有凸点或凹点的优化问题，而遗传算法更适合典型的组合优化问题。

现在总结一下 PSO 算法的一些优点。

(1) 它是一类不确定算法。不确定性体现了自然界生物的生物机制，并且在求解某些特定问题方面优于确定性算法。

(2) 它是一类概率型的全局优化算法。优点在于该算法能有更多机会求解全局最优解。

(3) 它不依赖于优化问题本身的严格数学性质。

(4) 它是一种基于多个智能体的仿生优化算法。粒子群优化算法中的各个智能体之间通过相互协作来更好地适应环境，表现出与环境交互的能力。

(5) 它具有本质并行性。包括内在并行性和内含并行性。

(6) 它具有突出性。粒子群优化算法总目标的完成是在多个智能体个体行为的运动过程中突现出来的。

(7) 它具有自组织和进化性以及记忆功能，所有粒子都保存最优解的相关知识。

(8) 它具有稳健性。稳健性是指在不同条件和环境下算法的实用性和有效性。

PSO 算法的不足之处是粒子群优化算法的数学理论基础还不够牢固，算法的收敛性还需要讨论。

基于PSO算法的这些特点，可知该算法具有很大的发展价值和发展空间，算法能够用于多个领域并发挥作用。下面介绍PSO算法的一些应用领域。

(1) 模式识别和图像处理。PSO算法已在图像分割、图像配准、图像融合、图像识别、图像压缩和图像合成等方面发挥作用。

(2) 神经网络训练。PSO算法可完成人工神经网络中的连接权值的训练、结构设计、学习规则调整、特征选择、连接权值的初始化和规则提取等。但是速度没有梯度下降优化的快，需要较大的计算资源。

(3) 电力系统设计。例如，日本的Fuji电力公司的研究人员将电力企业某个著名的RPVC(Reactive Power and Voltage Control，无功电压控制)问题简化为函数的最小值问题，并使用改进的PSO算法进行优化求解。

(4) 半导体器件综合。半导体器件综合是在给定的搜索空间内根据期望得到的器件特性来得到相应的设计参数。

(5) 其他相关产业。包括自动目标检测、生物信号识别、决策调度、系统识别以及游戏训练等产业中也取得了一定的研究成果。

随着智能技术的发展以及产业界对精细化要求的提升，PSO算法的应用领域将会进一步拓展。

第11章 多目标优化算法

多目标优化算法是多准则决策的一个领域，它是涉及多个目标函数同时优化的数学问题。多目标优化算法已经应用于许多科学领域，包括工程、经济和物流，它需要在两个或多个相互冲突的目标之间进行权衡的情况下作出最优决策。分别涉及两个和三个目标的多目标优化问题的例子有：在购买汽车时降低成本，同时使舒适性最大化；在使车辆的燃料消耗和污染物排放最小化的同时将性能最大化。在实际问题中，甚至可以有四个或更多个目标。这类有多个目标的优化问题，在运筹学中称之为多目标优化。前面章节研究的都是单一目标函数的优化问题，本章将介绍多目标优化算法的理论及相关应用实例。

11.1 本章内容

本章主要介绍以下内容。

(1) 多目标优化概述。

(2) Gamultiobj 算法。

(3) 多目标优化 MATLAB 工具箱应用。

(4) Paretosearch 算法。

(5) Gamultiobj 算法和 Paretosearch 算法的比较。

11.2 多目标优化算法概况

当有几个目标函数需要同时优化时，这些求解方法需要在相互竞争的目标函数之间找到最优的折中。在解决问题的时候可能需要形成具有多个目标的问题，因为具有多个约束的单个目标可能不能充分表示要解决的问题。此时将有一个目标向量 $\boldsymbol{F}(x)=[F_1(x),F_2(x),\cdots,F_m(x)]$ 需要被权衡。

在确定系统的最佳功能并充分理解目标之间的权衡之前，通常不知道这些目标的相对重要性。随着目标数量的增加，权衡可能会变得复杂，并且不太容易量化。在整个优化过程中,设计人员必须依赖于他的直觉和表达偏好的能力。因此,多目标策略的设计要求我们必须能够公式化地表达自然的问题,并且能够解决问题,并将偏好输入一个数值上可处理的、可实现的设计问题中。

在 MATLAB 中,global optimization 工具包中提供了解决多目标优化问题的一些办法。其中可以使用 Gamultiobj 函数基于遗传算法实现多适应度函数的 Pareto 前端的求解,或者可以利用 Paretosearch 函数寻找 Pareto 集中的值。

11.3 Pareto 最优解

多目标优化算法解决的是在一些范围和限制条件内,目标函数向量 $\boldsymbol{F}(x)$的最小值。一般地,多目标优化问题有以下数学形式

$$\begin{aligned}&\min \boldsymbol{F}(x)=[F_1(x),F_2(x),\cdots,F_m(x)]\\&G_i(x)=0,\quad i=1,2,\cdots,k_e\\&G_i(x)=0,\quad i=k_e+1,k_e+2,\cdots,k\\&l\leqslant x\leqslant u\end{aligned}$$

设 Ω 为多目标优化问题的可行域,即

$$\Omega=\{x\in\mathbf{R}^n\}$$

满足

$$\begin{aligned}&G_i(x)=0,\quad i=1,2,\cdots,k_e\\&G_i(x)=0,\quad i=k_e+1,k_e+2,\cdots,k\\&l\leqslant x\leqslant u\end{aligned}$$

相应地,目标可行域为

$$\Lambda=F(\Omega)=\{y\in\mathbf{R}^m\mid y=\boldsymbol{F}(x),x\in\Omega\}$$

适应函数向量 $\boldsymbol{F}(x)$将参数空间映射到目标函数空间,如图 11-1 所示。

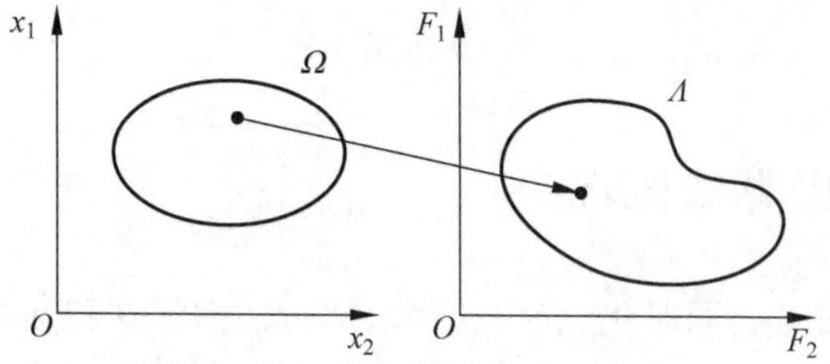

图 11-1 参数空间映射到目标函数空间示意图

因为 $\boldsymbol{f}(x)$是一个向量,若 $\boldsymbol{f}(x)$的任何几个分量是竞争的,优化问题没有唯一的解决方案。这时候需要使用非劣性概念(又称 Pareto 最优性)。非劣解是一个目标的改善需要伴随着另一个目标的退化的解。下面给出非劣解更准确的描述。

定义 11-1 称 $x^*\in\Omega$ 是一个非劣解,若对于 x^* 的某个邻域,不存在 Δx 满足

$(x^* + \Delta x) \in \Omega$ 且

$$F_i(x^* + \Delta x) \leqslant F_i(x^*), \quad i = 1, 2, \cdots, m$$

且至少存在一个 $j \in \Omega$ 使得

$$F_j(x^* + \Delta x) < F_j(x^*)$$

也称为 Pareto 最优解。

以二维的目标函数为例，如图 11-2 所示，非劣解分布在图中 C、D 之间的曲线上。点 A、B 代表了其中两个非劣解。

可以看出

$$F_{1B} < F_{1A}$$

$$F_{2B} > F_{2A}$$

即当一个目标 F_1 得到改善的时候，另一个目标 F_2 出现了退化，A、B 是非劣解。

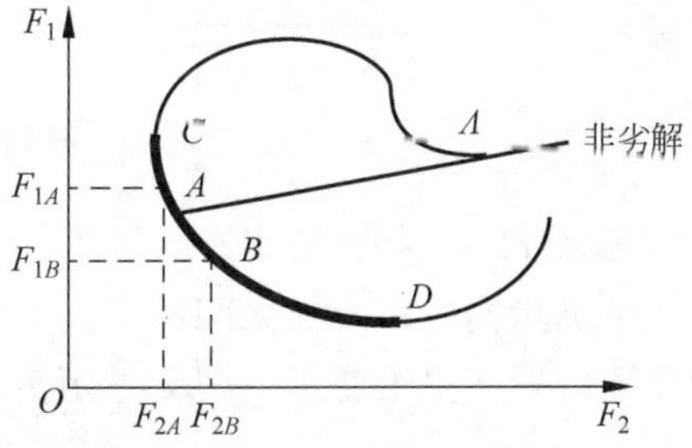

图 11-2　非劣解示意图

因为在可行域 Ω 中，一个点是劣解意味着各个目标函数分量都可以得到改善，故在多目标函数优化的问题中，我们只关心非劣解，即 Pareto 最优解的生成和选择。多目标优化问题的一个最基本的目标就是寻找 Pareto 最优解。

11.4　Gamultiobj 算法

Gamultiobj 算法运用控制的精英遗传算法在 Pareto 前端上得到一个点集。精英遗传算法倾向于选择适应函数值更好的点，而控制的精英遗传算法倾向于增加多样性，尽管它们对应的适应函数的值相对不好。

Gamultiobj 算法的术语大多与遗传算法相同，不在这里重复。下面给出一些新的定义。

定义 11-2　支配集。对于一个给定的向量值目标函数，若

$$f_i(x) \leqslant f_i(y), \quad \forall i$$

$$f_j(x) < f_j(y), \quad \exists j$$

称 x 支配 y。

点集 P 中的非支配集 Q 是不受任何 P 中点支配的点的集合。

定义 11-3　级别。对于每个可行解，有一个迭代的级别的定义。第一级的点不受其他点的支配。第二级的点只被第一级的点支配。一般地，第 k 级的点仅仅被第 $(k-1)$ 级及以下级别的点支配。越低级别的点被选择的概率越大，如图 11-3 所示。

所有的不可行解的级别都比可行解要大，不可行解的级别是它在不可行解中的序数加上可行解最大的级别。

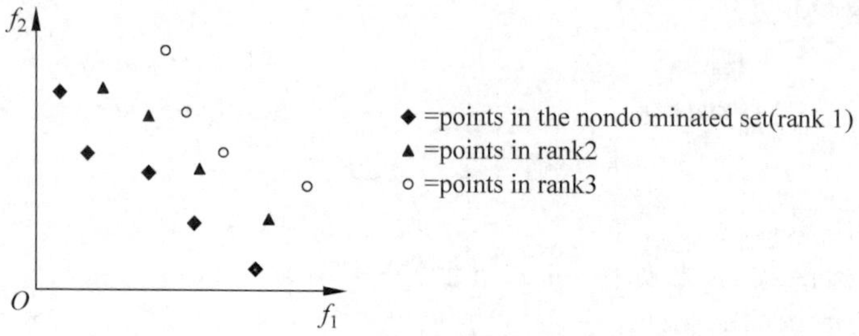

图 11-3　可行解级别示意图

定义 11-4　拥挤距离。拥挤距离是用来衡量个体与最近者的临近程度的量。Gamultiobj 算法可测量同一级个体之间的距离。默认情况下，算法在目标函数空间测量距离，但也可以做以下设置在决策变量空间测量距离：

```
DistanceMeasureFcn option to {@distancecrowding,'genotype'}.
```

该算法设在极值点的距离为 inf，对于其余的个体，算法将距离计算为选择的相邻点在给定维度的标准化绝对距离。也就是说，对于 m 维，个体 i，距离为

```
distance(i) = sum_m(x(m,i+1) - x(m,i-1))
```

因为算法是分别计算不同维度的，所以所定义的相邻的点是分别针对不同维度的。也可以选择一个与默认@distancecrowding 不同的拥挤距离函数。

11.4.1　算法迭代步骤

Gamultiobj 算法的迭代步骤如下。

(1) 在当前定义域上用选择函数选择亲代。Gamultiobj 算法唯一可用的内置函数是二元竞赛，也可以设置一个自定义选择函数。

(2) 通过选择和交叉获得子代。

(3) 计算子代目标函数的值和可行性并给它们打分。

(4) 将当前总体和子代结合在同一个矩阵中，即延伸总体。

(5) 在延伸总体中计算所有个体的级别和拥挤距离。

(6) 在同一级别中保留适当数量的个体，将延伸总体缩减为具有人口规模的个体。

11.4.2　迭代停止条件

Gamultiobj 算法的退出指标值及停止条件如表 11-1 所示。

表 11-1 Gamultiobj 算法的退出指标值及停止条件

退出指标值	停止条件
1	options. MaxStallGenerations 中不同代的点差值相对变化的几何平均值比 options. FunctionTolerance 小，并且最后一代的点差比之前代的都小
0	超过了最大代数
−1	由输出或绘制的函数终止优化
−2	没有找到可行点
−5	超过时间限制

11.5 Gamultiobj 算法的 MATLAB 实现

Gamultiobj 函数的基本语法如下：

```
[x,fval] = gamultiobj(fun,nvars,A,b,Aeq,beq,lb,ub,options)
```

输入参数意义如下。

fun：需要优化的适应函数。

nvars：变量数目。

A,b：线性不等限制条件，Ax≤b。

Aeq,beq：线性等式限制条件，Aeq * x≤beq。

lb,ub：下界和上界。

options：一些优化的选项。

输出参数意义如下。

x：Pareto 点。

fval：Pareto 点处的函数值。

11.6 多目标优化算法的例子

11.6.1 简单的多目标问题

例 11-1 为以下多目标问题寻找 Pareto 前端，有两个目标函数和两个决策变量 x_1、x_2。

目标函数

$$f_1(x)=x_1^2+x_2^2$$

$$f_2(x)=\frac{(x_1-2)^2+(x_2+1)^2}{2}+2$$

解：令决策变量 $x=(x_1,x_2)'$，目标函数 $f(x)=(f_1(x),f_2(x))'$，

```
fitnessfcn = @(x)[norm(x)^2,0.5 * norm(x(:) - [2; - 1])^2 + 2];
```

用 Gamultiobj 算法求 Pareto 前端：

```
rng default % For reproducibility
x = gamultiobj(fitnessfcn,2);
```

绘制解的点如图 11-4 所示。

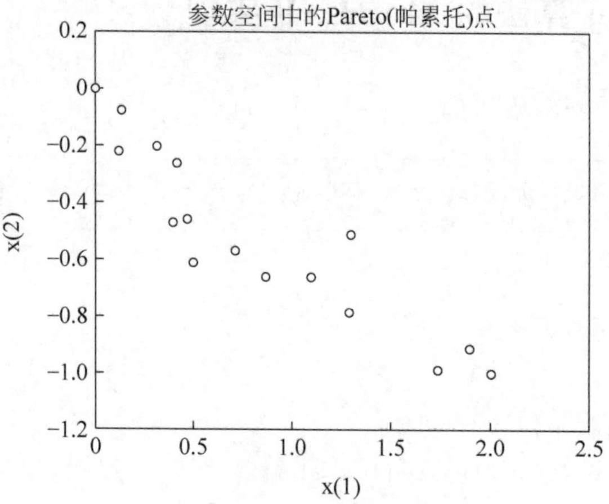

图 11-4　解的分布图

11.6.2　具有线性限制条件的多目标问题

例 11-2　目标函数和决策变量同例 11-1，加上线性限制条件

$$x_1+x_2\leqslant\frac{1}{2}$$

解：本问题的限制条件为

$$Ax\leqslant b$$

其中，$A=(1,1)$，$b=\dfrac{1}{2}$。

运行以下代码：

```
A = [1,1];
b = 1/2;
rng default % For reproducibility
x = gamultiobj(fitnessfcn,2,A,b);
```

通过以下代码将其可视化：

```
plot(x(:,1),x(:,2),'ko')
t = linspace( - 1/2,2);
y = 1/2 - t;
hold on
plot(t,y,'b-- ')
xlabel('x(1)')
ylabel('x(2)')
title('参数空间中的 Pareto(帕累托)点')
hold off
```

运行本节代码，得到如图 11-5 所示的 Pareto 点在参数空间的分布图。

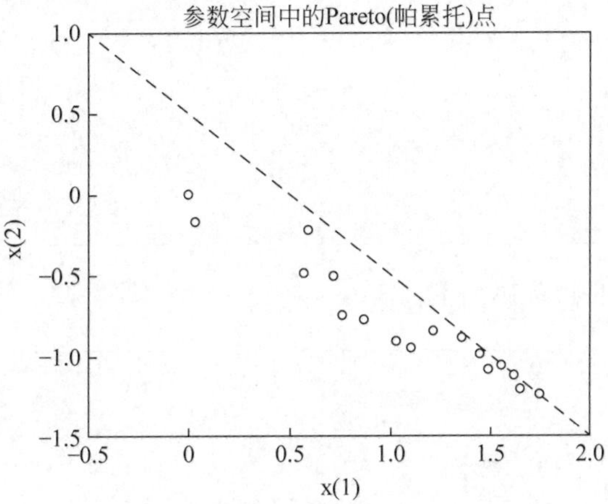

图 11-5　Pareto 点在参数空间的分布图

11.6.3　具有上下界限制的多目标问题

例 11-3　求目标函数 $\sin(x)$、$\cos(x)$在区间 $0 \leqslant x \leqslant 2\pi$ 上的 Pareto 前端。

解：

运行以下代码：

```
fitnessfcn = @(x)[sin(x),cos(x)];
nvars = 1;
lb = 0;
ub = 2 * pi;
rng default % for reproducibility
x = gamultiobj(fitnessfcn,nvars,[],[],[],[],lb,ub)
```

输出结果如下：

```
x =

    4.7124
    4.7124
    3.1415
    3.6733
    3.9845
    3.4582
    3.9098
    4.4409
    4.0846
    3.8686
    4.1976
    4.0093
    4.5791
    3.6800
    4.0656
    3.7854
    4.3556
    3.3523
```

绘制解得的点的图像，代码如下：

```
plot(sin(x),cos(x),'r*')
xlabel('sin(x)')
ylabel('cos(x)')
title('Pareto前端')
legend('Pareto前端')
```

结果如图 11-6 所示。

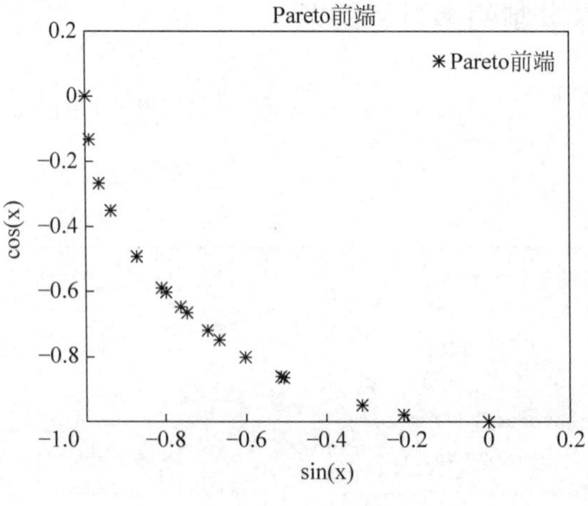

图 11-6　Pareto 前端分布图

11.7 Paretosearch 算法

Paretosearch 算法使用一组点上的模式搜索来迭代搜索，模式搜索满足每次迭代时的所有边界和线性约束。

从理论上讲，该算法收敛到真实 Pareto 附近的点，适用于利普斯基茨连续目标和约束的问题。

类似地，Paretosearch 算法有如下 MATLAB 实现：

```
[x,fval] = paretosearch(fun,nvars,A,b,Aeq,beq,lb,ub)
```

例 11-4 为以下问题建立 Pareto 前端：

目标函数

$$f_1(x) = (x_1 - 1)^2 + (x_2 - 2)^2$$

$$f_2(x) = (x_1 + 2)^2 + (x_2 + 1)^2$$

决策变量满足限制条件

$$-1.1 \leqslant x_1 \leqslant 1.1$$

$$-1.1 \leqslant x_2 \leqslant 1.1$$

$$x_1^2 + x_2^2 \leqslant 1.2$$

解：

```
rng default % For reproducibility
fun = @(x)[norm(x-[1,2])^2;norm(x+[2,1])^2];
lb = [-1.1,-1.1];
ub = [1.1,1.1];
options = optimoptions('paretosearch','ParetoSetSize',200);
x = paretosearch(fun,2,[],[],[],[],lb,ub,@circlecons,options);
```

解的可视化代码如下，效果图如图 11-7 所示。

```
figure
plot(x(:,1),x(:,2),'k*')
xlabel('x(1)')
ylabel('x(2)')
hold on
rectangle('Position',[-1.2 -1.2 2.4 2.4],'Curvature',1,'EdgeColor','r')
xlim([-1.2,0.5])
ylim([-0.5,1.2])
axis square
hold off
```

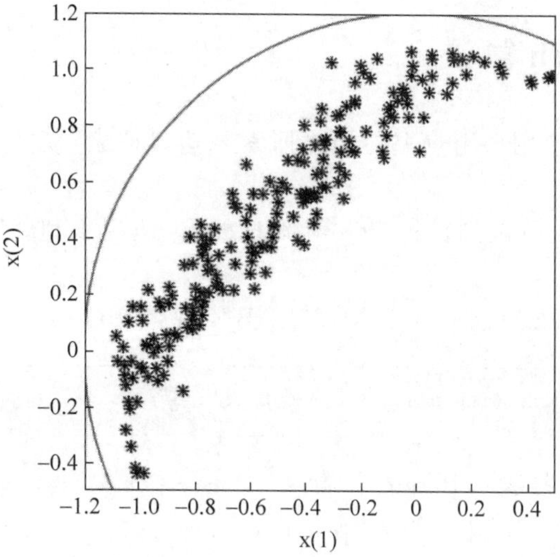

图 11-7　解的可视化效果图

11.8　Paretosearch 和 Gamultiobj 算法的比较

下面的例子展示了用 Paretosearch 和 Gamultiobj 算法来创建 Pareto 前端。

例 11-5　为了方便，将目标函数写成向量形式，目标函数为 mymulti3，代码如下：

```
function f = mymulti3(x)
%
f(:,1) = x(:,1).^4 + x(:,2).^4 + x(:,1).*x(:,2) - (x(:,1).^2).*(x(:,2).^2) - 9*
x(:,1).^2;
f(:,2) = x(:,2).^4 + x(:,1).^4 + x(:,1).*x(:,2) - (x(:,1).^2).*(x(:,2).^2) + 3*
x(:,2).^3;
```

创建 Pareto 前端。

Gamultiobj 算法代码如下：

```
rng default
nvars = 2;
opts = optimoptions(@gamultiobj,'UseVectorized',true,'PlotFcn','gaplotpareto');
[xga,fvalga,~,gaoutput] = gamultiobj(@(x)mymulti3(x),nvars,[],[],[],[],[],[],[],
opts);
```

Gamultiobj 算法得到的结果如图 11-8 所示。

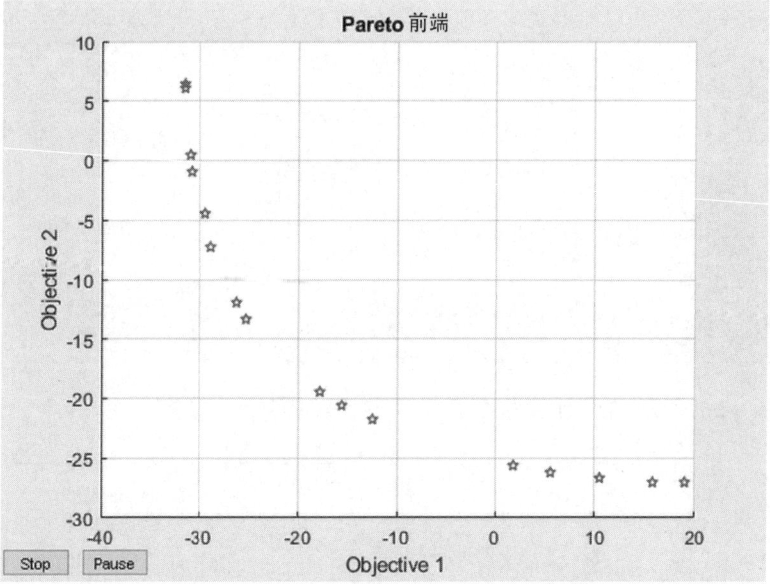

图 11-8　Gamultiobj 算法得到 Pareto 前端

Paretosearch 算法代码如下：

```
optsp = optimoptions('paretosearch','UseVectorized',true,'PlotFcn',{'psplotparetof'
'psplotparetox'});
[xp,fvalp,~,psoutput] = paretosearch(@(x)mymulti3(x),nvars,[],[],[],[],[],[],[],
optsp);
```

下面用函数 mymulti4 计算 Pareto 前端上的点的理论精确值，其中函数 mymulti4 如下：

```
function mout = mymulti4(x)
%
gg = [4 * x(1)^3 + x(2) - 2 * x(1) * (x(2)^2) - 18 * x(1);
   x(1) + 4 * x(2)^3 - 2 * (x(1)^2) * x(2)];
gf = gg + [18 * x(1);9 * x(2)^2];

mout = gf(1) * gg(2) - gf(2) * gg(1);
```

mymulti4 函数计算两个目标函数的梯度，对于 x_2 的值的范围，用 fzero 确定逐渐完全平行的点，代码如下：

```
a = [fzero(@(t)mymulti4([t, - 3.15]),[2,3]), - 3.15];
for jj = linspace( - 3.125, - 1.89,50)
   a = [a;[fzero(@(t)mymulti4([t,jj]),[2,3]),jj]];
end
```

```
figure
plot(fvalp(:,1),fvalp(:,2),'bo');
hold on
fs = mymulti3(a);
plot(fvalga(:,1),fvalga(:,2),'r*');
plot(fs(:,1),fs(:,2),'k.')
legend('Paretosearch','Gamultiobj','True')
xlabel('目标 1')
ylabel('目标 2')
hold off
```

得到如图 11-9 所示的两种算法与真实解的比较图。

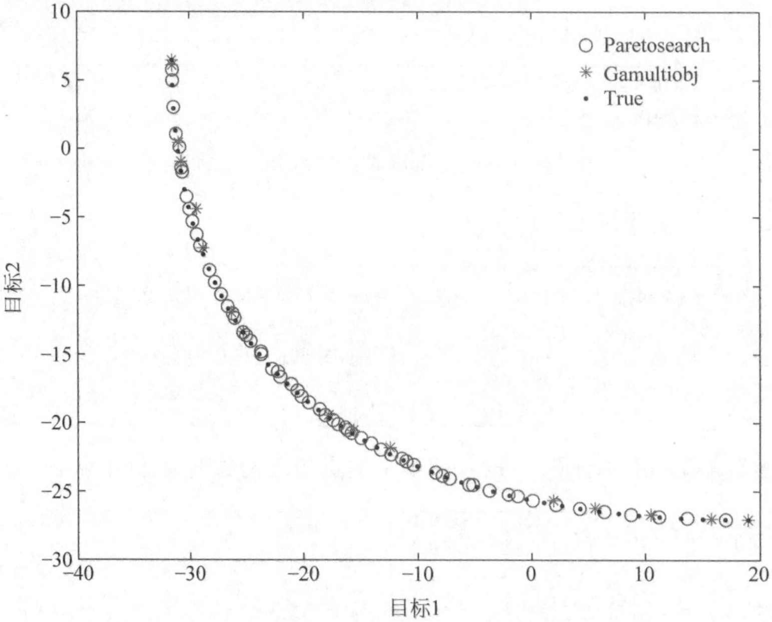

图 11-9　两种算法的结果与真实解的比较图

Gamultiobj 在目标函数空间中搜寻的点的范围相对更广，而相应地，Paretosearch 所做的搜索更加密集细致。为了更直观地观察两种算法的搜索空间，可以在决策变量空间中绘制解，以及理论最优 Pareto 曲线和两个目标函数的等值图：

```
[x,y] = meshgrid(1.9:.01:3.1,-3.2:.01:-1.8);
mydata = mymulti3([x(:),y(:)]);
myff = sqrt(mydata(:,1) + 39); % Spaces the contours better
mygg = sqrt(mydata(:,2) + 28); % Spaces the contours better
myff = reshape(myff,size(x));
```

```
mygg = reshape(mygg,size(x));

figure;
hold on
contour(x,y,mygg,50)
contour(x,y,myff,50)
plot(xp(:,1),xp(:,2),'bo')
plot(xga(:,1),xga(:,2),'r*')
plot(a(:,1),a(:,2),'-k')
xlabel('x(1)')
ylabel('x(2)')
hold off
```

得到如图 11-10 所示的搜索空间效果图。

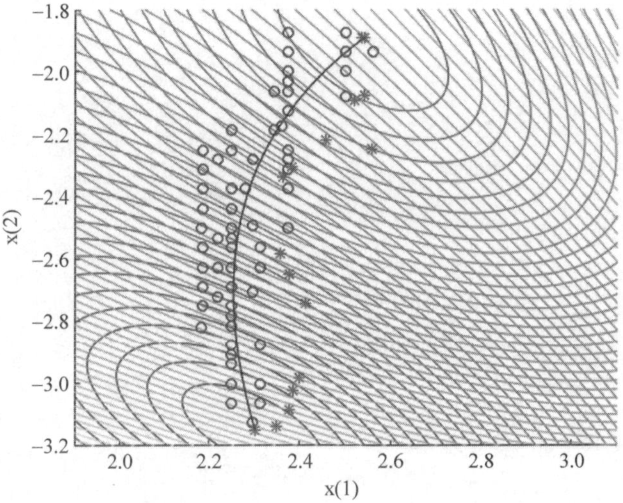

图 11-10　两种算法搜索空间效果图

从图 11-10 中可以看出，与 Paretosearch 算法不同，Gamultiobj 算法在目标函数空间中有更多的点靠近端点。然而，在目标函数空间和决策变量空间中，Paretosearch 算法有更多的点更接近于真正的解决方案。

另外，在要解决的问题的控制变量较大的时候，可能会选择使用变量转换的方法来解决问题，对于一个不受约束的问题，Gamultiobj 算法可能会失败，而 Paretosearch 算法对于这种方法更加有效。两种算法各有优缺点，可以根据实际情况选择。

第三篇
运筹学应用案例

运筹学已应用于诸多领域，具体介绍如下。

(1) 市场销售：主要应用在广告预算和媒介的选择、竞争性定价、新产品开发、销售计划的制定等方面。如美国杜邦公司在20世纪50年代起就非常重视将运筹学用于做好广告工作、产品定价和新产品的引入。

(2) 生产计划：主要用于确定生产、存储和劳动力的配合等计划，以适应波动的需求计划，节省生产费用。还可以用于生产作业计划、日程表的编辑等。

(3) 库存管理：主要应用于多种物资库存量，确定某些设备的能力或容量，如停车场的大小、新增发电设备的容量大小、电子计算机的内存量、合理的水库容量等。目前国外新动向是将库存理论与计算机的物资管理系统相结合。如美国西电公司，从1971年起用5年时间建立了"西电物资管理系统"，使公司节省了大量物资存储费用和运费，而且减少了管理人员。国内的京东等大型电商平台也应用运筹学进行库存的管理和调配。

(4) 运输问题：涉及空运、水运、公路运输、铁路运输、管道运输、场内运输。空运问题涉及飞行航班和飞行机组人员服务时间安排等。水运有船舶航运计划、港口装卸设备的配置和船到港口后的运行安排。公路运输除了汽车调度计划外，还有公路网的设计和分析，市内公共汽车路线的选择和行车时刻表的安排，出租汽车的调度和停车场的设立。

(5) 财政和会计：涉及预算、贷款、成本分析、定价、投资、证券管理、现金管理等。用的较多的方法是统计分析、数学规划、决策分析。此外还有盈亏分析法、价值分析法等。

(6) 人事管理：首先是人员的获得和需求估计；第二是人才的开发，即进行教育和训练；第三是人员的分配，主要是各种指派问题；第四是各类问题的合理利用问题；第五是人才的评价，其中有如何测定一个人对组织、社会的贡献；第六是工资和津贴的确定等。

(7) 城市管理：包含各种紧急服务系统的设计和运用，如救火站、救护车、警车等分布点的设立。美国曾用排队论方法来确定纽约市紧急电话站的值班人数。加拿大曾研究一个城市的警车的配置和负责范围，出事故后警车应走的路线等。此外有城市垃圾的清扫、搬运和处理，城市供水和污水处理系统的规划……

(8) 计算机信息系统：可将作业研究应用于计算机的主存储器配置，研究等候理论在不同排队规则对磁盘、磁鼓和光盘工作性能的影响。有人利用整数规划寻找满足一组需求档案的寻找次序，利用图论、数学规划等方法研究计算机信息系统的自动设计。

在当今社会，运筹学几乎已经渗透在生活生产的方方面面，并且我们都知道当今的社会是一个拼效率、拼方法的社会，在相同的社会条件下，谁能以最小的付出获得最大的回报，谁就能在这个竞争空前激烈的社会中立于不败之地。因此，我们有理由坚信运筹学在未来的社会发展中会扮演一个越来越重要的角色。那么我们就要尽可能地了解运筹学的知识，并且努力将这些知识运用到实践中，以此来获得一个高效的人生。

本篇将介绍两个具体的运筹学综合应用案例，来了解运筹学的应用场景和应用过程。

第12章 债券优化问题

债券的优化是金融领域的经典问题，本章将介绍运筹学应用于债券优化的实际过程。

12.1 问题的描述

该示例提供的两个 Excel 工作表，分别给出了债券的价格（sheet1）和债券的现金流（sheet2）。要完成的目标是在购买成本尽可能小的情况下，让每年债券的总现金流入（cash-flow）超过债务（obligation）。

以 sheet2 为例简单介绍现金流的概念。如图 12-1 所示，表格的每一列代表一支债券，从上到下分别是每年的收益。可以看到前面几年的收益是相同的，这是因为债券每年有相同的票面利率。最后一年的现金流入很高，是因为最后一年的收益不仅有票息，还包括债券发行人返还的票面价格 100 元。

Cash Flows				
Bond 1	Bond 2	Bond 3	Bond 4	Bond 5
4	5	2.5	5	4
4	5	2.5	5	4
4	5	2.5	5	4
4	5	2.5	5	4
4	5	102.5	5	4
4	5		105	104
4	105			
104				

图 12-1 现金流

表格的每行代表一年，一年中总的现金流入需要能够超过债务。在本案例中，每年的债务数量如表 12-1 所示。

表 12-1 每年的债务数量

年份	债务数量	年份	债务数量
1	4×10^5	3	7×10^5
2	6×10^5	4	7×10^5

续表

年　份	债务数量	年　份	债务数量
5	7×10^5	7	1.1×10^6
6	1.2×10^6	8	1.2×10^6

根据债券的价格，每支债券的成本如表 12-2 所示。

表 12-2　每支债券的成本

债券编号	成　本	债券编号	成　本
1	99.74	4	103.75
2	91.22	5	97.15
3	98.71		

于是，要解决的问题变成了如下的最优化问题：

$$\min w = 99.74x_1 + 91.22x_2 + 98.71x_3 + 103.75x_4 + 97.15x_5$$

使得

$$\begin{aligned}
&4x_1 + 5x_2 + 2.5x_3 + 5x_4 + 4x_5 \geqslant 4\times10^5\\
&4x_1 + 5x_2 + 2.5x_3 + 5x_4 + 4x_5 \geqslant 6\times10^5\\
&4x_1 + 5x_2 + 2.5x_3 + 5x_4 + 4x_5 \geqslant 7\times10^5\\
&4x_1 + 5x_2 + 2.5x_3 + 5x_4 + 4x_5 \geqslant 7\times10^5\\
&4x_1 + 5x_2 + 102.5x_3 + 5x_4 + 4x_5 \geqslant 7\times10^5\\
&4x_1 + 5x_2 + 105x_4 + 104x_5 \geqslant 1.2\times10^6\\
&4x_1 + 105x_2 \geqslant 1.1\times10^6\\
&104x_1 \geqslant 1.2\times10^6
\end{aligned}$$

这是一个典型的线性规划问题。进一步地，实际购买过程中债券往往是以整倍数形式购买。如果购买的单位是“千支”，结果又会是怎样的？采用两种方法，一种是线性规划的结果直接四舍五入，另一种是整数规划的方法。可以看到，整数规划可以得到更好的解。

12.2　从 Excel 中提取数据

要进行目标的求解，首先需要从 Excel 表中提取数据。这一节介绍的两个函数会使用 MATLAB 自带的提取工具 xlsread，并加以更精确的描述，实现对债券价格和现金流的提取。

12.2.1　导入债券价格

具体代码如下：

```
function BondPrices = importBondPrices(workbookFile,sheetName,startRow,endRow)
%函数可以实现对3种不同输入方式的债券价格的提取
BondPrices = IMPORTFILE(FILE) %从 file 的第一个工作表提取全部价格
BondPrices = IMPORTFILE(FILE,SHEET) %从 file 指定工作表提取全部价格
BondPrices = IMPORTFILE(FILE,SHEET,STARTROW,ENDROW) %从 file 指定工作表的指定位置提取价
%格.其中 startrow 和 endrow 可以是一对标量或者一对维数对应的向量

%不指定 sheet 或 sheet 为空时,阅读第一个 sheet
if nargin == 1 || isempty(sheetName)
   sheetName = 1;
end

%不指定 startrow 和 endrow 时,设置默认的行数(从 2 到 6)
if nargin <= 3
   startRow = 2;
   endRow = 6;
end

%%导入数据
%sprintf 可以实现将%d 替换为后面的数字
data = xlsread(workbookFile, sheetName, sprintf('A%d:A%d',startRow(1),endRow(1)));
%实现 startrow 和 endrow 是向量的情况
for block = 2:length(startRow)
tmpDataBlock = xlsread(workbookFile,sheetName,sprintf('A%d:A%d',startRow(block),endRow(block)));
   data = [data;tmpDataBlock];
end

%%债券价格是数据的第一列
BondPrices = data(:,1);
```

12.2.2 导入现金流

具体代码如下：

```
function data = importCashFlows(workbookFile, sheetName, range)
%函数可以实现3种不同方式导入现金流数据
DATA = IMPORTFILE(FILE) %从 file 第一个工作表中将所有数字提取出来
DATA = IMPORTFILE(FILE,SHEET) %从 file 指定工作表中将所有数据提取出来
DATA = IMPORTFILE(FILE,SHEET,RANGE) %从 file 指定工作表的指定范围提取数据.范围的指定使
%用'C1:C2'的形式,对应 excel 表的相应位置.
%这个函数会将所有空白格替换为数字 0

%不指定工作表或指定为空时,使用第一个工作表
```

```
if nargin == 1 || isempty(sheetName)
    sheetName = 1;
end

% 如果不指定范围,使用全部数据
if nargin <= 2 || isempty(range)
    range = '';
end

% % 导入数据
% raw 可以将表格中的每个元素以元胞数组的形式保存
% cellfun 检测 raw 中的每个元素是否符合后继函数的要求
[~, ~, raw] = xlsread(workbookFile, sheetName, range);
raw(cellfun(@(x) ~isempty(x) && isnumeric(x) && isnan(x),raw)) = {''};
% 这里的意思是,将空、非数据类型、无数据全部替换为空

% % 将空填充为数字 0,便于直接用该矩阵进行计算
R = cellfun(@(x) isempty(x) || (ischar(x) && all(x == ' ')),raw);
raw(R) = {0.0};

% % 将数据整理为需要的矩阵形式
data = reshape([raw{:}],size(raw));
```

12.3 最优化问题的求解

12.3.1 允许债券单个购买时的求解

当允许债券单个购买时,这是一个简单的线性规划问题,导入数据并使用 linprog 函数进行如下的求解:

```
% 导入价格和现金流的数据
prices = importBondPrices('BondData.xlsx');
cashFlows = importCashFlows('BondData.xlsx','CashFlows','A3:E10');

nt = size(cashFlows,1); % 总时间
nb = size(cashFlows,2); % 总债券数目

obligations: nt x 1 % 向量,表示每年的债务
obligations = [4E5 6E5 7E5 7E5 7E5 1.2E6 1.1E6 1.2E6]';

% % 进行线性规划求解
```

```
%需要注意的是,由于题目的约束是大于或等于,所以需要进行变号
%债券的购买数目不能为负数
lb = zeros(nb,1);
n = linprog(prices, - cashFlows, - obligations,[],[],lb,[]);
```

12.3.2 以千支为单位进行购买时的求解

当购买债券需要以千支为单位时,问题应该怎样求解呢?

有两种思路:一种是将线性规划的结果除以一千后直接四舍五入,另一种是将每个债券的成本和收益乘以1000后进行整数规划。下面用两种方法分别求解这个问题,并比较得到的结果,代码如下:

```
%%设定购买规则
%将千支设定为购买的单位,并用原购买数量除以一千后四舍五入的结果作为使用线性规划求解
%新问题的解
lotSize = 1000;
n = round(n/lotSize);

%%利用整数规划时,先将成本价格和现金流乘以1000
prices = prices * lotSize;
cashFlows = cashFlows * lotSize;
% intlinprog 输入的第二项为整数的范围,这里是全部的5个数
intcon = 1:5;
x = intlinprog(prices,intcon, - cashFlows, - obligations,[],[],lb,[]);
x = round(x);

%% n是线性规划取整的结果,x是整数规划的结果,对这两个结果进行比较


figure;
bar([n x]); %作出直方图
grid on;
set(gca,'XTick',1:5,...
    'XTickLabel',{'Bond 1','Bond 2','Bond 3','Bond 4','Bond 5'});
ylabel('Number of Lots Purchased');
lpLabel = sprintf('Round LP Soln, Cost: $ %.2fM',prices' * n/1E6);
milpLabel = sprintf('MILP Soln, Cost: $ %.2fM',prices' * x/1E6);
legend(lpLabel,milpLabel);
```

运行程序,得到对应的直方图,如图12-2所示。

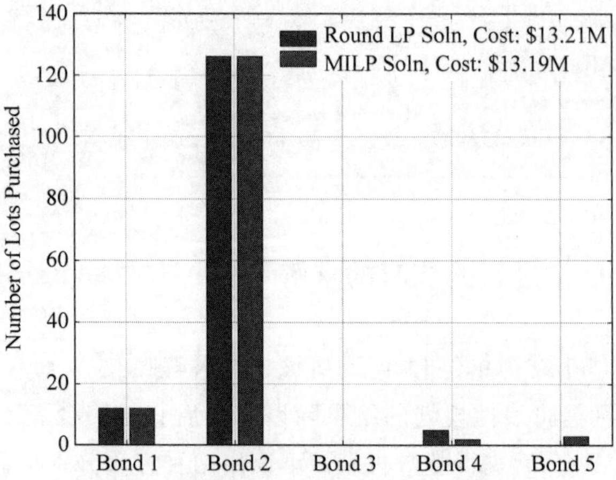

图 12-2　线性规划和整数规划得到的优化结果

这张直方图告诉我们,直接用线性规划的结果取整和用整数规划得到的结果是不一样的,整数规划的成本可以更小一些。这是与我们的直觉相符的结果。

第13章 水电站大坝优化

本章要介绍的是关于水电站大坝优化的应用案例，属于典型的工程领域的应用。该案例根据已知数据，对大坝进行优化使得水力发电大坝收益最大化，并计算涡轮的最佳流速及最佳溢漏流速。

案例需要的数据有不同时间水库中的水流量及电费数据，水库中的初始水量为 90000 AF(acre-foot，灌溉水量单位，相当于 1 英亩地 1 英尺深的水量，即 43560 立方英尺或 1233.5 立方米)。

另外，水电站大坝有如下限制条件。

(1) 涡轮流速为正且小于 25000 CFS(cubic feet per second，立方英尺/秒)。

(2) 溢漏流速为正。

(3) 涡轮和溢漏流速的变化小于 500 CFS。

(4) 涡轮和溢漏流速的和大于 1000 CFS。

(5) 水库容量大于 50000 AF，小于 100000 AF。

(6) 水库最终水位必须和初始水位相同(90000 AF)。

本案例采用 MATLAB 中的 QUADPROG 函数对大规模凸二次优化问题进行求解，使用了 MATLAB 中以下方法。

(1) 用 FMINCON 求解非线性问题。

(2) 对给定的梯度和 Hessian 矩阵使用 FMINCON。

(3) 使用 QUADPROG 求解二次规划问题。

(4) 使用 QUADPROG 求解大规模二次规划问题。

13.1 载入数据并定义常值

已知数据为测量获得的每小时水库的流量和电费，分别存储在变量 inFlow、price 中。

inFlow：每小时测量的水库流量(CFS)。

price：每小时统计的电费的值($/MWh)。

运行以下代码：

```
clear
clc
close all
load('FlowAndPriceData_largeScale.mat');
```

可以定义如下常数。

stor0：水库中的初始水量(AF)。

k1：k 因子系数。

k2：k 因子偏移。

MW2kW、C2A：MW 到 kW 及 CFS 到 AF/HR 的单位转换系数。代码如下：

```
stor0 = 90000; % initial vol. of water stored in the reservoir (Acre - Feet)

k1 = 0.00003; % K - factor coefficient
k2 = 9; % K - factor offset

MW2kW = 1000; % MW to kW
C2A = 1.98347/24; % Convert from CFS to AF/HR
```

13.2 定义目标函数

QUADPROG 函数最小化

$$\frac{1}{2}x'Hx+f'x$$

由于希望求收益的最大值，可将问题转换为求

$$-\frac{1}{2}x'Hx-f'x$$

的最小值。所以之后均考虑收益的负值，方便起见仍记为收益，目标变为求收益的最小值。

该问题的 x 由两部分组成：

(1) 每小时涡轮流量；

(2) 每小时溢漏流量。

13.2.1 计算总收益及其 Hessian 矩阵

先以数学形式计算该问题的 Hessian 矩阵。

设测量了 N 个时间段的数据，各个时刻的涡流流量和溢漏流量分别为 $x_1,x_2,\cdots,x_N$ 和 $x_{N+1},x_{N+2},\cdots,x_{2N}$。各个时刻的流入水库的流量为 $F_i,i=1,2,\cdots,N$，电费价格为

$P_i, i=1,2,\cdots,N$。

$$X=(x_1,\cdots,x_N,x_{N+1},\cdots,x_{2N})'$$

$$F=(F_1,F_2,\cdots,F_N)'$$

$$P=(P_1,P_2,\cdots,P_N)'$$

故总流量为

$$\text{TotFlow}_i=x_i+x_{N+i},\quad i=1,2,\cdots,N$$

写成向量形式为

$$\text{TotFlow}=(x_1,x_2,\cdots,x_N)'+(x_{N+1},x_{N+2},\cdots,x_{2N})'$$

记 s_i 为 i 时刻时水库中水量，其中 s_0 为水量初始值

$$s_1=s_0+c_1(F_1-\text{TotFlow}_1)$$

$$s_i=s_{i-1}+c_1(F_i-\text{TotFlow}_i)$$

其中，c_1 为参数。

可以计算各时刻功率

$$\text{MWh}_i=\frac{k_i x_i}{c_4}$$

其中

$$k_i=c_2*\frac{s_{i-1}+s_i}{2}+c_3$$

c_2、c_3、c_4 为参数。

各时刻收益为

$$R_i=P_i*\text{MWh}_i$$

故总收益为

$$\text{totR}=-\sum_{i=1}^{N}R_i$$

可求出 totR 关于 $x_1,x_2,\cdots,x_N$ 的 Hessian 矩阵

$$\text{Hess}=H(\text{totR})$$

MATLAB 实现代码如下：

```
%%
N = 3;

% Create symbolic variables
X = sym('x',[2 * N,1]);   % turbine flow and spill flow
F = sym('F',[N,1]);       % flow into the reservoir
P = sym('P',[N,1]);       % price
s0 = sym('s0');           % initial storage
c1 = sym('c1');
c2 = sym('c2');
c3 = sym('c3');
```

```
c4 = sym('c4');

%%
% Total out flow equation
TotFlow = X(1:N) + X(N+1:end);

%%
% Storage Equations
S = cell(N,1);
S{1} = s0 + c1*(F(1) - TotFlow(1));

for ii = 2:N
   S{ii} = S{ii-1} + c1*(F(ii) - TotFlow(ii));
end

%%
% K factor equation
k = c2*([s0; S(1:end-1)] + S)/2 + c3;

%%
% MWh equation
MWh = k.*X(1:N)/c4;

%%
% Revenue equation
R = P.*MWh;

%%
% Total Revenue (Minus sign changes from maximization to minimization)
totR = -sum(R);

%%
% Gradient
grad = jacobian(totR,X).';

%%
% Hessian
Hess = jacobian(grad,X);

disp('')
disp('(c1*c2/c4) * ')
disp('')
disp(Hess/(c1*c2/c4))
```

这里输出了 $N=3$ 情形下的数学形式以便直观观察。

观察 Hessian 矩阵，可以把它表示为一个分块矩阵的形式：

$$\boldsymbol{H}=\begin{bmatrix}\boldsymbol{H}_{11} & \boldsymbol{H}_{12}\\ \boldsymbol{H}_{21} & \boldsymbol{H}_{22}\end{bmatrix}$$

其中

$$\boldsymbol{H}_{11}=\begin{bmatrix}P_1 & P_2 & P_3 & \cdots\\ P_2 & P_2 & P_3 & \cdots\\ P_3 & P_3 & P_3 & \cdots\\ \vdots & \vdots & \vdots & \end{bmatrix}$$

$$\boldsymbol{H}_{12}=\begin{bmatrix}\frac{P_1}{2} & 0 & 0 & \cdots\\ P_2 & \frac{P_2}{2} & 0 & \cdots\\ P_3 & P_3 & \frac{P_3}{2} & \cdots\\ \vdots & \vdots & \vdots & \end{bmatrix}$$

$$\boldsymbol{H}_{21}=\boldsymbol{H}'_{12}$$

$$\boldsymbol{H}_{22}=0$$

MATLAB 代码如下：

```
% Initialize H matrices
N = length(inFlow);
H11 = zeros(N);
H12 = zeros(N);
H22 = zeros(N);

% Formation of H11 and H12 matrices
for ii = 1:N
   for jj = 1:N
      H11(ii,jj) = price(max(ii,jj));
      if ii > jj
         H12(ii,jj) = price(ii);
      elseif ii == jj
         H12(ii,jj) = price(ii)/2;
      end
   end
end

% H21 is H12 transposed
H21 = H12';

% Concatenate matrices into full matrix
```

```
H = [H11 H12; H21 H22];

% Scale each element in H
H = (C2A * k1/MW2kW) * H;

% Create a sparse matrix (H is ~50 % sparse)
H = sparse(H);
```

13.2.2 创建目标函数

由于水量的变化是由前一时刻的水量和时间内的流量决定的，是迭代的，引入变量 inloop。则目标函数为

$$f_i = -\frac{1}{\mathrm{MW2kW}} * P_i * (\mathrm{inloop}_i + k_2)$$

其中

$$\mathrm{inloop}_i = \mathrm{inloop}_{i-1} + k_1 * \mathrm{C2A} * \frac{\mathrm{inFlow}_{i-1} + \mathrm{inFlow}_i}{2}$$

此问题的 f 是迭代地定义的，即每个值都依赖于上一个值。这可以通过 for 循环实现。在每次迭代中，变量“inloop”都会从以前的值更新到新值。为节约空间，采用稀疏矩阵的存储方式。

MATLAB 实现代码如下：

```
% Initialize
f = zeros(1,2 * N);

% Initialize inloop, it will be incremented each iteration of the for loop
inloop = k1 * (stor0 + C2A * inFlow(1)/2);

% Fill in f(1) first
f(1) = price(1) * (inloop + k2);

% Use a loop to fill in the rest of f
for ii = 2:N
   inloop = inloop + k1 * C2A * (inFlow(ii - 1)/2 + inFlow(ii)/2);
   f(ii) = price(ii) * (inloop + k2);
end

% Convert f from kW to MW and flip sign for maximization
f = - f/MW2kW;

% Create a sparse vector (f is 50 % sparse)
```

```
f = sparse(f);

%% 4 - Define Linear Inequality Constraints and Bounds
DefineConstraints;

%% 5 - Minimize the function
% Choose the Algorithm to be interior-point-convex
qpopts = optimoptions('quadprog','Algorithm','interior-point-convex',...
    'Display','itor');

% Perform the optimization
tic
[x,fval] = quadprog(H,f',A,b,Aeq,beq,LB,UB,[],qpopts);
toc
```

13.3 限制条件

(1) 涡轮流速为正且小于或等于 25000 CFS(cubic feet per second,立方英尺/秒)且溢漏流速为正。

则有上下界

$$0 \leqslant x_i \leqslant 25000, \quad i=1,2,\cdots,N$$

$$0 \leqslant x_i \leqslant \infty, \quad i=N+1,N+2,\cdots,2N$$

```
LB = zeros(2*N,1);
UB = [25000*ones(N,1);Inf(N,1)];
```

(2) 涡轮和溢漏流速的和大于或等于 500 CFS。

$$x_i + x_{N+i} \geqslant 500, \quad i=1,2,\cdots,N$$

```
ot = ones(N,1);
b = -500*ot;
A = spdiags([-ot -ot],[0 N],N,N*2);
```

(3) 涡轮和溢漏流速的变化小于或等于 500 CFS,即

$$x_i - x_{i-1} + x_{N+i} - x_{N+i-1} \leqslant 500, \quad i=1,2,\cdots,N$$

```
% constraints for +500
A2 = spdiags([ot ot -ot -ot],[0 N -1 N-1],N,N*2);
b2 = 500*ot;

% remove the initial starting condition
```

```
A2(1,:) = [];
b2(1,:) = [];

% now add constraints for the -500 condition
A = [A; A2; -A2];
b = [b; b2; b2];
```

（4）水库容量大于或等于 50000 AF，小于或等于 100000 AF。即

$$50000 \leqslant s_i \leqslant 100000, \quad i = 1,2,\cdots,N$$

```
c = stor0 + C2A * cumsum(inFlow); % Convert CFS to AF
b = [b; 100000 - c; -50000 + c];
s = -C2A * sparse(tril(ones(N)));
s = [s s];
A = [A; s; -s];
```

（5）水库最终水位必须和初始水位相同(90000 AF)。

```
Aeq = ones(1,2 * N);
beq = sum(inFlow);
```

13.4 最小化目标函数并输出结果

使用 QUADPROG 函数对大规模凸二次优化问题进行求解：

```
% Choose the Algorithm to be interior-point-convex
qpopts = optimoptions('quadprog','Algorithm','interior-point-convex',...
   'Display','iter');

% Perform the optimization
tic
[x,fval] = quadprog(H,f',A,b,Aeq,beq,LB,UB,[],qpopts);
toc
```

最终得到的最佳流速及最佳溢漏流速为

$$\text{turbFlow} = (x_1, x_2, \cdots, x_N)$$

$$\text{spillFlow} = (x_{N+1}, x_{N+2}, \cdots, x_{2N})$$

并且将结果可视化，如图 13-1 所示。

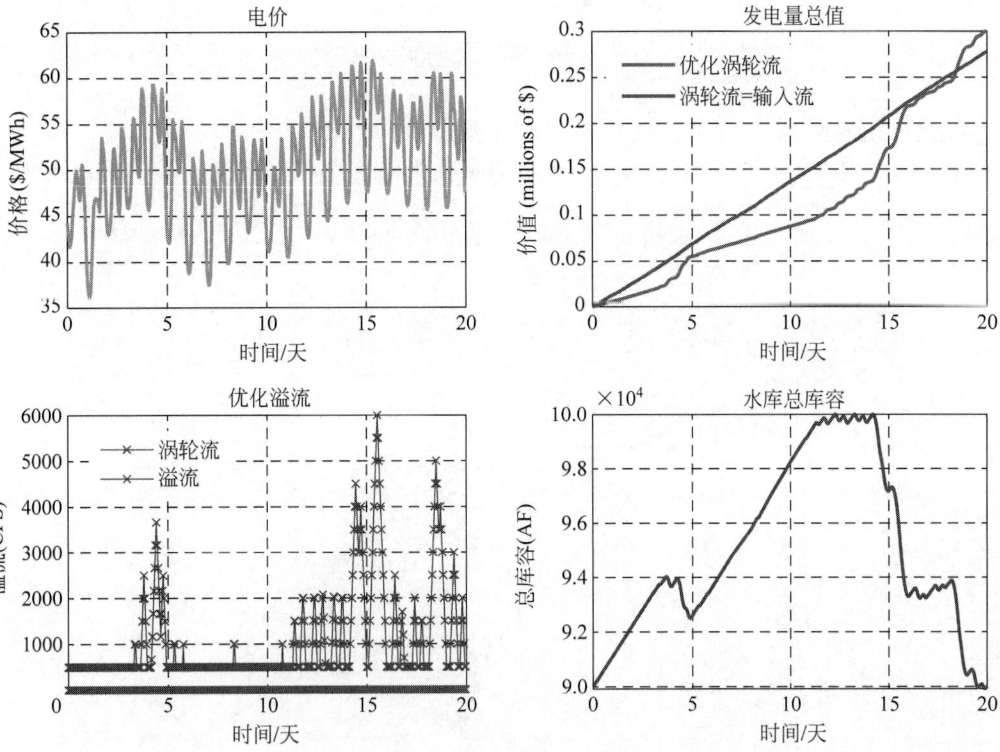

图 13-1　水电站大坝优化结果

参 考 文 献

[1] 胡运权,郭耀煌.运筹学教程[M].4版.北京:清华大学出版社,2012.

[2] Bertsimas D, Tsitsiklis J N. Introduction to Linear Optimization[M]. Nashua: Athena Scientific, 1997.